建筑与市政工程施工现场八大员岗位读本

标 准 员

本书编委会　编写

中国建筑工业出版社

图书在版编目(CIP)数据

标准员/本书编委会编写 .—北京:中国建筑工业出版社,2014.7
(建筑与市政工程施工现场八大员岗位读本)
ISBN 978-7-112-16796-8

Ⅰ.①标… Ⅱ.①本… Ⅲ.①建筑工程-标准-岗位培训-自学参考资料 Ⅳ.①TU-65

中国版本图书馆 CIP 数据核字(2014)第 088560 号

本书依据《建筑与市政工程施工现场专业人员职业标准》中"标准员"的规定而编写,共分为7章,内容包括标准员概述、建筑材料、民用建筑构造与识图、建筑施工方法和工艺、施工企业标准体系、施工项目的质量和安全控制、施工项目工程建设标准的实施。本书涵盖知识面广泛,注重理论知识与实际工程实践相结合,始终遵循规范化和适用的原则,力求做到深入浅出、图文并茂、通俗易懂。

本书适用于标准员及建筑与市政工程施工现场其他相关专业人员参考使用。

* * *

责任编辑:武晓涛 张 磊
责任设计:董建平
责任校对:刘 钰 姜小莲

建筑与市政工程施工现场八大员岗位读本
标 准 员
本书编委会 编写
*
中国建筑工业出版社出版、发行(北京西郊百万庄)
各地新华书店、建筑书店经销
北京红光制版公司制版
环球印刷(北京)有限公司印刷
*
开本:787×1092毫米 1/16 印张:15 字数:370千字
2014年11月第一版 2015年9月第二次印刷
定价:**35.00**元
ISBN 978-7-112-16796-8
(25501)

本书编委会

主　编　翟晓东

参　编　于　涛　丁备战　万绕涛　勾永久

　　　　左丹丹　刘思蕾　刘　洋　吕德龙

　　　　邢丽娟　李　凤　李延红　李德建

　　　　李　慧　闵祥义　张素敏　张　鹏

　　　　张　静　张静晓　孟红梅　赵长歌

　　　　顾祖嘉　徐境鸿　梁东渊　韩广会

前　　言

当前，我国建筑业迅速向前发展，建设规模日益扩大，建筑施工队伍不断增加，针对建筑工程施工现场各专业人员的要求也越来越高。为此，住房和城乡建设部经过广泛深入的调查研究，结合当前我国建筑施工现场专业人员人才开发的实践经验，在广泛征求意见的基础上，制定了《建筑与市政工程施工现场专业人员职业标准》。该标准规定了建筑施工现场专业人员工作职责、专业技能、专业知识，以及组织职业能力评价的基本要求，以加强建筑工程施工现场专业人员队伍建设，规范专业人员的职业能力评价，指导专业人员的使用与教育培训，提高其职业素质、专业知识和专业技能，促进完善施工组织管理，确保施工质量和安全生产。

本书依据《建筑与市政工程施工现场专业人员职业标准》中"标准员"的规定而编写，共分为7章，内容包括标准员概述、建筑材料、民用建筑构造与识图、建筑施工方法和工艺、施工企业标准体系、施工项目的质量和安全控制、施工项目工程建设标准的实施。本书涵盖知识面广泛，注重理论知识与实际工程实践相结合，始终遵循规范化和适用的原则，力求做到深入浅出、图文并茂、通俗易懂。

本书适用于标准员及建筑与市政工程施工现场其他相关专业人员参考使用。

由于作者水平有限，书中错误和缺点在所难免，欢迎发邮件至 289052980@qq.com 批评指正。

目　　录

1　标准员概述

1.1　标准员的工作职责与技能

1.1.1　标准员的工作职责

1. 企业标准制定

（1）编制企业标准制修订规划和计划

标准员负责编制企业标准制修订规划和计划。

（2）组织编制企业标准

企业依据《质量管理体系 要求》GB/T 19001—2008、《环境管理体系要求及使用指南》GB/T 24001—2004 和《职业健康安全管理体系 要求》GB/T 28001—2011 标准建立文件化的质量管理体系，通常以企业标准的形式编制质量管理体系文件。

1）技术标准：对企业标准化领域中需要协调统一的技术事项所制定的标准。企业技术标准的形式包括标准、规范、规程、导则、操作卡、作业指导书等。

2）管理标准：对企业标准化领域中需要协调统一的管理事项所制定的标准。

3）工作标准：对企业标准化领域中需要协调统一的工作事项所制定的标准。

企业标准编号中各段编制方法：企业标准代号为"Q/"；企业名称代号可用汉语拼音字母或阿拉伯数字表示，也可两者共同组成企业名称代号；顺序号用多位阿拉伯数字表示，位数由企业根据实际需要确定，但不可过多。

标准应考虑《质量管理体系 要求》GB/T 19001—2008、《环境管理体系要求及使用指南》GB/T 24001—2004 和《职业健康安全管理体系 要求》GB/T 28001—2011 等标准的有关要求，以便企业在建立和实施企业标准体系时能够更好地与这些管理体系相结合。

《企业标准体系 要求》GB/T 15496—2003，规定了建立企业标准体系以及开展企业标准化工作的基本要求、管理机构、职责、企业标准制定、实施以及标准实施的监督检查、采用国际标准的要求。

《企业标准体系 技术标准体系》GB/T 15497—2003，规定了企业技术标准体系的结构、格式和制定、修订要求。

《企业标准体系 管理标准和工作标准体系》GB/T 15498—2003，规定了企业标准体系中管理标准体系和工作标准体系的构成及编制的基本要求，并为采用标准的各类企业提供了编制管理标准和工作标准的指南。

《企业标准体系 评价与改进》GB/T 19273—2003，规定了企业标准体系的评价原则和依据、评价条件、评价方法和程序、评价内容和要求以及评价、确认后的改进。

2. 标准实施组织

（1）参与施工图会审：标准员必须负责参与施工图的会审。《图纸会审记录》填表说明如下：

1）资料流程：由施工单位整理、汇总后转签，建设单位、监理单位、施工单位、城建档案馆各保存一份。

2）相关规定与要求：

① 监理、施工单位应将各自提出的图纸问题及意见，按专业整理、汇总后报建设单位，由建设单位提交设计单位做交底准备。

② 图纸会审应由建设单位组织设计，监理和施工单位技术负责人及有关人员参加。设计单位对各专业问题进行交底，施工单位负责将设计交底内容按专业汇总、整理，形成图纸会审记录。

③ 图纸会审记录应由建设、设计、监理和施工单位的项目相关负责人签认，形成正式图纸会审记录。不得擅自在会审记录上涂改或变更其内容。

3）注意事项：图纸会审记录应根据专业汇总、整理。

图纸会审记录一经各方签字确认后即成为设计文件的一部分，是现场施工的依据。

（2）负责确定建筑工程项目应执行的工程建设标准，并配置有效版本。

（3）负责列出建筑工程项目应执行的工程建设标准强制性条文。

（4）参与施工组织设计及专项施工方案的编制。

（5）协助进行施工质量策划、职业健康安全与环境计划制定。

（6）制定工程建设标准实施计划，协助制定主要标准贯彻落实的重点措施。

（7）负责施工作业工程建设标准实施交底。

3. 标准实施过程监督

（1）负责施工作业过程中对工程建设标准实施进行监督，协助制定有效标准执行不到位的纠正措施和改进标准实施措施。

（2）负责施工作业过程中实施工程建设标准的信息管理。

（3）协助质量、安全事故调查、分析，找出标准及措施中的不足。

4. 标准实施效果评价

（1）负责收集标准执行记录，对工程建设标准实施效果进行评价。

（2）收集对工程建设标准的意见和建议，并提交到工程建设标准化管理机构。

1.1.2 标准员的专业技能

1. 企业标准制定

能够编制企业标准：施工执行标准是指企业标准（或引用的推荐标准，但必须经企业认可为企业标准），企业标准应有名称及编号、编制人、批准人、批准时间、执行时间。

2. 标准实施组织

（1）能够识读施工图及其他工程设计、施工文件。

1）熟悉拟建工程的功能：拿到图纸后，首先了解本工程的功能，然后再联想一些基本尺寸和装修。最后识读建筑说明，熟悉工程装修情况。

2）熟悉、审查工程平面尺寸：建筑工程施工平面图通常有三道尺寸，第一道尺寸是细部尺寸；第二道尺寸是轴线间尺寸；第三道尺寸是总尺寸。检查第一道尺寸相加之和是否等于第二道尺寸、第二道尺寸相加之和是否等于第三道尺寸，并留意边轴线是否是墙中心线。识读工程平面图尺寸，先识建施平面图，再识本层结施平面图，最后识水电空调安装、设备工艺、第二次装修施工图，检查它们是否一致。熟悉本层平面尺寸后，审查是否满足使用要求。识读下一层平面图尺寸时，检查与上一层有无不一致的地方。

3）熟悉、审查工程立面尺寸：建筑工程建施图通常有正立面图、剖立面图、楼梯剖面图，这些图有工程立面尺寸信息；建施平面图、结施平面图上，一般也标有本层标高；梁表中，一般有梁表面标高；基础大样图、其他细部大样图，一般也有标高注明。正立面图一般有三道尺寸，第一道是窗台、门窗的高度等细部尺寸；第二道是层高尺寸，并标注有标高；第三道是总高度。审查方法与审查平面各道尺寸一样，第一道尺寸相加之和是否等于第二道尺寸，第二道尺寸相加之和是否等于第三道尺寸。检查立面图各楼层的标高是否与建施平面图相同，再检查建施的标高是否与结施标高相符。建施图各楼层标高与结施图相应楼层的标高应不完全相同，因建施图的楼地面标高是工程完工后的标高，而结施图中楼地面标高仅结构面标高，不包括装修面的高度，同一楼层建施图的标高应比结施图的标高高几厘米。

熟悉立面图后，主要检查门窗顶标高是否与其上一层的梁底标高相一致；检查楼梯踏步的水平尺寸和标高是否有错，检查梯梁下竖向净空尺寸是否大于 2.1m，是否有碰头现象；当中间层出现露台时，检查露台标高是否比室内低；检查厕所、浴室楼地面是否低几厘米，若不是，检查有无防溢水措施；最后与水电空调安装、设备工艺、第二次装修施工图相结合，检查建筑高度是否满足功能需要。

4）检查施工图中容易出错的地方有无出错：熟悉建筑工程尺寸后，再检查施工图中容易出错的地方有无出错，主要检查内容：

① 检查女儿墙混凝土压顶的坡向是否朝内。

② 检查砖墙下是否有梁。

③ 结构平面中的梁，在梁表中是否全标出了配筋情况。

④ 检查主梁的高度有无低于次梁高度的情况。

⑤ 梁、板、柱在跨度相同、相近时，有无配筋相差较大的地方。若有，需验算。

⑥ 当梁与剪力墙同一直线布置时，检查有无梁的宽度超过墙的厚度。

⑦ 当梁分别支承在剪力墙和柱边时，检查梁中心线是否与轴线平行或重合，检查梁宽有无突出墙或柱外，若有，应提交设计处理。

⑧ 检查梁的受力钢筋最小间距是否满足施工验收规范要求。

⑨ 检查室内出露。

⑩ 检查设计要求与施工验收规范有无不同。

⑪ 检查结构说明与结构平面、大样、梁柱表中内容以及与建施说明有无相矛盾之处。

⑫ 单独基础系双向受力，沿短边方向的受力钢筋一般置于长边受力钢筋的上面，检查施工图的基础大样图中钢筋是否画错。

5）审查原施工图有无可改进的地方：主要从有利于工程的施工、有利于保证建筑质量、有利于工程美观三个方面对原施工图提出改进意见。

① 从有利于工程施工的角度提出改进施工图意见：

a. 结构平面上会出现连续框架梁相邻跨度较大的情况，当中间支座负弯矩筋分开锚固时，会造成梁柱接头处钢筋太密，捣混凝土困难，可向设计人员建议负筋能连通的尽量连通。

b. 当支座负筋为通长时，造成跨度小梁宽较小的梁面钢筋太密，无法浇捣混凝土，可建议在保证梁负筋的前提下，尽量保持各跨梁宽一致，只对梁高进行调整，以便于面筋连通和浇捣混凝土。

c. 当结构造型复杂，某一部位结构施工难以一次完成时，可向设计提出混凝土施工缝如何留置。

d. 露台面标高降低后，若露台中间有梁，且此梁与室内相通时，梁受力筋在降低处是弯折还是分开锚固，请设计处理。

② 从有利于建筑工程质量方面提出修改施工图意见：

a. 当设计天花抹灰与墙面抹灰相同为 1∶1∶6 混合砂浆时，可建议将天花抹灰改为 1∶1∶4 混合砂浆，以增加粘结力。

b. 当施工图上对电梯井坑、卫生间沉池，消防水池未注明防水施工要求时，可建议在坑外壁、沉池水池内壁增加水泥砂浆防水层，以提高防水质量。

③ 从有利于建筑美观方面提出改善施工图：

a. 当出现露台的女儿墙与外窗相接时，检查女儿墙的高度是否高过窗台，若是，则相接处不美观，建议设计处理。

b. 检查外墙饰面分色线是否连通，若不连通，建议到阴角处收口；当外墙与内墙无明显分界线时，询问设计，墙装饰延伸到内墙何处收口最为美观，外墙突出部位的顶面和底面是否同外墙一样装饰。

c. 当柱截面尺寸随楼层的升高而逐步减小时，若柱突出外墙成为立面装饰线条时，为使该线条上下宽窄一致，建议对突出部位的柱截面不缩小。

④ 当柱布置在建筑平面砖墙的转角位，而砖墙转角少于 90°，若结构设计仍采用方形柱，可建议根据建筑平面将方形改为多边形柱，以免柱角突出墙外，影响使用和美观。

⑤ 当电梯大堂（前室）左边有一框架柱突出墙面 10～20cm 时，检查右边柱是否突出相同尺寸，若不是，建议修改成左右对称。

（2）能够掌握相关工程建设标准及强制性条文的要求。

（3）能够识别工程项目应执行工程建设标准及强制性条文。

（4）能够制订工程建设标准实施计划。

（5）能够编写标准实施交底，并开展标准实施交底。

3. 标准实施过程监督

（1）能够判定施工作业过程是否符合工程建设标准的要求。

（2）能够对不符合工程建设标准的施工作业提出改进措施。

（3）能够处理施工作业过程中实施工程建设标准的信息。

（4）能够根据质量、安全事故原因，找出标准及措施中的不足。

（5）能够记录和分析工程建设标准实施情况。

4. 标准实施效果评价

（1）能够对工程建设标准实施效果进行评价。

（2）能够收集、整理、分析对工程建设标准的意见和建议。

（3）能通过质量、安全问题分析，提出完善和修订标准的建议。

1.2 标准员专业基础知识

1.2.1 通用知识

（1）熟悉国家建筑工程相关法律法规。

建筑施工企业的专职安全生产管理人员必须了解和掌握有关法律法规知识，熟悉相关法律责任。

（2）熟悉工程材料、建设设备的基本知识。

（3）掌握施工图绘制、识图的基本知识。

（4）掌握建筑工程的施工工艺和方法。

（5）了解建筑工程工程项目管理的基本知识。

1.2.2 基础知识

（1）掌握建筑工程结构、构造的基本知识。

（2）熟悉建筑工程质量控制、检测分析的基本知识。

（3）熟悉建设工程标准体系的基本内容和国家、行业工程建设标准化体系。

（4）了解施工方案、质量目标和质量保证措施编制及实施基本知识。

1.2.3 岗位知识

（1）熟悉与本岗位的标准和管理规定。

（2）熟悉建筑工程主要技术标准的重点内容。

（3）熟悉建筑标准化监督检测的基本知识。

（4）掌握工程项目执行标准项目表、强制性条文表的编制方法。

（5）掌握标准实施执行情况记录的方法，能整体分析评价标准的执行情况。

1.3 工程建设标准化知识

1.3.1 工程建设标准及标准化的基本概念

1. 工程建设标准

工程建设标准是为在工程建设领域内获得最佳秩序，对各类建设工程的勘察、规划、设计、施工、验收、运行、管理、维护、加固、拆除等活动和结果需要协调统一的事项所制定的共同的、重复使用的技术依据和准则，它经协商一致并由公认机构审查批准，以科学技术和实践经验的综合成果为基础，以保证工程建设的安全、质量、环境和公众利益为核心，以促进最佳社会效益、经济效益、环境效益和最佳效率为目的。

2. 工程建设标准化

工程建设标准化是指为在工程建设领域内获得最佳秩序，对实际的或潜在的问题制定共同的和重复使用的规则的活动。

该活动包括标准的制定、实施和对标准实施的监督三方面。在标准的制定方面，包括制定标准编制计划下达、编制、审批发布和出版印刷四个环节。在组织实施方面，包括标准的执行、宣传、培训、管理、解释、调研、意见反馈等工作。在标准实施的监督方面，主要依据有关法律法规，对参与工程建设活动的各方主体实施标准的情况进行指导和监督。

1.3.2 工程建设标准的特点

工程建设标准的主要特点是：综合性强、政策性强、技术性强、地域性强。

1. 综合性

工程建设标准的内容大多是综合性的。工程建设标准绝大部分都需要应用各领域的科技成果，经过综合分析，才能制定出来。

制定工程建设标准需要考虑的因素是综合性的。必须综合考虑社会、经济、技术、管理等诸多现实因素，否则，工程建设标准很难在实际中得到有效贯彻执行。

2. 政策性

工程建设标准政策性强主要体现在以下几方面：

（1）国家要控制投资，工程建设标准首先要控制恰当。

（2）工程建设要消耗大量的资源，直接影响到环境保护、生态平衡和国民经济的可持续发展，标准的水平需要适度控制，并在一定程度起引导作用。

（3）工程建设直接关系到人民生命财产的安全、人体健康和公共利益。但安全、健康和公共利益以合理为度，工程建设标准对安全、健康、公共利益与经济之间的关系进行了统筹兼顾。

（4）工程建设标准化的效益，不能单纯着眼于经济效益，还必须考虑社会效益。

（5）工程建设要考虑百年大计。工程使用年限少则几十年，多则上百年，工程建设技术标准在工程的质量、设计的基准等方面，需要考虑这一因素，并提出相应的措施或技术要求。

3. 技术性

工程建设标准是以科学技术和实践经验的综合成果为基础。标准的技术水平从基础理论水平、工艺技术水平、质量控制水平、技术经济水平、技术管理水平五个方面考虑。它体现了当时先进技术水平，并随着技术进步而不断改进。

4. 地域性

我国幅员辽阔，各地的自然条件和社会因素差异很大。而工程建设的特殊性，决定了其技术要求必须和这些具体的情况相适应。工程建设地方标准及标准化，是工程建设标准和标准化的重要组成部分。

1.3.3 工程建设标准的作用

（1）贯彻落实国家技术经济政策。

（2）政府规范市场秩序的手段。

（3）确保建设工程质量安全。

（4）促进建设工程技术进步、科研成果转化。

（5）保护生态环境、维护人民群众的生命财产安全和人身健康权益。

（6）推动能源、资源的节约和合理利用。

（7）促进建设工程的社会效益和经济效益。

（8）推动开展国际贸易和国际交流合作。

1.3.4 工程建设标准的分类

1. 分类方法

对工程建设标准的分类，从不同的角度出发，主要有：阶段分类法、层次分类法、属性分类法、性质分类法、对象分类法五种。

（1）阶段分类法。根据基本建设的程序，划分为两大阶段：决策阶段，即可行性研究和计划任务书阶段；实施阶段，即从工程项目的勘察、规划、设计、施工、验收使用、管理、维护、加固到拆除等。通常将实施阶段标准称为工程建设标准。

（2）层次分类法。按照每一项工程建设标准的使用范围，即标准的覆盖面，将其划分为不同层次的分类方法。我国工程建设标准划分为企业标准、地方标准、行业标准、国家标准四个层次。

（3）属性分类法。按照每一项工程建设标准在实际建设活动中要求贯彻执行的程度不同，将其划分为不同法律属性的分类方法。工程建设标准划分为强制性标准和推荐性标准。这种分类方法，一般不适用于企业标准。

（4）性质分类法。按照每一项工程建设标准的内容，将其划分为不同性质标准的分类方法。工程建设标准一般划分为技术标准、管理标准和工作标准。

（5）对象分类法。按照每一项工程建设标准的标准化对象，将其进行分类的方法。在工程建设标准化领域，通常采用两种方法，一是按标准对象的专业属性进行分类，一般应用在确立标准体系方面；二是按标准对象本身的特性进行分类，一般分为基础标准、方法标准、安全、卫生和环境保护标准、综合性标准、质量标准。

任何一项工程建设标准均可以按五种分类方法之一进行划分。某种分类方法中的标准，可以再用其他四种分类法进一步划分。

2. 国家标准、行业标准、地方标准和企业标准

（1）国家标准

《标准化法》规定，对需要在全国范围内统一的技术要求，应当制定国家标准。按照《工程建设国家标准管理办法》的规定，在全国范围内需要统一或国家需要控制的工程建设技术要求主要包括：

1）工程建设勘察、规划、设计、施工（包括安装）及验收等通用的质量要求。

2）工程建设通用的术语、符号、代号、量与单位、建筑模数和制图方法。

3）工程建设通用的实验、检验和评定等方法。

4）工程建设通用的有关安全、卫生和环境保护的技术要求。

5）工程建设通用的信息技术要求。

6）国家需要控制的其他工程建设通用的技术要求。

（2）行业标准

工程建设行业标准是指对没有国家标准，而又需要在全国某个行业范围内统一的技术要求所制定的标准。工程建设行业标准的范围主要包括：

1）工程建设勘察、规划、设计、施工（包括安装）及验收等行业专用的质量要求。

2）工程建设行业专用的有关安全、卫生和环境保护的技术要求。

3）工程建设行业专用的术语、符号、代号、量与单位、建筑模数和制图方法。

4）工程建设行业专用的试验、检验和评定等方法。

5）工程建设行业专用的信息技术要求。

6）工程建设行业需要控制的其他技术要求。

（3）地方标准

地方标准是指对没有国家标准和行业标准而又需要在省、自治区、直辖市范围内统一工业产品的安全、卫生要求所制定的标准，地方标准在本行政区域内适用，不得与国家标准和标业标准相抵触。国家标准、行业标准公布实施后，相应的地方标准即行废止。

（4）企业标准

企业标准是对企业范围内需要协调、统一的技术要求、管理要求和工作要求所制定的标准。它是企业组织生产、经营活动的依据，是企业技术特点和优势的体现，也是企业文化的体现。

3. 强制性标准和推荐性标准

（1）工程建设强制性标准。是指国家通过法律的形式明确要求对于一些标准所规定的技术内容和要求必须执行，不允许以任何理由或方式加以违反、变更的标准，其包括强制性的国家标准、行业标准和地方标准。对违反强制性标准的，国家将依法追究当事人法律责任。目前是指标准中的强制性条文和全文强制性标准。直接涉及人民生命财产和工程安全、人体健康、节能减排、环境保护和其他公共利益，以及需要强制实施的工程建设技术、管理要求，应当制定为工程建设强制性标准。

（2）工程建设推荐性标准。是指国家鼓励自愿采用的具有指导作用而又不宜强制执行的标准，即标准所规定的技术内容和要求具有普遍的指导作用，允许使用单位结合自己的实际情况，灵活加以选用。

4. 规范、标准、规程的区别与联系

标准、规范、规程都是标准的一种表现形式，习惯上统称为标准，只有针对具体对象才加以区别。

对术语、符号、计量单位、制图等基础性要求，一般采用"标准"；对工程勘察、规划、设计、施工等通用的技术事项做出规定时，一般采用"规范"；当针对操作、工艺、施工流程等专用技术要求时，一般采用"规程"。

1.3.5 工程建设标准的基本体系

1. 工程建设标准体系概念

工程建设标准之间存在着客观的内在联系，它们相互依存、相互制约、相互补充和衔接，构成一个科学的有机整体，即工程建设标准的体系。与工程建设某一专业有关的标准，可以构成该专业的工程建设标准体系。与某一工程建设行业有关的标准，可以构成该行业的工程建设标准体系。以实现全国工程建设标准化为目的的所有工程建设标准，可以形成全国工程建设标准体系。

标准体系通常以按一定规则排列起来的标准体系框图、标准体系表、项目说明来表达。工程建设标准体系（××部分）以及综合标准体系框图见图1-1、图1-2。

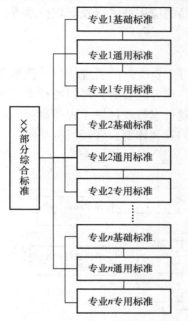

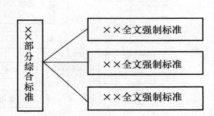

图 1-1　工程建设标准体系（××部分）　　　图 1-2　××部分综合标准体系

每部分体系中的综合标准均是涉及质量、安全、卫生、环保和公众利益等方面的目标要求或为达到这些目标而必需的技术要求及管理要求。它对该部分所包含各专业的各层次标准均具有制约和指导作用。

每部分体系中所含各专业的标准分体系，按各自学科或专业内涵排列，在体系框图中竖向分为基础标准、通用标准和专用标准三个层次。上层标准的内容包括了其以下各层标准的某个或某些方面的共性技术要求，并指导其下各层标准，共同成为综合标准的技术支撑。

2. 综合标准

综合标准是指拟将每部分综合标准具体化为一项或若干项全文强制标准，使其自身亦形成"体系"。

3. 基础标准

基础标准是指在某一专业范围内作为其他标准的基础并普遍使用，具有广泛指导意义的术语、符号、计量单位、图形、模数、基本分类、基本原则的标准。如城市规划术语标准、建筑结构术语和符号标准等。

4. 通用标准

通用标准是指针对某一类标准化对象制定的覆盖面较大的共性标准。它可作为制定专用标准的依据。如通用的安全、卫生与环保要求，通用的质量要求，通用的设计、施工要求与试验方法以及通用的管理技术等。

5. 专用标准

专用标准是指针对某一具体标准化对象或作为通用标准的补充、延伸制定的专项标准。如某种工程的勘察、规划、设计、施工、安装及质量验收的要求和方法，某个范围的安全、卫生、环保要求，某项试验方法，某类产品的应用技术以及管理技术等。

1.3.6 工程建设标准化管理体制

我国工程建设标准化工作实行"统一管理、分工负责"的管理体制。住房和城乡建设部履行全国工程建设标准化工作的综合管理职能。国务院各有关部门履行本行业工程建设标准化工作的管理职能。各地建设行政主管部门履行本行政区域工程建设标准化工作的管理职能。本行业和本行政区域内也实行统分结合的管理体制。管理机构见图1-3。

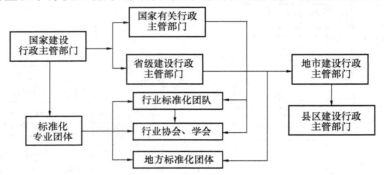

图1-3 工程建设标准化管理机构

注：粗线代表直接管理，细线代表间接管理。

1.3.7 工程建设标准编制修订的基本程序和制定原则

1. 工程建设标准编修的基本程序

（1）计划立项、合同签订和决算。

（2）准备阶段：

1）筹建编制组。

2）制定工作大纲。内容包括：主要章节目录、本标准的编制原则、需要调查研究的主要问题、工作进度计划及编制组成员的分工等。

3）召开编制组成立会。宣布编制组成员、学习有关标准化的文件、讨论工作大纲、形成会议纪要等。

（3）征求意见阶段：

开展调研、测试验证或专题论证会。编制组根据工作大纲安排开展。专题会议邀请有代表性和有经验的专家参加，并形成会议纪要。

编写征求意见稿。编制组内取得一致意见，通常编写征求意见稿的同时，编写相应的条文说明。

征求意见。征求意见稿按规定公开印发，征求意见的范围应当具有广泛的代表性，征求意见的期限一般为两个月。必要时，对其中的重要问题，可以采取走访或召开专题会议的形式征求意见。

（4）送审阶段：

意见处理。将搜集到的意见，逐条归纳整理，并提出处理的意见。

完成送审文件。包括：标准送审稿及其条文说明、征求意见处理汇总表、送审报告、贯彻节能减排分析专题报告、主要问题的专题报告。送审文件应当提前一个月印发参加审查的有关单位或个人。

组织审查。经主编或主管部门同意后，方可组织审查，一般采取召开审查会议的形式进行，审查会议应成立审查专家委员会（不少于9人）。经主管部门同意后，也可采取函审和小型会议等其他形式。主编或主管部门召开，形成会议纪要。

（5）批准发布阶段：

编写报批稿。应当根据审查会议或函审和小型审查会议等的审查意见，对标准的送审稿及条文说明进行修改。

完成报批文件。一般包括报批函、报批报告、标准报批稿及其条文说明、审查会议纪要、审查意见处理汇总表、贯彻节能减排分析专题报告、主要问题的专题报告（征求意见处理汇总表）。

审核。标准的批准部门会同主编部门、编制组报批稿的内容，进行全面审核。

批准发布。住房和城乡建设部公告。

（6）复审：

根据《工程建设标准复审管理办法》，复审一般五年进行一次。复审的具体工作由标准管理单位负责。复审可以采取函审或会议审查。

复审后应当提出其继续有效或者予以修订、废止的意见，经该主管部门确认后报住房和城乡建设部批准。

对确认继续有效的，再版时，应在其封面和扉页上增加"××××年×月确认继续有效"。对确认继续有效或予以废止的国家标准，由住房和城乡建设部在指定的报刊、网站上公布。

（7）修订：

1）全面修订

当标准的主要技术内容或绝大部分内容需要修订时，可以组织全面修订。

2）局部修订

有下列情况之一的，可以进行局部修订：

① 标准的部分规定已制约了科学技术新成果推广应用。

② 标准的部分规定经修订后可取得明显的经济效益、社会效益、环境效益。

③ 标准的部分规定有明显缺陷或与相关的标准相抵触。

④ 根据工程建设的需要而又可能对现行的标准作局部补充规定。

2. 工程建设标准的制定原则

（1）符合法律和行政法规的规定。

（2）贯彻执行国家的技术、经济政策，密切结合自然条件，合理利用资源，做到技术先进、经济合理、安全适用。

（3）以行之有效的生产建设经验和科技综合成果为依据。

（4）结合国情，积极采用国际标准和国外先进标准。

（5）与有关方面协商一致，共同确认。

（6）相关标准之间协调配套，避免重复或矛盾。

（7）符合标准编写的统一规定。

1.4 标准化有关法律、法规及规范性文件

1.4.1 法律规范的种类

法律规范的种类就是依据一定的标准，根据法律规范本身的特点而进行的分类。

1. 命令性规范、禁止性规范和授权性规范

命令性规范是规定人们必须依法作出一定的行为。

禁止性规范是指禁止人们作出某种行为或者必须抑制一定行为的法律规范。禁止性法律规范在法律条文中多以"禁止"、"不得"、"不许"、"不准"、"严禁"等词来表述。

授权性规范是指授予公民、公职人员、社会团体和国家机关有权自己作出某种行为，或要求他人作出或不作出某种行为的法律规范。

2. 强制性规范和任意性规范

强制性规范，也叫命令性规范，是指对于权利和义务的规定十分明确，而且必须履行，不允许人们以任何方式变更可违反的法律规定。

任意性规范是指规定在一定范围内，允许人们自行选择或协商确定为与不为、为的方式以及法律关系中的权利义务内容的法律规则。

3. 保护性规范、制裁性规范和奖励性规范

（1）保护性规范是指在确认人们的行为、权利合法、有效时并给予保护的法律规范。

（2）制裁性规范是指对违法行为不予承认，并加以撤销甚至制裁的法律规范。

（3）奖励性规范是指给予各种对社会做出贡献的行为，予以表彰或特殊奖励的法律规范。

1.4.2 法律责任

法律责任是违宪责任、行政法律责任、民事法律责任、刑事法律责任的总称。

1. 违宪责任

违宪责任是指由于违宪行为而必须承担的法律责任。

2. 行政责任

行政责任是指因违反行政法或因行政规定而应承担的法律责任。

3. 民事责任

民事责任是指由于民事法律、违约或者由于民法规定所应承担的法律责任。

4. 刑事责任

刑事责任是指由于犯罪行为而承担的法律责任。

1.4.3 相关法律、法规及文件

(1)《中华人民共和国标准化法》(第 11 号主席令)。

(2)《中华人民共和国标准化法实施条例》(国务院 53 号令)。

(3)《工程建设国家标准管理办法》(原建设部 24 号令)。

(4)《工程建设行业标准管理办法》(原建设部 25 号令)。

(5)《实施工程建设强制性标准监督规定》(原建设部 81 号令)。

(6)《工程建设标准编写规定》(建标〔2008〕182 号)。

2 建筑材料

2.1 建筑结构材料

2.1.1 胶凝材料

胶凝材料，又称胶结材料，是用来把块状、颗粒状或纤维状材料粘结为整体的材料。建筑上使用的胶凝材料按其化学组成可分为有机的和无机的两大类。

有机胶凝材料是以天然或合成的高分子化合物（如沥青、树脂、橡胶等）为基本组分的胶凝材料。

无机胶凝材料，也叫矿物胶凝材料，是以无机化合物为主要成分，掺入水或适量的盐类水溶液（或含少量有机物的水溶液），经一定的物理化学变化过程产生强度和粘结力，可将松散的材料胶结成整体，也可将构件结合成整体。

无机胶凝材料可按硬化的条件不同分为气硬性胶凝材料和水硬性胶凝材料两类。气硬性胶凝材料是只能在空气中凝结、硬化、保持和发展强度的胶凝材料，如石灰、石膏；水硬性胶凝材料则既能在空气中硬化，更能在水中凝结、硬化、保持并继续发展其强度的胶凝材料，如各种水泥。

1. 石灰

（1）石灰的品种和生产

1）石灰的品种

石灰是将以碳酸钙（$CaCO_3$）为主要成分的岩石，经适当煅烧、分解、排出二氧化碳（CO_2）而制得的块状材料，其主要成分为氧化钙（CaO），其次为氧化镁（MgO），通常把这种白色轻质的块状物质叫做块灰；以块灰为原料经粉碎、磨细制成的生石灰称为磨细生石灰粉或建筑生石灰粉。

根据生石灰中氧化镁含量的不同，生石灰分为钙质生石灰和镁质生石灰。钙质生石灰中的氧化镁含量小于5%；镁质生石灰的氧化镁含量为5%~24%。

建筑用石灰包括生石灰（块灰）、生石灰粉、熟石灰粉（也叫建筑消石灰粉、消解石灰粉、水化石灰）和石灰膏等几种形态。

2）石灰的生产

生产石灰的过程即煅烧石灰石，使其分解为生石灰和二氧化碳的过程，反应如下：

$$CaCO_3 \xrightarrow{900℃} CaO + CO_2 \uparrow$$

碳酸钙煅烧温度达到900℃时，分解速度开始加快。实际生产中，由于石灰石致密程度、杂质含量及块度大小的不同，并考虑到煅烧中的热损失，所以实际的煅烧温度在

1000～1200℃，或者更高。当煅烧温度达到 700℃时，石灰岩中的次要成分碳酸镁开始分解为氧化镁，反应如下：

$$MgCO_3 \xrightarrow{700℃} MgO + CO_2 \uparrow$$

通常情况下，入窑石灰石的块度不宜过大，并力求均匀，以保证煅烧质量的均匀。石灰石越致密，要求的煅烧温度越高。当入窑石灰石块度较大、煅烧温度较高时，石灰石块的中心部位达到分解温度时，其表面已超过分解温度，得到的石灰石晶粒粗大，遇水后熟化反应缓慢，称之为过火石灰。若煅烧温度较低，不仅使煅烧周期延长，而且大块石灰石的中心部位还没完全分解，此时称之为欠火石灰。过火石灰熟化十分缓慢，其细小颗粒可能在石灰使用之后熟化，体积膨胀，致使硬化的砂浆产生"崩裂"或"鼓泡"现象，影响工程质量。欠火石灰降低了石灰的质量，也影响了石灰石的产灰量。

（2）石灰的熟化和硬化

1）石灰的熟化

石灰的熟化就是生石灰（CaO）加水之后水化为熟石灰［Ca（OH）$_2$］的过程。其反应如下：

$$CaO + H_2O == Ca（OH）_2$$

生石灰具有强烈的消化能力，水化时放出大量的热。生石灰水化的另一个特点是质量为一份的生石灰可生成 1.31 份质量的熟石灰，其体积增大 1～2.5 倍。煅烧良好、氧化钙含量高、杂质含量低的生石灰（块灰），其熟化速度快、放热量大、体积膨胀也大。

生石灰熟化的方法有淋灰法和化灰法两种。淋灰法就是在生石灰中均匀加入 70% 左右的水（理论值为 31.2%），便可得到颗粒细小、分散的熟石灰粉。工地上调制熟石灰粉时，每堆放半米高的生石灰块，淋 60%～80% 的水，再堆放再淋，使之成粉且不结块为止。化灰法是在生石灰中加入适量的水（约为块灰质量的 2.5～3 倍），得到的浆体称为石灰乳，石灰乳沉淀后除去表层多余水分后得到的膏状物称为石灰膏。调制石灰膏通常在化灰池和储灰坑中完成。为了消除过火石灰在使用中造成的危害，石灰膏（乳）应在储灰坑中存放半个月以上，然后方可使用。这一过程称为"陈伏"。陈伏期间，石灰浆表面应敷盖一层水，以隔绝空气，防止石灰浆表面碳化。

2）石灰的硬化

石灰的硬化过程包括：

① 干燥硬化：浆体中大量水分向外蒸发，或被附着基面吸收，使浆体中形成大量彼此相通的孔隙网，尚存于孔隙内的自由水，由于水的表面张力，产生毛细管压力，使石灰粒子更加紧密，因而获得强度。浆体进一步干燥时，这种作用也随之加强。但这种由于干燥获得的强度类似于黏土干燥后的强度，其强度值不高，而且，当再遇到水时，其强度又会丧失。

② 结晶硬化：浆体中高度分散的胶体粒子，为粒子间的扩散水层所隔开，当水分逐渐减少，扩散水层逐渐减薄，因而胶体粒子在分子力的作用下互相粘结，形成凝聚结构的空间网，从而获得强度。在存在水分的情况下，由于 Ca（OH）$_2$ 能溶解于水，故胶体凝聚结构逐渐通过通常的由胶体逐渐变为晶体的过程，转变为较粗晶粒的结晶结构网，从而使强度提高。但由于这种结晶结构网的接触点溶解度较高，故当再遇到水时会引起强度

降低。

③ 碳酸化硬化：浆体从空气中吸收 CO_2，形成实际上不溶解于水的碳酸钙。这个过程称为浆体的碳酸化（也叫碳化）。其反应式如下：

$$Ca(OH)_2 + CO_2 + nH_2O \longrightarrow CaCO_3 + (n+1)H_2O$$

生成的碳酸钙晶体互相共生，或与 $Ca(OH)_2$ 颗粒共生，构成紧密交织的结晶网，从而使浆体强度提高。另外，由于碳酸钙的固相体积比氢氧化钙的固相体积稍有增大，故使硬化的浆体更趋坚固。显然，碳化对强度的提高和稳定都是有利的。但由于空气中 CO_2 的浓度很低，而且，表面形成碳化薄层以后，CO_2 不易进入内部，因此在自然条件下，石灰浆体的碳化十分缓慢。碳化层还能阻碍水分蒸发，反而会延缓浆体的硬化。

上述硬化过程中的各种变化是同时进行的。在内部，对强度增长起主导作用的是结晶硬化。干燥硬化也起一定的附加作用。表层的碳化作用，虽然可以获得较高的强度，但进行得非常慢；而且从反应式看，这个过程的进行，一方面必须有水分存在，另一方面又放出较多的水，这将不利于干燥和结晶硬化。由于石灰浆的这种硬化机理，使它不宜用于长期处于潮湿或反复受潮的地方。实际使用时，往往在石灰浆中掺入填充材料，如掺入砂子配成石灰砂浆使用，掺入砂可减少收缩，更主要的是砂的掺入能在石灰浆内形成连通的毛细孔道使内部水分蒸发并进一步碳化，以加速硬化。为了避免收缩裂缝，常加纤维材料，制成石灰麻刀灰、石灰纸筋灰等。

（3）石灰的技术要求

生石灰的质量是以石灰中活性氧化钙和氧化镁含量高低、过火石灰和欠火石灰及其他杂质含量的多少作为主要指标来评价其质量优劣的。根据《建筑生石灰》JC/T 479—2013，将建筑生石灰和建筑生石灰粉划分三个等级，具体指标见表2-1、表2-2。

建筑生石灰的技术指标 表2-1

项　目	钙质生石灰			镁质生石灰		
	优等品	一等品	合格品	优等品	一等品	合格品
CaO＋MgO 含量（％）不小于	90	85	80	85	80	75
未消化残渣含量（5mm 圆孔筛筛余）（％）不大于	5	10	15	5	10	15
CO_2 含量（％）不大于	5	7	9	6	8	10
产浆量（L/kg）不小于	2.8	2.3	2.0	2.8	2.3	2.0

注：钙质生石灰氧化镁含量≤5％，镁质生石灰氧化镁含量＞5％。

建筑生石灰粉的技术指标 表2-2

项　目		钙质生石灰粉			镁质生石灰粉		
		优等品	一等品	合格品	优等品	一等品	合格品
CaO＋MgO 含量（％）不小于		85	80	75	80	75	70
CO_2 含量（％）不大于		7	9	11	8	10	12
细度	0.9mm 筛的筛余（％）不大于	0.2	0.5	1.5	0.2	0.5	1.5
	0.125mm 筛的筛余（％）不大于	7.0	12.0	18.0	7.0	12.0	18.0

建筑消石灰（熟石灰）按氧化镁含量分为：钙质消石灰、镁质消石灰和白云石消石灰粉，其分类界限见表2-3。

熟化石灰粉的品质与有效物质和水分的相对含量及细度有关，熟石灰粉颗粒愈细，有效成分愈多，其品质愈好。建筑消石灰粉的质量根据《建筑消石灰》JC/T 481—2013规定也可分为三个等级，具体指标见表2-4。

建筑消石灰粉按氧化镁含量的分类界限　　表2-3

品 种 名 称	MgO 指标
钙质消石灰粉	≤4%
镁质消石灰粉	4%≤MgO<24%
白云石消石灰粉	24%≤MgO<30%

建筑消石灰粉的技术指标　　表2-4

项　　目		钙质消石灰粉			镁质消石灰粉			白云石消石灰粉		
		优等品	一等品	合格品	优等品	一等品	合格品	优等品	一等品	合格品
CaO+MgO 含量不小于（%）		70	65	60	65	60	55	65	60	55
游离水（%）		0.4~2	0.4~2	0.4~2	0.4~2	0.4~2	0.4~2	0.4~2	0.4~2	0.4~2
体积安定性		合格	合格	—	合格	合格	—	合格	合格	—
细度	0.90mm 筛筛余（%）不大于	0	0	0.5	0	0	0.5	0	0	0.5
	0.125mm 筛筛余（%）不大于	3	10	15	3	10	15	3	10	15

（4）石灰的技术性质和应用

1）石灰的主要技术性质

① 良好的保水性：石灰与水混合后，具有较强的保水性（也就是材料保持水分不泌出的能力）。这是因为生石灰熟化为石灰浆时，氢氧化钙粒子呈胶体分散状态。其颗粒极细，直径约为 $1\mu m$，颗粒表面吸附一层较厚的水膜。由于粒子数量很多，其总表面积很大，这是它保水性良好的主要原因。所以将其掺入水泥砂浆中，配合成混合砂浆，能克服水泥砂浆容易泌水的缺点。

② 凝结硬化慢、强度低：由于空气中的 CO_2 含量低，且碳化后形成的碳酸钙硬壳阻止 CO_2 向内部渗透，也阻止水分向外蒸发，结果使 $CaCO_3$ 和 $Ca(OH)_2$ 结晶体生成量少且缓慢，已硬化的石灰强度很低。

③ 吸湿性强：生石灰吸湿性强，保水性好，是传统的干燥剂。

④ 体积收缩大：石灰浆体凝结硬化过程中，蒸发大量水分，由于毛细管失水收缩，引起体积收缩。其收缩变形会使制品开裂。故石灰不宜单独用来制作建筑构件及制品。

⑤ 耐水性差：若石灰浆体尚未硬化之前，就处于潮湿环境中，由于石灰中水分不能蒸发出去，则其硬化停止；若是已硬化的石灰，长期受潮或受水浸泡，则由于 $Ca(OH)_2$ 易溶于水，甚至会使已硬化的石灰溃散。因此，石灰胶凝材料不宜用于潮湿环境及易受水浸泡的部位。

⑥ 化学稳定性差：石灰是碱性材料，与酸性物质接触时，容易发生化学反应，生成新物质。因此，石灰及含石灰的材料长期处在潮湿空气中，容易与二氧化碳作用生成碳酸钙，即"碳化"。石灰材料还容易遭受酸性介质的腐蚀。

2）石灰的应用

① 石灰膏可用来粉刷墙壁和配制石灰砂浆或水泥混合砂浆。用熟化并陈伏好的石灰膏，稀释成石灰乳，可用作内、外墙及顶棚的涂料，大多用于内墙涂刷。石灰乳为白色或浅灰色，具有一定的装饰效果，还可掺入碱性矿质颜料，使粉刷的墙面具有需要的颜色。以石灰膏为胶凝材料，掺入砂和水后，拌合成砂浆，称为石灰砂浆。它作为抹灰砂浆可用于墙面、顶棚等大面积暴露在空气中的抹灰层，也可以用做要求不高的砌筑砂浆。在水泥砂浆中掺入石灰膏后，能够提高水泥砂浆的保水性和砌筑、抹灰质量，节省水泥，这种砂浆称为水泥混合砂浆。

② 熟石灰粉的应用：熟石灰粉主要用来配制灰土（熟石灰＋黏土）和三合土（熟石灰＋黏土＋砂、石或炉渣等填料）。

a. 灰土的特性：灰土的抗压强度一般随土的塑性指数的增加而提高。不随含灰率的增加而一直提高，并且灰土的最佳含灰率与土的塑性指数成反比。一般最佳含灰率的重量百分比为 10％～15％；灰土的抗压强度随龄期（灰土制备后的天数）的增加而提高，当天的抗压强度与素土夯实相同，但在 28d 以后则可提高 2.5 倍以上；灰土的抗压强度随密实度的增加而提高。

灰土的抗渗性随土的塑性指数及密实度的增高而提高。且随龄期的延长抗渗性也有提高。灰土的抗冻性与其是否浸水有很大关系。在空气中养护 28d 不经浸水的试件，历经三个冰冻循环，情况良好，其抗压强度不变，无崩裂破坏现象。但养护 14d 并接着浸水 14d 后的试件，同上试验后则出现崩裂破坏现象。这是因为灰土龄期太短，灰土与土作用不完全，致使强度太差。

灰土的主要优点是充分利用当地材料和工业废料（如炉渣灰土），节省水泥，降低工程造价。

b. 注意事项：配制灰土或三合土时，一般熟石灰必须充分熟化，石灰不能消解过早，否则熟石灰碱性降低，减缓与土的反应，从而降低灰土的强度；所选土种以黏土、粉质黏土及黏质粉土为宜；准确掌握灰土的配合比；施工时，将灰土或三合土混合均匀并夯实，使彼此粘结为一体。黏土等土中含有 SiO_2 和 Al_2O_3 等酸性氧化物，能与石灰在长期作用下反应，生成不溶性的水化硅酸钙和水化铝酸钙，使颗粒间的粘结力不断增强，灰土或三合土的强度及耐水性能也不断提高。

③ 磨细生石灰粉的应用：常用来生产无熟料水泥、硅酸盐制品和碳化石灰板。

在石灰的储存和运输中，生石灰必须储存在干燥环境中。若储存期过长必须在密闭容器内存放。运输中要有防雨措施。要防止石灰受潮或遇水后水化，甚至由于熟化热量集中放出而发生火灾。磨细生石灰粉在干燥条件下储存期一般不超过一个月，最好是随生产随用。

2. 石膏

（1）石膏的生产与品种

建筑上常用的石膏，主要是由天然二水石膏（也叫生石膏）经过煅烧、磨细而制成的。天然二水石膏出自天然石膏矿，主要成分为 $CaSO_4 \cdot 2H_2O$。又由于其质地较软，也被称为软石膏。将二水石膏在不同的压力和温度下煅烧，可以得到结构和性质均不同的石膏产品。

1）建筑石膏和模型石膏

建筑石膏是将二水石膏（生石膏）加热至 110～170℃时，部分结晶水脱出后得到半水石膏（熟石膏），再经磨细得到粉状的建筑中常用的石膏品种，因此称为"建筑石膏"。反应式为：

$$CaSO_4 \cdot 2H_2O \xrightarrow{加热} CaSO_4 \cdot 1/2H_2O + 3/2H_2O$$

将这种常压下的建筑石膏称为 β 型半水石膏。若在上述条件下煅烧一等或二等的半水石膏，然后磨得更细些，这种 β 型半水石膏就叫模型石膏。它是建筑装饰制品的主要原料。

2）高强度石膏

将二水石膏在 0.13MPa、124℃的压蒸锅内蒸炼，则生成比 β 型半水石膏晶体粗大的 α 型半水石膏，称为高强度石膏。由于高强度石膏晶体粗大，比表面小，调成可塑性浆体时需水量只是建筑石膏需求量的一半，因此硬化后具有较高的密实度和强度。高强石膏可以用于室内抹灰，制作装饰制品和石膏板。若掺入防水剂可制成高强度抗水石膏，在潮湿环境中使用。

3）硬石膏

继续升温煅烧二水石膏，还可以得到硬石膏（无水石膏）。当温度升至 180～210℃时，半水石膏继续脱水得到脱水半水石膏，结构变化不大仍具有凝结硬化性质；当煅烧温度升至 320～390℃，得到可溶性硬石膏。水化凝结速度较半水石膏快，但它的需水量大、硬化慢、强度低；当煅烧温度达 400～750℃时，石膏完全失掉结合水，成为不溶性石膏，其结晶体变得紧密而稳定，密度达 2.29g/cm³，难溶于水，凝结很慢，甚至完全不凝结。但若加入石灰激发剂后，又使其具有水化凝结和硬化能力。这些材料按比例磨细后可制得无水石膏；当煅烧温度超过 800℃，部分 $CaSO_4$ 分解出 CaO，磨细后的石膏称为高温煅烧石膏，由于它处于碱性激发剂作用下，使这种石膏具有活性。硬化后有较高的强度和耐磨性，抗水性较好，故也称其为地板石膏。

（2）石膏的凝结与硬化

建筑石膏与适量的水混合后，开始形成均匀的石膏浆体，但紧接着石膏浆体失去塑性，成为坚硬的固体。这是因为半水石膏遇水后，将重新水化生成二水石膏放出热量并逐渐凝结硬化。反应式如下：

$$CaSO_4 \cdot 1/2H_2O + 3/2H_2O \longrightarrow CaSO_4 \cdot 2H_2O$$

凝结硬化过程的机理：半水石膏遇水后发生溶解，并生成不稳定的过饱合溶液，溶液中的半水石膏经过水化成为二水石膏。由于二水石膏在水中的溶解度较半水石膏的溶解度小得多，因此二水石膏溶液会很快达到过饱和，所以很快析出胶体微粒并且不断转变为晶体。二水石膏的析出破坏了原来半水石膏溶解的平衡状态，这时半水石膏会进一步溶解，以补偿二水石膏析晶而在液相中减少的硫酸钙含量。如此不断地进行半水石膏的溶解和二水石膏的析出，直到半水石膏完全水化为止。与此同时由于浆体中自由水因水化和蒸发逐渐减少，浆体变稠，失去塑性。以后水化物晶体继续增长，直至完全干燥，强度发展到最大值，石膏硬化。

（3）石膏的技术要求

建筑石膏呈洁白粉末状，密度约为 2.6～2.75g/cm³，堆积密度约为 0.8～1.1g/cm³。

其技术要求主要有：细度、凝结时间和强度。按 2h 强度（抗折），建筑石膏分为 3.0、2.0 和 1.6 三个等级。按《建筑石膏》GB/T 9776—2008，建筑石膏技术要求的物理力学性能见表 2-5。建筑石膏容易受潮吸湿，凝结硬化快，因此在运输、贮存的过程中，应注意避免受潮。石膏长期存放强度也会降低。一般贮存三个月后，强度下降 30% 左右。所以，建筑石膏贮存时间不得过长，若超过三个月，应重新检验并确定其等级。

物理力学性能 表 2-5

等级	细度（0.2mm 方孔筛筛余）（%）	凝结时间（min）		2h 强度（MPa）	
		初凝	终凝	抗折	抗压
3.0				≥3.0	≥6.0
2.0	≤10	≥3	≤30	≥2.0	≥4.0
1.6				≥1.6	≥3.0

（4）石膏的性质与应用

1）石膏的性质

① 凝结硬化快：建筑石膏的初凝和终凝时间很短，加水后 6min 即可凝结，终凝不超过 30min，在室温自然干燥条件下，约 1 周时间可完全硬化。为施工方便，常掺加适量缓凝剂，如硼砂、骨胶、皮胶等。

② 孔隙率大，表观密度小，保温、吸声性能好：建筑石膏水化反应的理论需水量仅为其质量的 18.6%，但施工中为了确保浆体有必要的流动性，加水量常达 60%～80%，多余水分蒸发后，将形成大量孔隙，硬化体的孔隙率可达 50%～60%。硬化体的多孔结构使建筑石膏制品具有表观密度小、质轻，保温隔热性能好和吸声性强等优点。

③ 具有一定的调湿性：由于多孔结构的特点，石膏制品的热容量大、吸湿性强，当室内温度变化时，由于制品的"呼吸"作用，使环境温度、湿度能得到一定的调节。

④ 耐水性、抗冻性差：石膏是气硬性胶凝材料，吸水性大，长期在潮湿环境中，其晶体粒子间的结合力会削弱，直至溶解，故其不耐水、不抗冻。

⑤ 凝固时体积微膨胀：建筑石膏在凝结硬化时具有微膨胀性，这种特性可使成型的石膏制品表面光滑、轮廓清晰、线角饱满、尺寸准确，干燥时不产生收缩裂缝。

⑥ 防火性好：二水石膏遇火后，结晶水蒸发，形成蒸汽幕，能够阻止火势蔓延，起到防火作用。但建筑石膏不宜长期在 65℃ 以上的高温部位使用，以免二水石膏缓慢脱水分解而降低强度。

2）石膏的应用

不同品种的石膏性质不同，用途也不同。二水石膏可以作为石膏工业的原料，水泥的调节剂等；煅烧的硬石膏可用来浇注地板和制造人造大理石，也可以作为水泥的原料；建筑石膏（半水石膏）在建筑工程中可用作室内抹灰、粉刷、油漆打底等材料，还可以制造建筑装饰制品、石膏板，以及水泥原料中的调凝剂和激发剂。

① 室内抹灰及粉刷

将建筑石膏加水调成浆体，用作室内粉刷材料。石膏浆中还可以掺入部分石灰，或将建筑石膏加水、砂拌合成石膏砂浆，用于室内抹灰或作为油漆打底使用。石膏砂浆隔热保温性能好，热容量大，吸湿性大，能够调节室内温、湿度，经常保持均衡状态。这种抹灰墙面还具有绝热、阻火、吸声以及施工方便、凝结硬化快、粘结牢固等特点，所以称之为室内高级粉刷和抹灰材料。

② 建筑装饰制品

以模型石膏为主要原料，掺加少量纤维增强材料和胶料，加水搅拌成石膏浆体。将浆体注入各种各样的金属（或玻璃）模具中，就能得到不同式样的石膏装饰制品，如平板、多孔板、浮雕板等。石膏装饰板是公用建筑物和顶棚常用的装饰制品。

③ 石膏板

石膏板具有轻质、隔热保温、吸声、不燃以及施工方便等性能。另外，它还具有原料来源广泛，燃料消耗低，设备简单，生产周期短等优点。常见的石膏板主要有纸面石膏板、纤维石膏板和空心石膏板。

3. 水泥

水泥是一种粉末状的水硬性无机胶凝材料。水泥的种类很多，按主要的水硬性物质不同，水泥可分为硅酸盐水泥、铝酸盐水泥、硫铝酸盐水泥、铁铝酸盐水泥等系列；按用途和性能，可分为通用水泥、专用水泥、特性水泥三大类。

通用水泥是用于一般土木建筑工程的水泥，使用最多的为硅酸盐类水泥，如硅酸盐水泥、普通硅酸盐水泥、矿渣硅酸盐水泥、火山灰质硅酸盐水泥、粉煤灰硅酸盐水泥等。

（1）硅酸盐水泥

是指由硅酸盐水泥熟料、0%～5%石灰石或粒化高炉矿渣等混合材料、适量石膏磨细制成的水硬性胶凝材料。硅酸盐水泥分两种类型，其中不掺加混合材料的称为Ⅰ型硅酸盐水泥，代号为 P·Ⅰ；掺加不超过水泥量5%的混合材料的称为Ⅱ型硅酸盐水泥，代号为 P·Ⅱ。

根据国家标准《水泥胶砂强度检验方法（ISO法）》GB/T 17671—1999，硅酸盐水泥的技术性质应符合以下规定：

1）密度和堆积密度

硅酸盐水泥的密度，主要取决于熟料的矿物组成，一般在 $3.0\sim3.1g/cm^3$ 范围内，平均可取 $3.1g/cm^3$。硅酸盐水泥松散状态下的堆积密度一般在 $1000\sim1600kg/m^3$ 之间，平均可取 $1300kg/m^3$。

2）细度

细度即水泥颗粒的粗细程度。水泥颗粒的粗细对水泥的性质影响很大。颗粒越细，表面积越大，水化速度越快，反应越完全，早期强度也越大，但硬化时体积收缩较大，水泥过细，易受潮，生产成本也较高。硅酸盐水泥细度用比表面积表示，其值应大于 $300m^2/kg$。

3）凝结时间

为使水泥浆在应用时有充分的时间进行搅拌、运输、成型等施工操作，要求水泥的初凝时间不能过早。当施工完毕，则要求水泥尽快凝结、硬化、产生强度，所以终凝时间不能太长。国家标准规定，硅酸盐水泥初凝时间不得早于 45min，终凝时间不得迟于 390min。

4）体积安定性

水泥硬化后，如果产生不均匀的体积变化（如弯曲变形或开裂），则称体积安定性不良。水泥体积安定性不良一般是由熟料中游离氧化钙、游离氧化镁及石膏含量过多而引起的。

国家标准规定，用沸煮法检验水泥体积的安定性。水泥试样沸煮 3h 后，经观察或测定未发现裂纹、变形，则体积安定性合格。这种方法只能检验游离氧化钙引起的破坏，游离氧化镁和石膏的危害均不便于快速检验。国家标准中还规定，水泥熟料中游离氧化镁含量不得超过 5%，水泥中石膏含量以三氧化硫计不得超过 3.5%，以控制水泥的体积安定性。

体积安定性不合格的水泥，只能作废品处理，不能用于任何建筑工程中。

5）强度和强度等级

水泥的强度是评定水泥强度等级的依据。

国家标准规定，水泥强度用水泥胶砂强度来评定。按《水泥胶砂强度检验方法（ISO法）》GB/T 17671—1999，将水泥和标准砂按 1:3、水灰比为 0.5 的配合比混合，按规定方法制成标准尺寸的试件，在标准条件下养护，测定其达到规定龄期（3d 和 28d）的抗折、抗压强度。硅酸盐水泥分 42.5、52.5、62.5 三种强度等级，各强度等级又分为普通型和早强型（R 型）两种类型。水泥在各龄期的强度指标见表 2-6。

硅酸盐水泥各龄期强度指标 表 2-6

强度等级	抗压强度（MPa）		抗折强度（MPa）	
	3d	28d	3d	28d
42.5	≥17.0	≥42.5	≥3.5	≥6.5
42.5R	≥22.0		≥4.0	
52.5	≥23.0	≥52.5	≥4.0	≥7.0
52.5R	≥27.0		≥5.0	
62.5	≥28.0	≥62.5	≥5.0	≥8.0
62.5R	≥32.0		≥5.5	

硅酸盐水泥的强度主要决定于熟料的矿物组成和细度。矿物的强度各不相同，它们的相对含量改变时，水泥的强度及其增长速度也随之变化。水泥颗粒越细，强度增长则较快，最终强度值也较高。除此之外，试件的制作、养护条件等对水泥强度值也有一定的影响。

（2）掺加混合材料的硅酸盐水泥

1）混合材料

混合材料是指在硅酸盐水泥的生产过程中，为改善水泥性质，调节水泥强度等级，增加水泥品种，提高产量，节约熟料、降低成本，而加入水泥中的人工和天然矿物原材料。

混合材料按其性能和作用，一般分为填充性混合材料和活性混合材料两类。

① 填充性混合材料：也叫非活性混合材料，在水泥中与水泥成分不起化学反应或化学作用很小，仅起填充作用的混合材料。常用的有：黏土、石灰岩、石英砂、慢冷矿渣等天然矿物及各种对水泥无害的工业废渣。它能起增加产量、降低成本和调节水泥强度等级的作用。

② 活性混合材料：也叫水硬性混合材料，是指以化学性较活泼的 SiO_2 和 Al_2O_3 为主

要成分的矿物质材料。其掺在水泥中，与水调和后，能在 Ca（OH）$_2$ 溶液中发生水化反应，生成水化硅酸钙和水化铝酸钙，具有水硬性并有相当的强度。常用的是火山灰质的材料：如硅藻土、凝灰岩。火山灰、烧黏土、煤渣等和粒化高炉矿渣（也叫水淬高炉矿渣）以及粉煤灰等。它们可以提高水泥产量、降低水泥成本；减少有害的 Ca（OH）$_2$ 含量、提高水泥的抗腐蚀性、降低水化热等，改善水泥某些性能；还能调节水泥强度等级，扩大使用范围；充分利用工业废渣，净化生活环境。

2）普通硅酸盐水泥

凡由硅酸盐水泥熟料、6%～15%混合材料、适量石膏磨细制成的水硬性胶凝材料均称为普通硅酸盐水泥（也叫普通水泥），代号为 P·O。

其掺加填充性混合材料时，不得超过 10%；掺加活性混合材料时，不得超过 15%；同时掺加填充性混合材料和活性混合材料时，总掺量不得超过 15%，其中的填充性混合材料不得超过 10%。

根据《通用硅酸盐水泥（国家标准第 1 号修改单）》GB 175—2007/XG1—2009 的规定，普通水泥的主要技术性质和指标如下：

① 细度：以筛分法测定，要求 0.080mm 方孔筛上筛余量不得超过 10%。

② 凝结时间：初凝时间不得早于 45min；终凝时间不得迟于 10h。

③ 体积安定性：用沸煮法测定必须合格（试件无变形或开裂）；熟料中 MgO≤5%；水泥中 SO$_3$≤3.5%。

④ 强度和强度等级用标准试验方法测得，试件各龄期强度应符合表 2-7 的要求。

普通硅酸盐水泥各龄期强度指标　　　　　　　　　　　　表 2-7

强度等级	抗压强度（MPa）		抗折强度（MPa）	
	3d	28d	3d	28d
42.5	≥17.0	≥42.5	≥3.5	≥6.5
42.5R	≥22.0		≥4.0	
52.5	≥23.0	≥52.5	≥4.0	≥7.0
52.5R	≥27.0		≥5.0	

3）矿渣硅酸盐水泥、火山灰质硅酸盐水泥、粉煤灰硅酸盐水泥

① 矿渣硅酸盐水泥：指由硅酸盐水泥熟料和 20%～70%粒化高炉矿渣，加入适量石膏磨细制成的水硬性胶凝材料，也叫矿渣水泥，代号为 P·S。允许用火山灰质混合材料、粉煤灰、石灰岩、窑灰中的一种材料代替部分粒化矿渣。但代替数量最多不超过水泥质量的 8%，代替后水泥中粒化高炉矿渣不得少于 20%。

② 火山灰质硅酸盐水泥：指由硅酸盐水泥熟料和 20%～50%火山灰质混合材料，加入适量石膏磨细制成的水硬性胶凝材料，也叫火山灰水泥，代号为 P·P。

③ 粉煤灰硅酸盐水泥：指由硅酸盐水泥熟料和 20%～40%粉煤灰，加入适量石膏磨细制成的水硬性胶凝材料，也叫粉煤灰水泥，代号为 P·F。

根据《通用硅酸盐水泥（国家标准第 1 号修改单）》GB 175—2007/XG1—2009 标准规定，三种水泥的细度、凝结时间及体积安定性的要求与普通硅酸盐水泥相同。三种水泥各龄期的强度指标见表 2-8。

矿渣硅酸盐水泥、火山灰质硅酸盐水泥、粉煤
灰硅酸盐水泥各龄期强度指标　　　　　表 2-8

强度等级	抗压强度（MPa）		抗折强度（MPa）	
	3d	28d	3d	28d
32.5	≥10.0	≥32.5	≥2.5	≥5.5
35.5R	≥15.0		≥3.5	
42.5	≥15.0	≥42.5	≥3.5	≥6.5
42.5R	≥19.0		≥4.0	

矿渣水泥、火山灰水泥及粉煤灰水泥与硅酸盐水泥相比，还具有如下特性：

① 初期强度增长慢，后期强度增长快。由于掺入了大量混合材料，水泥凝结硬化慢，早期强度低，但硬化后期可以赶上甚至超过同强度等级的硅酸盐水泥。由于早期强度较低，不宜用于早期强度要求高的工程。

② 水化热低。由于水泥中水化放热高的熟料含量较少，且反应速度慢，所以水化热低。这些水泥不宜用于冬季施工。但水化热低，不致引起混凝土内外温差过大，适用于大体积混凝土工程。

③ 耐蚀性较好。这些水泥硬化后，在水泥石中容易被腐蚀的氢氧化钙和水化铝酸钙含量较少，使得抵抗软水、酸类、盐类的侵蚀能力明显提高。可用于有一般侵蚀性要求的工程，比硅酸盐水泥耐久性好。

④ 蒸汽养护效果好。在高温高湿环境中，活性混合材料与氢氧化钙反应会加速进行，强度提高幅度较大，效果好。适用于蒸汽养护。

⑤ 抗碳化能力差。这类水泥硬化后的水泥石碱度低、抗碳化能力差，对防止钢筋锈蚀不利。不宜用于重要钢筋混凝土结构和预应力混凝土。

⑥ 抗冻性、耐磨性差。与硅酸盐水泥相比，抗冻性、耐磨性差，不适用于受反复冻融作用的工程和有耐磨性要求的工程。

矿渣水泥、火山灰水泥、粉煤灰水泥除了具有上述共同的特性外，还有各自的特性。

矿渣水泥耐热性较好。矿渣出自炼铁高炉，常作为水泥耐热掺料使用，矿渣水泥能耐400℃高温，通常认为矿渣掺量大的耐热性更好。矿渣为玻璃体结构，亲水性差，因此矿渣水泥的泌水性及干缩性较大。

火山灰水泥抗渗性较好，抗大气性差。由于火山灰水泥密度较小，水化需水量较多，拌合物不易泌水，硬化后不致产生泌水孔洞和较大的毛细管，而且水化物中水化硅酸钙凝胶含量较多，水泥石较为密实。所以，它的抗渗性优于其他几种通用水泥。适用于有一般抗渗要求的工程。由于它的低碱度，又处于干燥空气中，会因空气中的 CO_2 作用于水化物，而易"起粉"。因此，火山灰水泥不适用于干燥条件中的混凝土工程。

粉煤灰属于火山灰质材料，所以，粉煤灰水泥性质与火山灰水泥基本相同。但粉煤灰颗粒大多为球形颗粒，比表面积小，吸附水少。因此，粉煤灰水泥拌合物需水量较小，硬化过程干缩率小，抗裂性好。但粉煤灰水泥与矿渣水泥、火山灰水泥相比早期强度更低，水化热低，抗碳化能力较差。

（3）复合硅酸盐水泥

指由硅酸盐水泥熟料、两种或两种以上规定的混合材料、适量石膏磨细制成的水硬性胶凝材料，也叫复合水泥，代号为 P·C。水泥中混合材料总掺量按质量百分比应大于15%，不超过50%，复合硅酸盐水泥各龄期的强度指标见表2-9。

复合硅酸盐水泥各龄期强度指标　　　　　　　　　　　　　表2-9

强度等级	抗压强度（MPa）		抗折强度（MPa）	
	3d	28d	3d	28d
52.5	≥21.0	≥52.5	≥4.0	≥7.0

按照《通用硅酸盐水泥（国家标准第1号修改单）》GB 175—2007/XG1—2009 的规定，复合水泥的细度、凝结时间和体积安定性与普通水泥要求相同。强度等级划分及各龄期强度要求不得低于表2-9的指标。

（4）通用水泥的质量评定

通用水泥实物质量水平，主要根据水泥强度等级、3d抗压强度、28d抗压强度、变异系数及凝结时间划分。主要分为优等品、一等品、合格品，见表2-10。

通用水泥的实物质量　　　　　　　　　　　　　表2-10

项　　目	质　量　等　级				
	优等品		一等品		合格品
	硅酸盐水泥 普通硅酸盐水泥	矿渣硅酸盐水泥 火山灰质硅酸盐水泥 粉煤灰硅酸盐水泥 复合硅酸盐水泥	硅酸盐水泥 普通硅酸盐水泥	矿渣硅酸盐水泥 火山灰质硅酸盐水泥 粉煤灰硅酸盐水泥 复合硅酸盐水泥	硅酸盐水泥 普通硅酸盐水泥 矿渣硅酸盐水泥 火山灰质硅酸盐水泥 粉煤灰硅酸盐水泥 复合硅酸盐水泥
抗压强度 3d≥	24.0MPa	22.0MPa	20.0MPa	17.0MPa	符合通用水泥各品种的技术要求
28d ≥	48.0MPa	48.0MPa	46.0MPa	38.0MPa	
28d ≤	$1.1\overline{R}^*$	$1.1\overline{R}^*$	$1.1\overline{R}^*$	$1.1\overline{R}^*$	
终凝时间（min）≤	300	330	360	420	
氯离子含量（%）≤	0.06				

注：*同品种同强度等级水泥28d抗压强度上月平均值，至少以20个编号平均，不足20个编号时，可两个月或三个月合并计算。对于62.5（含62.5）以上水泥，28d抗压强度不大于 $1.1\overline{R}$ 的要求不作规定。

另外，不符合标准要求的通用水泥又分为不合格品和废品两个等级：

1）不合格品

① 硅酸盐水泥、普通水泥，凡细度、终凝时间、不溶物和烧失量中任何一项不符合标准规定的，均为不合格品。矿渣水泥、火山灰水泥、粉煤灰水泥，凡细度、终凝时间中任何一项不符合标准规定的，均为不合格品。

② 凡混合材料掺加量超过最大限量、强度低于商品强度等级规定的指标（但不低于最低强度等级的指标）时，均为不合格品。

③ 水泥包装标志中的水泥品种、强度等级、工厂名称和出厂编号不全的，也属不合格品。

2）废品

凡初凝时间、氧化镁含量、三氧化硫含量、安定性中的任何一项不符合标准规定的，或强度低于该品种最低强度等级规定的指标的，均为废品。

（5）通用水泥的选用和储运要求

1）通用水泥的选用

通用水泥常用品种的主要特性及适用范围如下：

① 硅酸盐水泥

主要特性：早期强度高（与同强度等级普通水泥比，3d、7d 强度高 3%～7%）；水化热大；抗冻性好；耐腐蚀性差。

适用范围：高强度混凝土；预应力钢筋混凝土预制构件；现浇预应力桥梁等要求快硬高强的结构；受冻融作用的结构；喷射混凝土。

不适用范围：大体积混凝土工程；有软水作用或受化学腐蚀的工程；有海水侵蚀的工程。

② 普通水泥

主要特性：早期强度较高（7d 强度约为 28d 强度的 60%～70%）；其他性能基本与硅酸盐水泥相同。

适用范围：一般土木建筑混凝土；钢筋混凝土、预应力混凝土的地上、地下与水中结构；受冻融作用的结构。

不适用范围：大体积混凝土工程；有软水作用或受化学腐蚀的工程；有海水侵蚀的工程。

③ 矿渣水泥

主要特性：早期强度低，后期强度可以等于同强度等级硅酸盐水泥；水化热低；抗腐蚀性好；耐热性好；抗冻性差；干缩性大。

适用范围：有耐热要求的混凝土结构；大体积混凝土结构，一般地上、地下与水中的混凝土或钢筋混凝土结构；蒸汽养护的混凝土构件；有抗硫酸盐腐蚀要求的一般工程。

不适用范围：早期强度要求较高的工程；严寒地区及处于水位升降范围内的混凝土工程。

④ 火山灰水泥

主要特性：抗渗性好；耐热性差；早期强度低，后期强度可以等于同强度等级硅酸盐水泥；水化热低；抗腐蚀性好；抗冻性差；干缩性大。

适用范围：有抗渗要求的混凝土工程，大体积混凝土结构，一般地上、地下与水中的混凝土或钢筋混凝土结构；蒸汽养护的混凝土构件；有抗硫酸盐腐蚀要求的一般工程。

不适用范围：处在干燥环境中的混凝土工程；有耐磨性要求的工程；早期强度要求较高的工程；严寒地区及处于水位升降范围内的混凝土工程。

⑤ 粉煤灰水泥

主要特性：抗裂性好；耐热性差；干缩性小；早期强度低，后期强度可以等于同强度等级硅酸盐水泥；水化热低；抗腐蚀性好；抗冻性差。

适用范围：大体积混凝土结构，一般地上、地下与水中的混凝土或钢筋混凝土结构；蒸汽养护的混凝土构件；有抗硫酸盐腐蚀要求的一般工程。

不适用范围：处在干燥环境中的混凝土工程；有抗碳化要求的混凝土工程；早期强度要求较高的工程；严寒地区及处于水位升降范围内的混凝土工程。

2）通用水泥的储运要求

通用水泥有效期自出厂之日起为 3 个月，即使储存条件良好，通常存放 3 个月的水泥强度也会降低约 10%～15%，存放 6 个月强度约降低 20%～30%。存期超过 3 个月为过期水泥，应重新检测决定如何使用。

水泥运输、储存应注意防水、防潮。储存应根据不同品种、强度等级、批次、到货日期分别堆放，标志清楚。应注意先到先用，避免积压过期。不同品种、强度等级、批次的水泥，由于矿物成分不同、凝结硬化速度不同、干缩率不同，严禁混杂使用。

（6）专用水泥

指有专门用途的水泥，如砌筑水泥、道路水泥、油井水泥等。

凡由一种或一种以上的水泥混合材料，加入适量硅酸盐水泥熟料和石膏，经磨细制成的和易性较好的水硬性胶凝材料，称之为砌筑水泥，代号为 M。

砌筑水泥的组成中，水泥混合材料的掺加量（质量比）应大于 50%，允许掺入适量的石灰石粉或窑灰。

《砌筑水泥》GB/T 3183—2003 中对砌筑水泥的技术要求如下：

1）细度

0.080mm 方孔筛筛余不得超过 10%。

2）凝结时间

初凝不得早于 60min，终凝不得迟于 12h。

3）安定性

用沸煮法检验必须合格。水泥中 SO_3 含量不得超过 4.0%。

4）保水率

不低于 80%。

5）强度

分为 12.5、22.5 两个强度等级。各龄期强度不得低于表 2-11 规定的数值。

砌筑水泥各龄期强度指标　　　　　　　　　　　　表 2-11

水泥强度等级	抗压强度（MPa）		抗折强度（MPa）	
	7d	28d	7d	28d
12.5	7	12.5	1.5	3
22.5	10	22.5	2	4

符合各项技术要求的砌筑水泥为合格品。

如细度、终凝时间、安定性中任何一项不符合要求，或 22.5 级强度低于规定值时，产品作为不合格品。如水泥包装标志中强度等级、生产者名称和出厂编号不全也属不合格品。

如 SO_3、初凝时间、安定性中任何一项不符合标准要求，或 12.5 级强度低于规定指标时，产品属于废品。不得用于工程中。

砌筑水泥利用大量的工业废渣作为混合材料，降低了水泥成本。而且砌筑水泥强度等级较低，用于配制砌筑砂浆可节约水泥，避免浪费。砌筑水泥适用于工业与民用建筑的砌筑砂浆和内墙抹面砂浆和垫层混凝土，不得用于结构混凝土。

2.1.2 建筑钢材

1. 钢材的分类

（1）按化学成分分类

1）碳素钢：碳素钢按含碳量分为低碳钢（含碳量＜0.25％）、中碳钢（含碳量0.25％～0.6％）和高碳钢（含碳量＞0.6％）。

2）合金钢：合金钢按合金的含量分为低合金钢（合金元素总量＜5％）、中合金钢（含金元素总量5％～10％）和高合金钢（合金元素总量＞10％）。

建筑施工中常用的是普通碳素钢中的低碳钢和合金钢中的低合金高强度结构钢。

（2）按品质分类

包括普通碳素钢（含硫量≤0.045％～0.050％，含磷量≤0.045％）、优质碳素钢（含硫量≤0.035％，含磷量≤0.035％）、高级优质钢（含硫量≤0.025％，含磷量≤0.025％）、特级优质钢（含硫量≤0.015％，含磷量≤0.025％）。

（3）按用途分类

1）结构钢：主要用作工程结构构件及机械零件构件的钢。

2）工具钢：主要用作各种量具、刀具及模具的钢。

3）特殊钢：具有特殊物理、化学或机械性能的钢，如不锈钢、耐酸钢和耐热钢等。

（4）按脱氧程度分类

1）沸腾钢：炼钢时加入锰铁进行脱氧、脱氧很不完全，因此称为沸腾钢，代号为"F"。沸腾钢广泛用于一般的建筑工程。

2）镇静钢：炼钢时一般采用硅铁、锰铁和铝锭等作脱氧剂，脱氧充分，这种钢水铸锭时能平静地充满锭模并冷却凝固，基本无CO气泡产生，因此称为镇静钢，代号为"Z"（可省略）。镇静钢适用于预应力混凝土等重要结构工程。

3）特殊镇静钢：比镇静钢脱氧程度更充分彻底的钢，其质量最好。适用于特别重要的结构工程，代号为"TZ"（可省略）。

4）半镇静钢：脱氧程度介于沸腾钢和镇静钢之间，质量较好的钢，代号为"B"。

2. 建筑钢材的技术性能

钢材的技术性能主要体现在力学性能、工艺性能和化学性能。

（1）力学性能

1）拉伸性能。拉伸是建筑钢材的主要受力形式，拉伸性能包括屈服强度、抗拉强度和伸长率等，拉伸性能是表示钢材性能和选用钢材质量的重要指标。

通过拉伸试验，除能检测钢材屈服强度和抗拉强度等强度指标外，还能检测出钢材的塑性。钢材塑性用伸长率或断面收缩率表示。

伸长率和断面收缩率都表示钢材断裂前经受塑性变形的能力。断面收缩率越高，表示钢材塑性越好。伸长率是衡量钢材塑性的重要指标，伸长率越大，则钢材的塑性越好。

2）冲击韧性。是指钢材抵抗冲击荷载而不破坏的能力。它以刻槽的标准试件，在冲击试验机的摆锤作用下，以破坏后缺口处的单位面积所消耗的功来表示，符号 α_k，单位 J/cm^2。α_k 值越大，冲断试件消耗的功越多，或者说钢材断裂前吸收的能量越多，说明钢材的韧性越好，不容易产生脆性断裂。

3）疲劳强度。钢材在交变荷载反复作用下，可在远小于抗拉强度的情况下突然破坏，即疲劳破坏。钢材的疲劳破坏指标用疲劳强度（称疲劳极限）来表示，它是指试件在交变荷载作用下，不发生疲劳破坏的最大应力值。交变应力越大，则断裂时所需的循环次数越少。一般把钢材承受交变作用 106～107 次时不发生破坏所能承受的最大应力作为疲劳强度。

4）硬度

硬度是指其表面抵抗硬物压入产生局部变形能力。测定钢材硬度的方法有布氏法、洛氏法和维氏法等。

材料的硬度是材料弹性、塑性、强度等性能的综合反映。

（2）工艺性能

1）冷弯性能。冷弯性能是指钢材在常温下，以一定的弯心直径和弯曲角度对钢材进行弯曲，钢材能够承受弯曲变形的能力。

钢材的冷弯，一般以弯曲角度 α、弯心直径 d 与钢材厚度（或直径）a 的比值 d/a 来表示弯曲的程度。弯曲角度越大，d/a 越小，表示钢材的冷弯性能越好。

伸长率较大的钢材，其冷弯性能也必然较好。但冷弯试验是对钢材塑性更严格的检验，有利于暴露钢材内部存在的缺陷，如气孔、裂纹等；同时在焊接时，局部脆性及焊接接头质量的缺陷也可通过冷弯试验而发现。因此钢材的冷弯性能也是评定焊接质量的重要指标，必须合格。

2）冷加工。钢材在常温下超过其弹性范围后，产生一定塑性变形，屈服强度、硬度提高，而塑性、韧性及弹性模量降低，这种现象称为冷加工强化。

利用该原理对钢筋或低碳盘条按一定方法进行冷拉或冷拔加工，可以提高屈服强度，节约钢材。

① 冷拉：将热轧后的钢筋用拉伸设备拉长，使之产生一定的塑性变形，以提高屈服强度。钢筋冷拉后强度提高，但塑性、韧性降低。

② 冷拔：将钢筋或钢管通过冷拔机上的孔模，拔成一定截面尺寸的钢丝或细钢筋。冷拔加工后的钢材表面光洁度较高，提高强度效果比冷拉好。直径越细，强度越高。

3）时效。指钢材随时间的延长，强度、硬度提高，而塑性、韧性下降的现象。时效处理的方式有两种：自然时效和人工时效。钢材经冷加工后，在常温下存放 15～20d 为自然时效；加热至 100～200℃保持 2h 左右，为人工时效。

建筑工程中的钢筋，常利用冷加工后的时效作用来提高屈服强度，以节约钢材，但对于受荷载作用或经常处于中温条件工作的钢结构，如桥梁、锅炉等用钢，为避免过大的脆性，防止出现突然断裂，要求采用时效敏感性小的钢材。

4）焊接性能。焊接中，由于高温作用和焊接后急剧冷却作用，焊缝及其附近的过热区将发生晶体组织及结构变化，产生局部变形及内应力，使焊缝周围的钢材产生硬脆倾向，降低了焊接的质量。可焊性良好的钢材，焊缝处性质应尽可能与母材相同，焊接才牢固可靠。

钢材的化学成分、冶炼质量、冷加工、焊接工艺及焊条材料等都会影响焊接性能。

钢材焊接后必须取样进行焊接质量检查，通常包括拉伸试验，有些焊接种类还包括弯曲试验，要求试验时试件的断裂不能发生在焊接处。同时还要检查焊接处有无裂纹、砂眼、咬肉和焊件变形等缺陷。

（3）钢材的化学成分

1）碳（C）

碳是决定钢材性质的主要因素。含碳量在 0.8％以下时，随含碳量的增加，钢的强度和硬度提高，塑性和韧性降低；但当含碳量大于 1.0％时，随含碳量的增加，钢的强度反而降低。含碳量增加，钢的焊接性能变差，特别当含碳量大于 0.3％时，钢的可焊性显著降低。因此建筑钢材的含碳量不宜过高。

2）有益元素

① 硅（Si）：硅含量在 1.0％以下时，可提高钢的强度、疲劳极限、耐腐蚀性及抗氧化性，对塑性和韧性影响不大，但可焊性和冷加工性能有所影响。硅作为合金元素，用以提高合金钢的强度。一般碳素钢中硅含量小于 0.3％，低合金钢含硅量小于 1.8％。

② 锰（Mn）：锰可提高钢材的强度、硬度及耐磨性。能削减硫和氧引起的热脆性，改善钢材的热工性能，锰可作为合金元素，提高钢材的强度。锰含量通常 1％～2％。

③ 钒（V）、铌（Nb）、钛（Ti）：钒、铌、钛都是炼钢的脱氧剂，也是常用的合金元素。适量加入钢中，可改善钢的组织，提高钢的强度和改善韧性。

3）有害元素

① 硫（S）：硫引起钢材的"热脆性"，会降低钢材的各种机械性能，使钢材的可焊性、冲击韧性、耐疲劳性和抗腐蚀性降低。建筑钢材含硫量应尽可能减少，一般要求含硫量小于 0.045％。

② 磷（P）：磷可引起钢材的"冷脆性"，磷含量提高，钢材的强度、硬度、耐磨性和耐腐蚀性提高，塑性、韧性和可焊性显著下降。建筑用钢要求含磷量小于 0.045％。

③ 氧（O）：含氧量增加，使钢材的机械强度降低，塑性和韧性降低，促进时效，还能使热脆性增加，焊接性能变差。建筑钢材的含氧量应尽可能减少，一般要求含氧量小于 0.03％。

④ 氮（N）：氮使钢材的强度提高，塑性特别是韧性显著下降。氮会加剧钢的时效敏感性和冷脆性，使可焊性变差。但在铝、铌、钒等元素的配合下，可细化晶粒，改善钢的性能，故可作为合金元素。建筑钢材的含氮量应尽可能减少，一般要求含氮量小于 0.008％。

3. 建筑常用钢及钢材

（1）钢结构用钢

在建筑工程中最常用的钢品种主要有普通碳素结构钢、优质碳素钢和低合金高强度结构钢。

1）普通碳素结构钢。简称碳素结构钢，其产量最大，用途最广泛，多轧制成型材、异形型钢和钢板等，可供焊接、铆接和螺栓连接。

① 牌号及表示方法。《碳素结构钢》GB/T 700—2006 规定，钢的牌号由代表屈服点

的字母、屈服数值、质量等级符号、脱氧方法符号四个部分按顺序组成。其中以"Q"代表屈服强度点,碳素结构钢按屈服点的大小分为 Q195、Q215、Q235、Q275(MPa)四个不同强度级别的牌号;质量等级以硫(S)、磷(P)等杂质含量由多到少,分为 A、B、C、D 四个不同的质量等级;脱氧方法以 F 表示沸腾钢、b 表示半镇静钢、Z 和 TZ 表示镇静钢和特殊镇静钢,Z 和 TZ 在钢的牌号中可以省略。如 Q235-A.F 表示为屈服点不小于 235MPa 的 A 级沸腾钢。

② 技术要求。碳素结构钢的技术要求包括化学成分、力学性能、冶炼方法、交货状态及表面质量五个方面。

③ 碳素结构钢的应用:

Q195、Q215,含碳量低,强度不高,塑性和韧性、加工性能和焊接性能好,主要用于轧制薄板和盘条,制作铆钉、地脚螺栓等。

Q235 含碳适中,综合性能好,强度、塑性和焊接等性能得到很好配合,用途最广泛。常轧制成盘条或钢筋,以及圆钢、方钢、扁钢、角钢、工字钢、槽钢等型钢,广泛地应用于建筑工程中。

Q275,强度、硬度较高,耐磨性好,塑性和可焊性能有所降低。主要用作铆接与螺栓连接的结构及加工机械零件。

2)低合金高强度结构钢。低合金高强度结构钢是一种在碳素结构钢的基础上添加总量不小于 5%合金元素的钢材。所加合金元素主要有锰(Mn)、硅(Si)、钒(V)、铌(Nb)、铬(Cr)、镍(Ni)及稀有元素。目的是提高钢的屈服强度、抗拉强度、耐磨性及耐低温性能等。

① 牌号及其表示方法。低合金高强度结构钢牌号由代表屈服点汉语拼音字母 Q、屈服点数值、质量等级符号三个部分按顺序组成。低合金高强度结构钢有 Q345、Q390、Q420、Q460、Q500、Q550、Q620、Q690(MPa)共 8 个编号。

质量等级按冲击韧性划分为 A、B、C、D、E 五个等级。A 级,不要求冲击韧性;B 级,要求+20℃冲击韧性;C 级,要求 0℃冲击韧性;D 级,要求-20℃冲击韧性;E 级,要求-40℃冲击韧性。

② 力学性能。低合金高强度结构钢的力学性能(强度、冲击韧性、冷弯等)应符合国家标准的规定要求。

③ 特性及应用。与碳素结构相比,低合金高强度结构钢具有较高的强度,良好的塑性、低温冲击韧性、可焊性和耐久性等特点,是一种综合性能良好的建筑钢材。

Q345 级钢是钢结构的常用牌号,Q390 也是推荐使用的牌号。与碳素结构钢 Q235 相比,Q345 级钢的强度更高,等强度代换时可以节省钢材 15%～25%,并减轻钢材的自重。另外,Q345 具有良好的承受动荷载和耐疲劳性。低合金高强度结构钢广泛应用于钢结构和钢筋混凝土结构中,特别是大型结构、重型结构、大跨度结构、高层建筑、桥梁工程、承受动荷载和冲击荷载的结构。

(2)钢筋混凝土用钢

钢筋是用于钢筋混凝土结构中的线材。工程中常用钢筋主要有热轧光圆钢筋、热轧带肋钢筋、低碳钢热轧圆盘条、预应力钢丝、冷轧带肋钢筋、热处理钢筋等品种。钢筋具有强度较高,塑性较好,易于加工等特点,广泛地应用于钢筋混凝土结构中。

1) 热轧钢筋。钢筋混凝土用热轧钢筋分为光圆钢筋和带肋钢筋两种。热轧光圆钢筋横截面通常为圆形，且表面光滑，采用钢锭经热轧成型并自然冷却而成。热轧带肋钢筋横截面为圆形，且表面通常有两条纵肋和沿长度方向均匀分布的月牙形横肋。

热轧直条光圆钢筋强度等级代号为 HRB300。热轧带肋钢筋的牌号由 HRB 和牌号屈服点最小值构成。H、R、B 分别为热轧、带肋、钢筋三个词的英文首位字母。热轧带肋钢筋有 HRB335、HRB400、HRB500 三个牌号。

热轧带肋光圆钢筋的公称直径范围为 6～22mm，常用的有 6mm、8mm、10mm、12mm、16mm、20mm。钢筋混凝土用热轧带肋钢筋的公称直径范围为 6～50mm，推荐的公称直径为 6mm、8mm、10mm、12mm、16mm、20mm、25mm、32mm、40mm 和 50mm。

2) 冷轧带肋钢筋。冷轧带肋钢筋由热轧圆盘条经冷轧或冷拔减径后，在表面冷轧成两面或三面有肋的钢筋。钢筋冷轧后允许进行低温回火处理。

冷轧带肋钢筋按抗拉强度分为 CRB550、CRB650、CRB800、CRB970 四个牌号。C、R、B 分别为冷轧、带肋、钢筋三个英文单词的字母，数字为抗拉强度的最小值。

冷轧带肋钢筋适用于中、小预应力混凝土结构构件，也适用于焊接钢筋网。

3) 热处理钢筋。热处理钢筋是经过淬火和回火调质处理的螺纹钢筋。分有纵肋和无纵肋两种，代号为 RB150。

热处理钢筋的公称直径有 6mm、8.2mm、10mm 三种。

热处理钢筋特别适合于预应力构件。钢筋成盘供应，可省去冷拉、调质和对焊工序，施工方便。但其应力腐蚀及缺陷敏感性强，应防止产生锈蚀及刻痕等现象。热处理钢筋不适用于焊接和点焊的钢筋。

4) 预应力混凝土用钢丝及钢绞线：

① 钢丝。钢丝是以优质碳素结构钢盘条为原料，经淬火、酸洗、冷拉制成的用作预应力混凝土骨架的钢丝。

钢丝按交货状态分为冷拉钢丝和消除应力钢丝两种；按外形分为光面钢丝和刻痕钢丝两种；按用途分为桥梁用、电杆及其他水泥制品用两类。

钢丝主要用作桥梁、吊车梁、电杆、楼板、大口径管道等预应力混凝土构件中的预应力筋。

② 钢绞线。钢绞线是由多根圆形断面钢丝捻制而成。钢绞线按左捻制成并经回火处理消除内应力。直径有 9.0mm、12.0mm、15.0mm 三种规格。

适用于大型建筑、公路或桥梁、吊车梁等大跨度预应力混凝土构件的预应力钢筋，广泛应用于大跨度、重荷载的结构工程中。

4. 钢材锈蚀及防止措施

(1) 钢材的锈蚀

钢材的锈蚀是指钢材表面与周围介质发生作用而引起破坏的现象。锈蚀可分为化学锈蚀和电化学锈蚀两类。

1) 化学锈蚀。化学锈蚀是指钢材与周围介质（如氧气、二氧化碳和水等）发生化学反应，生成疏松的氧化物而产生的锈蚀。

2) 电化学锈蚀。电化学锈蚀是指钢材与电解质溶液接触而产生电流，形成微电池而引起的锈蚀。它是建筑钢材在存放和使用中发生锈蚀的主要形式。钢材发生电化学锈蚀的必要条件是水和氧气的存在。

（2）钢筋混凝土中钢筋锈蚀

普通混凝土为强碱性环境，埋入混凝土中的钢筋处于碱性介质条件而形成碱性钢筋保护膜，只要混凝土表面没有缺陷，里面的钢筋是不会锈蚀的。但如果制作的混凝土构件不密实，环境中水和空气能进入混凝土内部，或者混凝土保护层厚度小或发生了严重的碳化，使混凝土失去了碱性保护作用，特别是混凝土内氯离子含量过大，使钢筋表面的保护膜被氧化，也会发生钢筋锈蚀现象。

对于普通混凝土、轻骨料混凝土和粉煤灰混凝土，为了防止钢筋锈蚀，在施工中应确保混凝土的密实度以及钢筋保护层的厚度。在二氧化碳浓度高的工业区采用硅酸盐水泥或普通水泥，限制含氯盐外加剂的掺量，并使用钢筋防锈剂（如亚硝酸钠）；预应力混凝土应禁止使用含氯盐的骨料和外加剂；对于加气混凝土等，可以在钢筋表面涂环氧树脂或镀锌。

（3）钢材锈蚀的防止措施

钢材的锈蚀既有内因（材质），也有外因（环境介质条件），因此要防止或减少钢材的锈蚀必须从钢材本身的易腐蚀性，隔离环境中的侵蚀性介质或改变钢材表面状况方面入手。

1）表面刷漆。表面刷漆是钢结构防止锈蚀的常用方法。刷漆通常有底漆、中间漆和面漆三道。底漆要求有较好的附着力和防锈能力，常用的有红丹、环氧富锌漆、云母氧化铁和铁红环氧底漆等。中间漆为防锈漆，常用的有红丹、铁红等。面漆要求有较好的牢度和耐候性能，保护底漆不受损伤或风化，常用的有灰铅、醇酸磁漆和酚醛磁漆等。

钢材表面涂刷漆时，通常为一道底漆、一道中间漆和两道面漆。要求高时可增加一道中间漆或面漆。使用防锈涂料时，应注意钢构件表面除锈，注意底漆、中间漆和面漆的匹配。

2）表面镀金属。用耐腐蚀性好的金属，以电镀或喷镀的方法覆盖在钢材的表面，提高钢材的耐腐蚀能力。常用方法有镀锌、镀锡、镀铜和镀铬等。

3）采用耐候钢。耐候钢即耐大气腐蚀钢，是在碳素钢和低合金钢中加入少量的铜、铬、镍、钼等合金元素而制成。耐候钢既有致密的表面腐蚀保护，又有良好的焊接性能，其强度级别与常用碳素钢和低合金钢一致，技术指标相近。

2.1.3 墙体材料

1. 砌墙砖

砖按生产工艺可分为烧结砖和非烧结砖；按砖的孔洞率、孔的尺寸大小和数量可分为普通砖、多孔砖和空心砖；按主要原料命名又分为黏土砖（N）、页岩砖（Y）、粉煤灰砖（F）、煤矸石砖（M）等。

（1）烧结砖。凡经焙烧而成的砖统称烧结砖。按其空洞率大小包括烧结普通砖、烧结多孔砖和烧结空心砖三种。

将规格为 240mm×115mm×53mm 的无孔或孔洞率小于 15% 的烧结砖称为烧结普通砖。按现行《烧结普通砖》GB 5101—2003 规定，烧结普通砖的质量可划分为优等品

（A）、一等品（B）和合格品（C）三个产品等级，各项技术指标应满足下列要求：

1）外观质量和尺寸偏差：烧结普通砖的外形为长方体，标准尺寸是：长 240mm，宽 115mm，厚 53mm。其中 240mm×115mm 的面称为大面；240mm×53mm 的面称为条面；115mm×53mm 的面称为顶面。若加砌筑灰缝（以 10mm 计），每立方米砌体的理论需用砖数为 512 块。

烧结普通砖的优等品必须颜色基本一致。烧结普通砖的外观质量和尺寸偏差应符合规定的要求。

2）强度等级：烧结普通砖根据标准试验方法按抗压强度分为：MU30、MU25、MU20、MU15、MU10 五个等级。

3）抗风化性：抗风化性能是指在干湿变化、温度变化、冻融变化等物理因素作用下，材料不破坏并长期保持原有性质的能力。

（2）非烧结砖。以黏土、粉煤灰、页岩、煤矸石或炉渣等为原料，掺入少量胶凝材料，经粉碎、搅拌、压制成型、高压或常压蒸汽养护而成的实心砖，称为非烧结砖，也叫免烧砖。常用品种有：蒸压灰砂砖、蒸压（养）粉煤灰砖、炉渣砖等。

2. 砌块

砌块是用于砌筑的人造块状材料，外形多为直角六面体，也有其他异形的。砌块系列中主规格的长度、宽度、高度有一项或一项以上分别大于 365mm、240mm、115mm，但高度不大于长度或宽度的 6 倍，长度不超过高度的 3 倍。

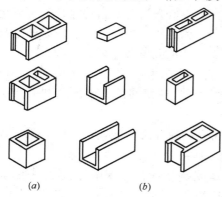

常用建筑砌块有普通混凝土小型空心砌块、轻骨料小型空心砌块、加气混凝土砌块。

（1）普通混凝土小型空心砌块（NHB）。普通混凝土小型空心砌块（也叫混凝土小型空心砌块）主要是以普通混凝土拌合物为原料，经成型、养护而成的空心块状墙体材料。有承重砌块和非承重砌块两类。为减轻自重，非承重砌块可用炉渣或其他轻质骨料配制。常用混凝土砌块外形如图 2-1 所示。

图 2-1　混凝土小型空心砌块
（a）主砌块；（b）辅助砌块

混凝土小型空心砌块的主规格为 390mm×190mm×190mm，最小外壁厚度不得小于 30mm，最小肋厚不得小于 25mm。其他规格尺寸可由供需双方协商。

其主要技术性能应符合《普通混凝土小型空心砌块》GB 8239—1997 的规定。

1）质量等级：混凝土小型空心按尺寸允许偏差、外观质量分为优等品（A）、一等品（B）、合格品（C）三个等级，各等级指标见表 2-12。

混凝土小型空心砌块质量等级指标　　　　　　　　　　　　　　表 2-12

项　　目		优等品	一等品	合格品
尺寸允许偏差长度（mm）	≤	±2	±3	±3
宽度		±2	±3	±3

项　目		优等品	一等品	合格品
高度		±2	±3	＋3，－4
弯曲（mm）		2	2	3
缺棱掉角	个数，（个）不多于	0	2	2
	三个方向投影尺寸的最小值（mm）≤	0	20	30
	裂纹延伸的投影尺寸累计（mm）≤	0	20	30

2）强度等级：混凝土小型空心砌块按抗压强度的平均值和单块最小值分为 MU3.5、MU5.0、MU7.5、MU10.0、MU15.0、MU20.0 六个等级，各强度等级指标见表 2-13。

为保证小砌块抗压强度的稳定性，生产厂应该严格控制变异系数在 10%～15% 范围内。

混凝土小型空心砌块强度等级指标　　　　　　表 2-13

强度等级	抗压强度（MPa）　　　≥		强度等级	抗折强度（MPa）　　　≥	
	平均值	单块最小值		平均值	单块最小值
MU3.5	3.5	2.8	MU10.0	10.0	8.0
MU5	5.0	4.0	MU15.0	15.0	12.0
MU7.5	7.5	6.0	MU20.0	20.0	16.0

3）相对含水率：为防止砌块因失水收缩时使墙体严生开裂，《普通混凝土小型空心砌块》GB 8239—1997 中规定了不同地区的砌块相对含水率，见表 2-14。

砌块相对含水率　　　　　　表 2-14

使用地区	潮　湿	中　等	干　燥
相对含水率（%）≤	45	40	35

注：潮湿指年平均相对湿度大于 75% 的地区；中等指年平均相对湿度 50%～75% 的地区；干燥指年平均相对湿度小于 50% 的地区。

4）抗冻性：混凝土小型空心砌块的抗冻性应符合表 2-15 的规定。

混凝土小型空心砌块抗冻性指标　　　　　　表 2-15

使用环境条件		抗冻标号	指　标
非采暖地区		不规定	—
供暖地区	一般环境	D15	强度损失≤25%
	干湿交替环境	D25	质量损失≤5%

注：非供暖地区指最冷月份平均气温高于 -5℃ 的地区；供暖地区指最冷月份平均气温低于或等于 -5℃ 的地区。

5）体积密度、吸水率和软化系数：一般砌块体积密度为 1300～1400kg/m³。采用卵石为骨料时，吸水率为 5%～7%；采用碎石为骨料时，吸水率为 6%～8%；软化系数 0.9 左右时，为耐水材料。

（2）轻骨料混凝土小型空心砌块（LHB）。轻骨料混凝土小型空心砌块与普通混凝土小型空心砌块相比具有更多优越性：质轻（表观密度小），保温性好（孔隙率大），强度较高（可作为 5～7 层建筑的承重材料），有利于综合治理与应用（可用工业废料、有利净化环境）等。

轻骨料混凝土小型空心砌块应满足以下技术要求：

1）规格：该产品主规格尺寸为 390mm×190mm×190mm，其他尺寸可由供需双方商定。按外观质量，砌块分为一等品（B）和合格品（C）两个等级。其外观质量要求见表 2-16，体积密度等级见表 2-17。

轻骨料混凝土小型空心砌块
外观质量要求　　表 2-16

项　　目		指标
尺寸偏差 （mm）	长度	±3
	宽度	±3
	高度	±3
最小外壁厚 （mm）	用于承重墙体　≥	30
	用于非承重墙体　≥	20
肋厚 （mm）	用于承重墙体　≥	25
	用于非承重墙体　≥	20
缺棱掉角	个数/块　　　　≤	2
	三个方向投影的最大值/mm　≤	20
裂缝延伸的累计尺寸（mm）　≤		30

轻骨料混凝土小型空心砌块
的体积密度等级（kg/m³）　表 2-17

密度等级	干表观密度范围
700	≥610，≤700
800	≥710，≤800
900	≥810，≤900
1000	≥910，≤1000
1100	≥1010，≤1100
1200	≥1110，≤1200
1300	≥1210，≤1300
1400	≥1310，≤1400

2）强度等级：砌块按抗压强度分为 6 个等级，各级应符合表 2-18 中规定。

轻骨料混凝土小型空心砌块的强度等级指标　　　表 2-18

强度等级	抗压强度（MPa）		密度等级范围（kg/m³）
	平均值	最小值	
MU2.5	≥2.5	≥2.0	≤800
MU3.5	≥3.5	≥2.8	≤1000
MU5.0	≥5.0	≥4.0	≤1200
MU7.5	≥7.5	≥6.0	≤1200[a] ≤1300[b]
MU10.0	≥10.0	≥8.0	≤1200[a] ≤1400[b]

注：当砌块的抗压强度同时满足 2 个强度等级或 2 个以上强度等级要求时，应以满足要求的最高强度等级为准。
　　a 除自然煤矸石掺量不小于砌块质量 35％以外的其他砌块；
　　b 自然煤矸石掺量不小于砌块质量 35％的砌块。

3）抗冻性：对非供暖地区，通常不作规定；供暖地区的一般环境，抗冻强度等级应达到冻融循环 15 次（冻融循环后质量损失不大于 5％；抗压强度损失不超过 25％）。对干湿交替环境，抗冻强度等级应达到 25 次。

4）吸水率：砌块吸水率不应大于 20％。

此外，对加入粉爆灰等火山灰质混合材料的小砌块，碳化系数不应小于 0.8；软化系数不应小于 0.75；其干缩率和相对含水率等应符合《轻集料混凝土小型空心砌块》GB/T 15229—2011 规定的指标。

轻骨料混凝土小型空心砌块，强度等级小于 MU5.0 的，主要用于框架结构中的非承重墙和隔墙。强度等级 MU7.5、MU10.0 的主要用于多层建筑的承重墙体。

（3）加气混凝土砌块：加气混凝土砌块是以钙质材料（石灰、水泥、石膏）和硅质材料（粉煤灰、水淬矿渣、石英砂等）、加气剂、气泡稳定剂等为原材料，经磨细、配料、搅拌制浆、浇筑成型、切割和蒸压养护而成的轻质多孔材料。

加气混凝土砌块的主要技术性质，应符合《蒸压加气混凝土砌块》GB 11968—2006 的规定。

1）规格：见表 2-19。

砌块的规格尺寸（mm）   表 2-19

长度 L	宽度 B	高度 H
600	100 120 125 150 180 200 240 250 300	200 240 250 300

注：如需要其他规格，可由供需双方协商解决。

2）强度等级：加气混凝土砌块按抗压强度的平均值和单块最小值，分 A1.0、A2.0、A2.5、A3.5、A5.0、A7.5、A10.0 七个等级。但不同密度等级的砌块，都有强度级别的要求，见表 2-20 和表 2-21（立方体抗压强度：采用边长 100mm 试件，含水率25%～45%）。

砌块的立方体抗压强度（MPa）   表 2-20

强度级别	立方体抗压强度	
	平均值不小于	单组最小值不小于
A1.0	1.0	0.8
A2.0	2.0	1.6
A2.5	2.5	2.0
A3.5	3.5	2.8
A5.0	5.0	4.0
A7.5	7.5	6.0
A10.0	10.0	8.0

砌块的干密度（kg/m³）   表 2-21

干密度级别		B03	B04	B05	B06	B07	B08
干密度	优等品（A）≤	300	400	500	600	700	800
	合格品（B）≤	325	425	525	625	725	825

3）其他性质：

① 抗冻性：将试件在 $-20℃$ 和 $20℃$ 条件下冻融循环 15 次，以质量损失不大于 5%，强度损失不大于 20% 为合格。

② 导热系数 λ ［W/（m·K）］：B03≤0.10；B04≤0.12；B05≤0.14；B06≤0.16；B07≤0.18；B08≤0.20。

③ 加气混凝土砌块自重小，可减轻结构质量，还可提高建筑物的抗震能力；绝热性优良，可减薄墙的厚度，增大使用面积。砌块平整、尺寸精确，可提高墙面平整度；砌块再加工性能好，可锯、刨、钻、钉等，施工方便。适用于低层建筑的承重墙、多层建筑的隔墙和高层框架结构的填充墙，也可用于一般工业建筑的围护墙，作为保温隔热材料也可用于复合墙板和屋面结构中。在无可靠的防护措施时，该类砌块不得用于处于水中或高湿度和有侵蚀介质的环境中，也不得用于建筑物的基础和温度长期高于 80℃ 的部位。

3. 墙用板材

（1）轻钢龙骨石膏板隔墙。轻钢龙骨石膏板隔墙具有施工简便，轻、薄、坚固、阻燃、保温、隔声等特点。龙骨分竖向的主龙骨和横向的副龙骨，常用厚度有 65mm、75mm 等，两边用自攻钉（就是木螺钉）固定石膏板在主龙骨上。龙骨间可以填充岩棉等保温隔声材料。这种墙多用在公共场所的隔墙。缺点是不能在墙上钉钉子。

（2）纤维水泥平板。建筑用纤维水泥平板是以纤维和水泥为主要原料，经制浆、成坯、养护等工序制成的板材。按所用的纤维品种分：有石棉水泥板、混合纤维水泥板与无石棉纤维水泥板三类；按产品所用水泥的品种分：有普通水泥板与低碱度水泥板两类；按产品的密度分：有高密度板（加压板）、中密度板（非加压板）与轻板（板中含有轻质骨料）三类。纤维水泥平板的品种与规格见表 2-22。

纤维水泥平板的品种与规格 表 2-22

品　　种		主 要 材 料	规格（mm）		
			长	宽	厚
石棉水泥平板	加压板	温石棉、普通水泥	1000～3000	800、900、1000、1200	4～25
	非加压板				
石棉水泥轻板		温石棉、普通水泥、膨胀珍珠岩			
维纶纤维增强水泥平板	A 型板	高弹模维纶纤维、普通水泥	1800、2400、3000	900、1200	4～25
	B 型板	高弹模维纶纤维、普通水泥、膨胀珍珠岩			
纤维增强低碱度水泥平板	TK 板	中碱玻璃纤维、温石棉、低碱度硫铝酸盐水泥	1200、1800、2400、2800	800、900、1200	4、5、6
	NTK 板	抗碱玻璃纤维、低碱度硫铝酸盐水泥			
玻璃纤维增强水泥轻质板	GRC 轻板	低碱度水泥、抗碱玻璃纤维、轻质无机填料	1200～3000	800～1200	4、5、6、8

各类纤维水泥板均具有防水、防潮、防蛀、防霉与可加工性好等特点，而表观密度不小于 $1.7g/cm^3$，吸水率不大于 20% 的加压板，因强度高、抗渗性和抗冻性好、干缩率

低,经表面涂覆处理后可用作外墙面板。非加压板与轻板则主要用于隔墙和吊顶。

(3) 钢丝网架水泥夹芯板。钢丝网架水泥夹芯板是由三维空间焊接钢丝网架,内填泡沫塑料板或半硬质岩棉板构成的网架芯板,表面经施工现场喷抹水泥砂浆后形成的复合墙板。

1) 品种、规格:钢丝网架水泥夹芯板按芯材分有两类:一类是轻质泡沫塑料(脲醛、聚氨酯、聚苯乙烯泡沫塑料);另一类是玻璃棉和岩棉。按结构形式分有两种:一种是集合式,先将两层钢丝网用"W"钢丝焊接起来,在空隙中插入芯材;另一种是整体式,先将芯板置于两层钢丝网之间,再用连接钢丝穿透芯材将两层钢丝网焊接起来,形成稳定的三维桁架结构。

钢丝网架水泥夹芯板的规格见表2-23。

钢丝网架水泥夹芯板的规格 表 2-23

品 种		规格尺寸(mm)		
		长度	宽度	厚度(芯材)
钢丝网架泡沫塑料夹芯板		2140、2400、2740、2950	1220	76(50)
钢丝网架岩棉夹芯板	GY2.5—40	3000以内	1200、900	65(40)
	GY2.5—50			75(50)
	GY2.5—60			85(60)
	GY2.8—60			85(60)

2) 技术性质:常用的钢丝网架聚苯乙烯泡沫夹芯板(泰柏板)如图2-2所示,标准厚度约100mm,总质量约90kg/m²,热阻平均为0.64(m²·K)/W。与半砖墙和一砖墙相比,可使建筑物框架承受的墙体荷载减少64%~72%,能耗减少约一半。

这种墙板质量轻、保温隔热性好、布置灵活、安全方便,主要用于各种内隔墙、围护外墙、保温复合外墙、楼面、屋面及建筑夹层等。

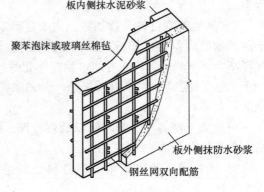

图 2-2 泰柏板

(4) 双层钢网细陶粒混凝土空心隔墙板。双层钢网细陶粒混凝土空心隔墙板以细陶粒为轻质硬骨料,以快硬水泥为胶凝材料,内配置双层镀锌低碳冷拔钢丝网片,采用成组立模成型,大功率振动平台集中振动,单元式蒸养窑低温蒸汽养护而成。

双层钢网细陶粒混凝土空心隔墙板具有表面光洁平整、密实度高、抗弯强度高、质轻、不燃、耐水、吸水率低、收缩小、不变形、安装穿线方便等特点。广泛应用于住宅和公共建筑的内隔墙和分隔墙。

(5) 增强水泥空心板条隔墙板。增强水泥空心板条隔墙板有标准板、门框板、窗框板、门上板、窗上板、窗下板及异形板。标准板用于一般隔墙,其他的板按工程设计规定的规格进行加工。

（6）石膏砌块。石膏砌块，条板质轻；高强，不龟裂，不变形；耐火极限最高可达 4h；隔热能力比混凝土高 5 倍；单层隔声可达 46dB；具有呼吸功能，对室内湿度有良好调节作用；无气味，无污染，不产生任何放射性和有害物质；易施工。

2.1.4 建筑砂浆

建筑砂浆由无机胶凝材料、细骨料和水，有时也掺入某些掺合料组成。它常用于砌筑砌体（如砖、石、砌块）结构，建筑物内外表面（如墙面、地面、顶棚）的抹面，大型墙板、砖石墙的勾缝，以及装饰材料的粘结等。

建筑砂浆根据用途不同可分为砌筑砂浆、抹面砂浆。抹面砂浆包括普通抹面砂浆、装饰抹面砂浆和特种砂浆。根据胶凝材料的不同可分为水泥砂浆、石灰砂浆和混合砂浆。

1. 砌筑砂浆

砌筑砂浆指将砖、石、砌块等粘结成为砌体的砂浆。它起着传递荷载的作用，是砌体的重要组成部分。

（1）砌筑砂浆的组成材料

1）水泥。水泥是砂浆的主要胶凝材料，常用的品种有普通水泥、矿渣水泥、火山灰水泥、粉煤灰水泥、复合水泥等，具体可根据设计要求、砌筑部位及所处的环境条件选择适宜的水泥品种。水泥砂浆采用的水泥，其强度等级不宜大于 32.5 级；水泥混合砂浆采用的水泥，其强度等级不宜大于 42.5 级。如果水泥强度等级过高，则可加些混合材料。对于一些特殊用途，如配制构件的接头、接缝或用于结构加固、修补裂缝，应采用膨胀水泥。

2）其他胶凝材料及掺加料。为改善砂浆的和易性，减少水泥用量，一般掺入一些廉价的其他胶凝材料（如石灰膏、黏土膏等）制成混合砂浆。生石灰熟化成石灰膏时，应用孔径不大于 3mm×3mm 的网过滤，熟化时间不得少于 7d；磨细生石灰粉的熟化时间不得少于 2d。沉淀池中贮存的石灰膏，应采取措施防止干燥、冻结和污染。严禁使用脱水硬化的石灰膏。

采用黏土制备黏土膏时，以选颗粒细、黏性好、含砂量及有机物含量少的为宜。所用的黏土膏的稠度应控制在 120mm 左右。

3）细骨料。砂浆常用的细骨料为普通砂，对特种砂浆也可选用白色或彩色砂、轻砂等。

砌筑砂浆用砂宜选用中砂，其中毛石砌体宜选用粗砂，其含泥量不应超过 5%；强度等级为 M2.5 的水泥混合砂浆，砂的含泥量不应超过 10%。

4）水。拌合砂浆用水应选用无有害杂质的洁净水拌制砂浆。

（2）砌筑砂浆的性质

经拌成后的砂浆应具有如下性质：①满足和易性要求；②满足设计种类和强度等级要求；③具有足够的粘结力。

1）和易性

和易性良好的砂浆容易在粗糙的砖石底面上铺设成均匀的薄层，而且能够和底面紧密粘结。使用和易性良好的砂浆，既便于施工操作，提高劳动生产率，又能保证工程质量。

砂浆和易性包括流动性和保水性。

① 流动性

砂浆的流动性也叫稠度，是指在自重或外力作用下流动的性能，以"沉入度"表示。用砂浆稠度仪通过试验测定沉入度值，以标准圆锥体在砂浆内自由沉入 10s，沉入度大，砂浆流动性大，但流动性过大，硬化后强度将会降低；若流动性过小，则不便于施工操作。

砂浆流动性的大小与砌体材料种类、施工条件及气候条件等因素有关。对于多孔吸水的砌体材料和干热的天气，则要求砂浆的流动性大些；而对于密实不吸水的材料和湿冷的天气，则要求流动性小些。根据《砌筑砂浆配合比设计规程》JGJ/T 98—2010 的规定，用于砌体的砂浆的稠度见表 2-24。

砌筑砂浆的施工稠度（mm）　　　　　　　　　　　表 2-24

砌 体 种 类	施工稠度
烧结普通砖砌体、粉煤灰砖砌体	70～90
混凝土砖砌体、普通混凝土小型空心砌块砌体、灰砂砖砌体	50～70
烧结多孔砖砌体、烧结空心砖砌体、轻集料混凝土小型空心砌块砌体、蒸压加气混凝土砌块砌体	60～80
石砌体	30～50

② 保水性

保水性即新拌砂浆能够保持水分的能力，其也指砂浆中各项组成材料不易分离的性质。新拌砂浆在存放、运输和使用的过程中，必须保持其中的水分不致很快流失，才能形成均匀密实的砂浆缝，保证砌体的质量。

砂浆的保水性用"分层度"表示，可用砂浆分层度测定仪测定。将搅拌均匀的砂浆，先测其沉入度，然后将其装入分层度测定仪，静置 30min 后，去掉上部 200mm 厚的砂浆，再测其剩余部分砂浆的沉入度，两次沉入度的差值称为分层度。砂浆的分层度在 10～20mm 之间为宜，不得大于 30mm。分层度大于 30mm 的砂浆，容易产生离析，不便于施工；分层度接近于零的砂浆，容易发生干缩裂缝。

2）砂浆的强度

砂浆在砌体中主要起传递荷载，并经受周围环境介质的作用，因此砂浆应具有一定的粘结强度、抗压强度和耐久性。砂浆的粘结强度、耐久性均随抗压强度的增大而提高，工程上常以抗压强度作为砂浆的主要技术指标。

砂浆的强度等级是以边长为 70.7mm 的立方体试块，在标准养护条件［水泥混合砂浆为温度（20±2）℃，相对湿度 60%～80%；水泥砂浆为温度（20±2）℃，相对湿度 90% 以上］下，用标准试验方法测得 28d 龄期的抗压强度来确定的。砌筑砂浆的强度等级有 M5、M7.5、M10、M15、M20、M25、M30。

影响砂浆强度的因素较多，当原材料质量一定时，砂浆的强度主要取决于水泥强度等级与水泥用量。用水量对砂浆强度及其他性能的影响不大。

3）砂浆粘结力

砖石砌体是靠砂浆把许多块状的砖石材料粘结成为坚固整体的，故要求砂浆对于砖石必须有一定的粘结力。砌筑砂浆的粘结力随其强度的增大而提高，砂浆强度等级越高，粘结力越大。此外，砂浆的粘结力与砖石的表面状态、洁净程度、湿润情况及施工养护条件等有关。所以，砌筑前砖要浇水湿润，其含水率控制在 10%～15% 左右，表面不沾泥土，以提高砂浆与砖之间的粘结力，保证砌筑质量。

（3）砌筑砂浆配合比设计

1）砌筑砂浆配合比设计的基本要求

① 砂浆拌合物的和易性应满足施工要求，且拌合物的体积密度：水泥砂浆≥1900kg/m³；水泥混合砂浆≥1800kg/m³。

② 砌筑砂浆的强度、耐久性应满足设计要求。

③ 经济上应合理，水泥及掺合料的用量应较少。

2）砌筑砂浆配合比设计

① 水泥混合砂浆配合比计算

a. 确定砂浆的试配强度 $f_{m,0}$

$$f_{m,0} = k f_2 \tag{2-1}$$

式中　$f_{m,0}$——砂浆的试配强度（MPa），应精确至 0.1MPa；

　　　　f_2——砂浆强度等级值（MPa），应精确至 0.1MPa；

　　　　k——系数，按表 2-25 取值。

砂浆强度标准差 σ 及 k 值　　　　表 2-25

强度等级 施工水平	强度标准差 σ（MPa）							k
	M5	M7.5	M10	M15	M20	M25	M30	
优良	1.00	1.50	2.00	3.00	4.00	5.00	6.00	1.15
一般	1.25	1.88	2.50	3.75	5.00	6.25	7.50	1.20
较差	1.50	2.25	3.00	4.50	6.00	7.50	9.00	1.25

b. 计算水泥用量 Q_c

$$Q_c = 1000 \, (f_{m,0} - \beta) \, / \, (\alpha \cdot f_{ce}) \tag{2-2}$$

式中　Q_c——每立方米砂浆的水泥用量（kg），应精确至 1kg；

　　　　f_{ce}——水泥的实测强度（MPa），应精确至 0.1MPa；

　　　　α、β——砂浆的特征系数，其中 α 取 3.03，β 取 -15.09。

c. 计算石灰膏用量 Q_D

$$Q_D = Q_A - Q_c \tag{2-3}$$

式中　Q_D——每立方米砂浆的石灰膏用量（kg），应精确至 1kg，石灰膏使用时的稠度宜为 120mm±5mm；

　　　　Q_c——每立方米砂浆的水泥用量（kg），应精确至 1kg；

　　　　Q_A——每立方米砂浆中水泥和石灰膏总量，应精确至 1kg，可为 350kg。

d. 确定砂子用量 Q_S

每立方米砂浆中的砂用量，应按干燥状态（含水率小于 0.5%）的堆积密度值作为计算值（kg）。

e. 确定用水量 Q_W

　　每立方米砂浆中的用水量，可根据砂浆稠度等要求选用 210～310kg。

注：（a）混合砂浆中的用水量，不包括石灰膏中的水。

　　（b）当采用细砂或粗砂时，用水量分别取上限或下限。

　　（c）稠度小于 70mm 时，用水量可小于下限。

　　（d）施工现场气候炎热或干燥季节，可酌量增加用水量。

② 水泥砂浆配合比选用

水泥砂浆材料用量可按表 2-26 选用。

每立方米水泥砂浆材料用量（kg/m³）　　　　　　　　　　表 2-26

强度等级	水　泥	砂	用水量
M5	200～230		
M7.5	230～260		
M10	260～290		
M15	290～330	砂的堆积密度值	270～330
M20	340～400		
M25	360～410		
M30	430～480		

注：M15 及 M15 以下强度等级水泥砂浆，水泥强度等级为 32.5 级；M15 以上强度等级水泥砂浆，水泥强度等级
　　为 42.5 级。

③ 配合比试配、调整与确定

试配时应采用工程中实际使用的材料。水泥砂浆、混合砂浆搅拌时间不得少于 120s；掺用粉煤灰和外加剂的砂浆，搅拌时间不得少于 180s。按计算配合比进行试拌，测定拌合物的稠度和保水率。若不能满足要求，则应调整材料用量，直到符合要求为止；由此得到的即为基准配合比。

检验砂浆强度时至少应采用三个不同的配合比，其中一个为基准配合比，另外两个配合比的水泥用量按基准配合比分别增加和减少 10%，在保证稠度、保水率合格的条件下，可将用水量、石灰膏、保水增稠材料或粉煤灰等活性掺合料用量做相应调整。三组配合比分别成型、养护、测定 28d 砂浆强度，由此确定符合试配强度及和易性要求的且水泥用量最低的配合比作为砂浆配合比。

砂浆配合比确定后，当原材料有变更时，其配合比必须重新通过试验确定。

（4）砌筑砂浆的工程应用

水泥砂浆宜用于砌筑潮湿环境以及强度要求较高的砌体；水泥石灰砂浆宜用于砌筑干燥环境中的砌体；多层房屋的墙一般采用强度等级为 M5 的水泥石灰砂浆；砖柱、砖拱、钢筋砖过梁等一般采用强度等级为 M5～M10 的水泥砂浆；砖基础一般采用不低于 M5 的水泥砂浆；低层房屋或平房可采用石灰砂浆；简易房屋可采用石灰黏土砂浆。

2. 抹面砂浆

凡涂抹在建筑物或建筑构件表面的砂浆，统称为抹面砂浆。按抹面砂浆功能的不同，可将抹面砂浆分为普通抹面砂浆、装饰砂浆和具有某些特殊功能的抹面砂浆（如防水砂浆、绝热砂浆、吸声砂浆、耐酸砂浆等）。

抹面砂浆应具有良好的和易性、较高的粘结力及较高的耐水性和强度。

（1）普通抹面砂浆

普通抹面砂浆是建筑工程中用量最大的抹面砂浆。其功能主要是保护墙体、地面不受风雨及有害杂质的侵蚀，提高防潮、防腐蚀、抗风化性能，增加耐久性；同时可使建筑物达到表面平整、清洁和美观的效果。

抹面砂浆一般分为两层或三层进行施工。各层砂浆要求不同，因此每层所选用的砂浆也不一样。底层砂浆起粘结基层的作用，要求砂浆应具有良好的和易性和较高的粘结力，因此底层砂浆的保水性要好，否则水分易被基层材料吸收而影响砂浆的粘结力。基层表面粗糙些有利于与砂浆的粘结。中层抹灰主要是为了找平，有时可省去不用。面层抹灰主要为了平整美观，因此应选细砂。

用于砖墙的底层抹灰，多用石灰砂浆；用于板条墙或板条顶棚的底层抹灰多用混合砂浆或石灰砂浆；混凝土墙、梁、柱、顶板等底层抹灰多用混合砂浆、麻刀石灰浆或纸筋石灰浆。

在容易碰撞或潮湿的地方，应采用水泥砂浆。如墙裙、踢脚板、地面、雨篷、窗台以及水池等处。

各种抹面砂浆的配合比，可参考表 2-27。

各种抹面砂浆配合比 表 2-27

材　料	配合比（体积比）	应　用　范　围
石灰：砂	1:2～1:4	用于砖石墙表面（檐口、勒脚、女儿墙以及潮湿房间的墙除外）
石灰：黏土：砂	1:1:4～1:1:6	干燥环境的墙表面
石灰：石膏：砂	1:0.4:2～1:1:3	用于不潮湿房间木质表面
石灰：石膏：砂	1:0.6:2～1:1:3	用于不潮湿房间的墙及顶棚
石灰：石膏：砂	1:2:2～1:2:4	用于不潮湿房间的线脚及其他修饰工程
石灰：水泥：砂	1:0.5:4.5～1:1:5	用于檐口、勒脚、女儿墙外脚以及比较潮湿的部位
水泥：砂	1:3～1:2.5	用于浴室、潮湿车间等墙裙、勒脚等或地面基层
水泥：砂	1:2～1:1.5	用于地面、顶棚或墙面面层
水泥：砂	1:0.5～1:1	用于混凝土地面随时压光
水泥：石膏：砂：锯末	1:1:3:5	用于吸声粉刷
水泥：白石子	1:2～1:1	用于水磨石（打底用1:2.5水泥砂浆）

（2）装饰砂浆

装饰砂浆是指直接用于建筑物内外表面，以提高建筑物装饰艺术性为主要目的的抹面砂浆。装饰砂浆的底层和中层抹灰与普通抹面砂浆基本相同，主要是装饰砂浆的面层，要选用具有一定颜色的胶凝材料和骨料以及采用某种特殊的操作工艺，使表面呈现出各种不同的色彩、线条与花纹等装饰效果。

装饰砂浆所采用的胶凝材料有普通水泥、矿渣水泥、火山灰水泥和白水泥、彩色水泥，或在常用的水泥中掺加耐碱矿物颜料配成彩色水泥以及石灰、石膏等。骨料常采用大理石、花岗石等带颜色的细石渣或玻璃、陶瓷碎粒。

外墙面的装饰砂浆常用的工艺做法：

1）拉毛。先用水泥砂浆做底层，再用水泥石灰砂浆做面层，在砂浆尚未凝结之前，用抹刀将表面拍拉成凹凸不平的形状。

2）水磨石。水磨石是一种人造石，用普通水泥、白色水泥或彩色水泥拌合各种色彩的大理石渣做面层，硬化后用机械磨平抛光表面。水磨石多用于地面装饰，可事先设计图案和色彩，抛光后更具艺术效果，除可用做地面之外，还可预制做成楼梯踏步、窗台板、柱面、踢脚板和地面板等多种建筑构件。水磨石一般均用于室内。

3）水刷石。水刷石是一种假石饰面。原料与水磨石相同，用颗粒细小的石渣所拌成的砂浆做面层，在水泥初始凝固时，即喷水冲刷表面，使其石渣半露而不脱落。水刷石多用于建筑物的外墙装饰，经久耐用。

4）干粘石。一种假石饰面层，原料与水刷石相同。在水泥浆面层的整个表面上，粘结粒径为 5mm 以下的彩色石渣小石子、彩色玻璃碎粒。要求石渣粘结牢固、不脱落。干粘石的装饰效果与水刷石相同，且避免了湿作业，施工效率高，也节约材料。

5）斩假石。也叫剁假石，是一种假石饰面。制作情况与水刷石基本相同。在水泥硬化后，用斧刃将表面剁毛并露出石渣。斩假石表面具有粗面花岗岩的效果。

装饰砂浆还可采用喷涂、弹涂、辊压等工艺方法。可做成多种多样的装饰面层，操作很方便，施工效率可大大提高。

（3）特种砂浆

1）防水砂浆

防水砂浆是一种抗渗性高的砂浆。防水砂浆层也叫刚性防水层，适用于不受振动和具有一定刚度的混凝土或砖石砌体的表面，对于变形较大或可能发生不均匀沉陷的建筑物，都不宜采用刚性防水层。

防水砂浆按其组成成分可分为多层抹面水泥砂浆（也叫五层抹面法或四层抹面法）、掺防水剂防水砂浆、膨胀水泥防水砂浆及掺聚合物防水砂浆等 4 类。

常用的防水剂有氯化物金属盐类防水剂、水玻璃类防水剂和金属皂类防水剂等。

氯化物金属盐类防水剂主要由氯化钙、氯化铝等金属盐和水按一定比例配成的有色液体。配合比为氯化铝：氯化钙：水＝1：10：11，掺量一般为水泥质量的 3％～5％。这种防水剂在水泥凝结硬化过程中生成不透水的复盐，起促进结构密实作用，从而提高砂浆的抗渗性能。

水玻璃类防水剂是以水玻璃为基料，加入 2 种或 4 种矾的水溶液，也叫二矾或四矾防水剂，其中四矾防水剂凝结速度快，一般不超过 1min。适用于防水堵漏，不能用于大面积施工。

金属皂类防水剂是由硬脂酸、氨水、氢氧化钾（或碳酸钾）和水按一定比例混合加热皂化而成的有色浆状物。这种防水剂掺入混凝土或水泥砂浆中，起堵塞毛细通道和填充微小孔隙的作用，增加砂浆的密实性，使砂浆具有防水性。但由于憎水物质属非胶凝性的，会使砂浆强变降低。故其掺量不宜过多，一般为水泥质量的 3％左右。

防水砂浆的防渗效果在很大程度上取决于施工质量，所以施工时要严格控制原材料质量和配合比。防水砂浆层一般分 4 层或 5 层施工，每层约 5mm 厚，每层在初凝前压实一遍，最后一层要进行压光。抹完后要加强养护，防止脱水过快造成干裂。总之，刚性防水层必须保证砂浆的密实性，对施工操作要求高，否则难以获得理想的防水效果。

2）保温砂浆

保温砂浆也叫绝热砂浆，是采用水泥、石灰、石膏等胶凝材料与膨胀珍珠岩或膨胀蛭石、陶砂等轻质多孔骨料按一定比例配合制成的砂浆。保温砂浆具有轻质、保温隔热、吸声等特点，可用于屋面保温层、保温墙壁以及供热管道保温层等处。

常用的保温砂浆有水泥膨胀珍珠岩砂浆、水泥膨胀蛭石砂浆、水泥石灰膨胀蛭石砂浆等。

3）吸声砂浆

一般绝热砂浆是由轻质多孔骨料制成的，都具有吸声性能。另外，也可以用水泥、石膏、砂、锯末按体积比为1∶1∶3∶5配制成吸声砂浆，或在石灰、石膏砂浆中掺入玻璃纤维、矿棉等松软纤维材料制成。吸声砂浆主要用于室内墙壁和平顶的吸声。

4）耐酸砂浆

耐酸砂浆是用水玻璃（硅酸钠）与氟硅酸钠拌制而成的，有时也可掺入石英岩、花岗岩、铸石等粉状细骨料。水玻璃硬化后具有很好的耐酸性能。耐酸砂浆多用作衬砌材料、耐酸地面和耐酸容器的内壁防护层。

2.1.5 混凝土

混凝土是由胶凝材料、水、粗骨料、细骨料按一定的比例配合、拌制为混合料，经硬化而成的人造石材。

1. 混凝土的分类

（1）按胶凝材料分类：水泥混凝土、沥青混凝土、聚合物混凝土等。

（2）按表观密度分类：重混凝土、普通混凝土、轻混凝土及特轻混凝土等。

（3）按用途分类：结构混凝土、防水混凝土、耐热混凝土、装饰混凝土等。

（4）按生产和施工方法分类：泵送混凝土、压力灌浆混凝土、喷射混凝土和预拌混凝土（商品混凝土）等。

（5）按抗压强度分类：普通混凝土、高强混凝土、超高强混凝土等。

2. 普通混凝土

以水泥为胶结材料，普通砂、石为骨料，加入适量水和外加剂、掺合料拌制而成的普通水泥混凝土，简称普通混凝土。

（1）普通混凝土的特点

1）混凝土中占80%以上的砂、石原材料资源丰富，价格低廉，符合就地取材和经济的原则。

2）在凝结前具有良好的可塑性，可浇筑成各种形状和尺寸的构件或构筑物。

3）调整原材料品种及配比，可获得不同性能的混凝土以满足工程上的不同要求。

4）硬化后具有较高的力学强度和良好的耐久性；与钢筋有较高的握裹强度，能取长补短，扩展应用范围。

5）可充分利用工业废料作为骨料或外掺料，有利于环境保护。

混凝土的缺点：自重大、比强度小；脆性大、易开裂；抗拉强度低，仅为其抗压强度的1/20～1/10；施工周期较长，质量波动较大等。

（2）普通混凝土的组成材料

普通混凝土的基本组成材料是水泥、水、天然砂和石子,还常掺入适量的掺合料和外加剂。砂、石在混凝土中起骨架作用,因此也叫骨料(或称集料)。水泥和水形成水泥浆,包裹在砂粒表面并填充砂粒间的空隙而形成水泥砂浆,水泥砂浆又包裹石子并填充石子间的空隙而形成混凝土。在混凝土硬化前,水泥浆起润滑作用,赋予混凝土拌合物一定的流动性,便于施工。水泥浆硬化后,起胶结作用,把砂石骨料胶结在一起,成为坚硬的人造石材,并产生力学强度。

1)水泥:水泥在混凝土中起胶结作用,是最重要的材料,正确、合理地选择水泥的品种和强度等级,是影响混凝土强度、耐久性及经济性的重要因素。

① 水泥品种的选择:配制混凝土用的水泥品种,应当根据工程性质与特点、工程所处环境及施工条件,按照各种水泥的特性,合理选择。

② 水泥强度的选择:水泥强度应当与混凝土的设计强度等级相适应。一般水泥强度等级为混凝土强度等级的 1.5～2 倍为宜。水泥强度过高或过低,会因水泥用量过多或过少而影响混凝土的和易性、耐久性及经济效果。

2)细骨料:粒径在 0.15～4.75mm 之间的骨料为细骨料(砂)。混凝土的细骨料主要采用天然砂,按其产源不同可分为河砂、湖砂、海砂和山砂。建筑工程多采用河砂作细骨料。砂按技术要求分为Ⅰ类、Ⅱ类、Ⅲ类。Ⅰ类宜用于强度等级大于 C60 的混凝土;Ⅱ类宜用于强度等级 C30～C60 及有抗冻、抗渗或其他要求的混凝土;Ⅲ类宜用于强度等级小于 C30 的混凝土和建筑砂浆。配制混凝土时,混凝土对细骨料的质量要求主要有如下几方面:

① 洁净程度:配制混凝土用砂要求洁净,不含杂质,且砂中云母、轻物质、有机物、硫化物及硫酸盐、氯化物、贝壳等的含量应符合表 2-28 的规定。

砂中有害杂质含量的规定   表 2-28

类 别	Ⅰ	Ⅱ	Ⅲ
含泥量(按质量计)(%)	≤1.0	≤3.0	≤5.0
泥块含量(按质量计)(%)	0	≤1.0	≤2.0
云母(按质量计)(%)	≤1.0	≤2.0	
轻物质(按质量计)(%)	≤1.0		
有机物	合格		
硫化物及硫酸盐(按 SO_3 质量计)(%)	≤0.5		
氯化物(以氯离子质量计)(%)	≤0.01	≤0.02	≤0.06
贝壳(按质量计)(%)*	≤3.0	≤5.0	≤8.0

注:* 该指标仅适用于海砂,其他砂种不作要求。

云母为表面光滑的层、片状物质,与水泥粘结性差,影响混凝土的强度和耐久性。部分有机物、硫化物及硫酸盐,对水泥有腐蚀作用。

② 砂的粗细程度和颗粒级配:砂的粗细程度,是指不同颗粒大小的砂混合后总体的粗细程度,一般有粗砂、中砂与细砂之分。在相同砂用量的条件下,细砂的总表面积较大。在混凝土中砂子的表面需要水泥浆包裹,砂子的表面积越大,需要包裹砂粒表面的水泥浆就越多。通常用粗砂拌制的混凝土比用细砂拌制所需的水泥浆用量少。

砂的颗粒级配，是指粒径不同的砂混合后的搭配情况。在混凝土中砂粒之间的空隙由水泥浆所填充，为了节约水泥和提高混凝土强度，就应尽量减少砂粒之间的空隙。较好的颗粒级配是在粗颗粒砂的空隙中由中颗粒砂填充，中颗粒砂的空隙再由细颗粒砂填充，这样逐级的填充，使砂形成最密集的堆积，空隙率达到最小程度。

在拌制混凝土时，需同时考虑砂的颗粒级配和粗细程度。当砂中含有较多的粗颗粒，可用适量的中颗粒及少量的细颗粒填充其空隙，这样可达到空隙率及总表面积均较小，不仅水泥用量少，而且还可以提高混凝土的密度性与强度。

通常用筛分析法测定砂的粗细程度和颗粒级配。用细度模数表示砂的粗细程度，用级配区表示砂的颗粒级配。筛分析法是用一套孔径为 4.75mm、2.36mm、1.18mm、0.6mm、0.3mm、0.15mm 的标准筛（方孔筛）。将 500g 的干砂试样由粗到细依次过筛，然后称出留在各筛上的砂量，并计算出各筛上的分计筛余百分率 a_1、a_2、a_3、a_4、a_5 和 a_6（各筛上的筛余量占砂样总质量的百分率）及累计筛余百分率 A_1、A_2、A_3、A_4、A_5 和 A_6（各筛和比该筛粗的所有分计筛余百分率之和）。累计筛余百分率与分计筛余百分率的关系见表 2-29。

累计筛余百分率与分计筛余百分率的关系　　　　　表 2-29

筛孔尺寸(mm)	分计筛余(%)	累计筛余(%)	筛孔尺寸(mm)	分计筛余(%)	累计筛余(%)
4.75	a_1	$A_1=a_1$	0.6	a_4	$A_4=a_1+a_2+a_3+a_4$
2.36	a_2	$A_2=a_1+a_2$	0.3	a_5	$A_5=a_1+a_2+a_3+a_4+a_5$
1.18	a_3	$A_3=a_1+a_2+a_3$	0.15	a_6	$A_6=a_1+a_2+a_3+a_4+a_5+a_6$

砂的粗细程度用细度模数（M_x）表示，即：

$$M_x=\frac{(A_2+A_3+A_4+A_5+A_6)-5A_1}{100-A_1}$$

M_x 数值越大，表示砂越粗，混凝土用砂的细度模数范围一般在 3.7～0.7 之间，其中：$M_x=3.7～3.1$ 为粗砂；$M_x=3.0～2.3$ 为中砂；$M_x=2.2～1.6$ 为细砂。在配置混凝土时，应优先选用中砂。注意，砂的细度模数并不能反映其级配的优劣，细度模数相同时，级配可能差别很大。所以，配制混凝土时，砂的粗细程度和颗粒级配必须同时考虑。

砂的颗粒级配用级配区表示，以级配区或筛分曲线判定砂级配的合格性。对细度模数为 3.7～1.6 的普通混凝土用砂，根据 0.60mm 孔径筛（控制粒级）的累计筛余百分率，划分成为 Ⅰ 区、Ⅱ 区、Ⅲ 区 3 个级配区，见表 2-30。普通混凝土用砂的颗粒级配，应在表 2-30 中的任何一个级配区中，才符合级配要求。除 4.75mm 及 0.60mm 筛外，允许有部分超出分区界限，但其总量不应大于 5%。

砂的级配区范围　　　　　表 2-30

孔径（mm）	累计筛余（%）		
	Ⅰ 区	Ⅱ 区	Ⅲ 区
9.5	0	0	0
4.75	10～0	10～0	10～0
2.36	35～5	25～0	15～0

续表

孔径（mm）	累计筛余（%）		
	Ⅰ区	Ⅱ区	Ⅲ区
1.18	65～35	50～10	25～0
0.6	85～71	70～41	40～16
0.3	95～80	92～70	85～55
0.15	100～90	100～90	100～90

砂的级配情况也可用筛分曲线图表示，见图2-3。将表2-30中规定的数值，画出Ⅰ、Ⅱ、Ⅲ区相应的筛分曲线图，图2-3中左上方表示砂较细，右下方表示砂较粗。砂样经筛分后，可在图中画下曲线对照，判断砂样是否符合级配要求。若砂的自然级配不好，可用人工级配法进行调整。

③ 砂的坚固性：指砂在自然风化和其他外界物理化学因素作用下抵抗破裂的能力。按国家标准《建设用砂》GB/T 14684—2011的规定，砂的坚固性指标应符合表2-31的规定。

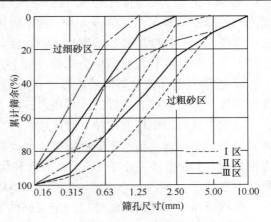

图 2-3 筛分曲线

砂的坚固性指标　　　　　　　　　　表 2-31

类　　别	Ⅰ	Ⅱ	Ⅲ
质量损失（%）	≤8		≤10

3）粗骨料：普通混凝土的粗骨料是指粒径大于4.75mm的岩石颗粒。常用的有碎石和卵石（砾石）两类。碎石是由天然岩石或大卵石经破碎、筛分而得的颗粒。卵石是由天然岩石经自然风化、水流搬运和分选、堆积形成的岩石颗粒，按其产源不同可分为河卵石、海卵石、山卵石等几种。按卵石、碎石的技术要求分为Ⅰ类、Ⅱ类、Ⅲ类。各类石子适用范围与细骨料相同。

对粗骨料的质量要求主要有：

① 有害杂质：粗骨料中常含有一些有害杂质，如淤泥、硫酸盐、硫化物和有机杂质。它们的危害作用与在细骨料中相同，其含量应符合表2-32的规定。

碎石和卵石有害杂质含量、坚固性及强度要求　　　　　　表 2-32

类　　别	Ⅰ	Ⅱ	Ⅲ
针、片状颗粒总含量（按质量计）（%）	≤5	≤10	≤15
含泥量（按质量计）（%）	≤0.5	≤1.0	≤1.5
泥块含量（按质量计）（%）	0	≤0.2	≤0.5
有机物	合格	合格	合格

类　　别	Ⅰ	Ⅱ	Ⅲ
硫化物及硫酸盐（按 SO_3 质量计）（%）	≤0.5	≤1.0	≤1.0
坚固性指标（按质量计）（%）	≤5	≤8	≤12
碎石压碎指标（%）	≤10	≤20	≤30
卵石压碎指标（%）	≤12	≤14	≤16

② 颗粒形状及表面特征：碎石表面粗糙、多棱角，与水泥浆的粘结较好，而卵石表面光滑、圆浑，与水泥浆结合力差，在水泥用量和水用量相同情况下，碎石拌制的混凝土流动性较差，但强度较高，特别是抗折强度，对高强度混凝土影响显著。

石子中的针状和片状颗粒会降低混凝土强度，其含量必须符合表 2-32 中的规定。

③ 粗骨料的强度和坚固性：石子在混凝土中起骨架作用，因此必须具有足够的强度和坚固性。碎石或卵石的强度，可用岩石的立方体强度和压碎指标两种方法表示。岩石立方体强度是从母岩中切取试样，制成边长为 5cm 的立方体（或直径与高均为 5cm 的圆柱体）试件，在水饱和状态下的极限抗压强度与设计要求的混凝土强度等级之比，作为岩石强度指标，其比值不应小于 1.5。在水饱和状态下，火成岩试件强度不宜低于 80MPa，变质岩不宜低于 60MPa，水成岩不宜低于 30MPa。

碎石或卵石压碎指标值是用一定规格的圆钢筒，装入一定量气干状态的 9.5～19mm 石子颗粒，在压力机上按规定速度均匀施加荷载达 200kN，卸荷后称取试样质量（G_1），再用孔径 2.36mm 筛筛分，称其筛余质量（G_2）计算石子压碎值 Q_c：

$$Q_c = \frac{G_1 - G_2}{G_1} \times 100 \tag{2-4}$$

式中　Q_c——压碎指标，%；

　　　G_1——试样的质量，g；

　　　G_2——压碎试验后筛余的试样质量，g。

压碎值越小，则其抵抗裂碎能力越强，因而间接地反映其强度。碎石或卵石的压碎值应符合表 2-32 的规定。

石子的坚固性指在气候、外力及其他物理力学因素作用下，骨料抵抗碎裂的能力。石子的坚固性是用硫酸钠溶液法检验，试样经 5 次饱和烘干循环后，其质量损失应不超过表2-32 中的规定。

④ 最大粒径和颗粒级配：石子中公称粒级的上限叫做该粒级的最大粒径。选择石子时，在条件许可的情况下，应选用较大值，使骨料总表面积和空隙率减小，可以降低水泥用量，减少混凝土的收缩。但粒径过大，混凝土浇灌不便，易产生离析现象，影响强度。因此，最大粒径的选择，应根据建筑物及构筑物的种类、尺寸，钢筋间距离及施工方式等因素决定。

《混凝土结构工程施工质量验收规范》GB 50204—2002 中规定：混凝土粗骨料的最大粒径不得超过构件截面最小尺寸的 1/4，且不得大于钢筋最小净间距的 3/4；对混凝土实心板，骨料最大粒径不宜超过板厚的 1/3，且不得超过 40mm；对泵送混凝土，碎石的最大粒径与输送管内径之比，不宜大于 1/3，卵石不宜大于 1/2.5。在水利、海港等大型工程中，最大粒径一般采用 120mm 或 150mm；在房屋建筑工程中，一般采用 20mm、31.5mm 和 40mm。

　　为保证混凝土具有良好的和易性和密实性，石子选用时，也要做好颗粒级配。石子的级配也通过筛分法来确定，根据国标《建设用卵石、碎石》GB/T 14685—2011 的规定，石子标准筛孔径有 2.36mm、4.75mm、9.5mm、16.0mm、19.0mm、26.5mm、31.5mm、37.5mm、53.0mm、63.0mm、75.0mm 及 90.0mm12 个方孔筛。分计筛余百分率与累计筛余百分率的计算和砂相同。普通混凝土用碎石或卵石的颗粒级配见表 2-33 的规定。

碎石或卵石颗粒级配范围　　　　　　　　　　　　　　　　　表 2-33

公称粒级（mm）		累计筛余（%）											
		方孔筛（mm）											
		2.36	4.75	9.50	16.0	19.0	26.5	31.5	37.5	53.0	63.0	75.0	90
连续粒级	5～16	95～100	85～100	30～60	0～10	0							
	5～20	95～100	90～100	40～80		0～10	0						
	5～25	95～100	90～100	—	30～70		0～5	0					
	5～31.5	95～100	90～100	70～90		15～45		0～5	0				
	5～40	—	95～100	70～90		30～65	—		0～5	0			
单粒粒级	5～10	95～100	80～100	0～15	0								
	10～16		95～100	80～100	0～15								
	10～20		95～100	85～100		0～15	0						
	16～25			95～100	55～70	25～40	0～10						
	16～31.5		95～100		85～100			0～10	0				
	20～40			95～100		80～100			0～10	0			
	40～80					95～100			70～100		30～60	0～10	0

　　石子的级配包括连续级配和间断级配两种。连续级配是颗粒尺寸由大到小连续分级，每级骨料都占适当比例。该法在混凝土工程中应用较广，优点是混凝土拌合料和易性好，不易发生分层和离析，缺点是密实性较间断级配差。间断级配是大小颗粒之间有较大的"空档"，粒级不连续，即用小得多的颗粒填充较大颗粒间的空隙，使空隙填得较充分，密实性好、节约水泥。但由于粒径差大，混凝土拌合料易产生离析现象。

　　4）混凝土拌和用水及养护水：

　　① 混凝土用水，按水源不同可分为饮用水、地表水、地下水、海水以及经适当处理或处置后的工业废水。

　　② 符合国家标准的生活用水，可拌制各种混凝土。

　　③ 地表水和地下水常溶有较多的有机质和矿物盐类，首次使用前，应按《混凝土用水标准》JGJ 63—2006 的规定进行检验，合格后方可使用。

　　④ 海水中含有较多的硫酸盐和氯盐，影响混凝土的耐久性并加速混凝土中钢筋的锈蚀。因此，海水可用于拌制素混凝土，但不得用于拌制钢筋混凝土和预应力混凝土，不宜采用海水拌制有饰面要求的素混凝土。

⑤ 生活污水的水质比较复杂，不能用于拌制混凝土。

对水质存有怀疑时，应将待检验水与蒸馏水分别作水泥凝结时间和砂浆或混凝土强度比试验。对比试验测得的水泥初凝时间差和终凝时间差，均不得超过30min，且其初凝和终凝时间应符合水泥标准的规定。用待检验水配制的砂浆或混凝土的28d抗压强度不得低于用蒸馏水配制的砂浆或混凝土强度的90%。混凝土用水各种物质含量指标见表2-34。

混凝土用水各种物质含量指标　　　　　　　　　　表2-34

项　　目	预应力混凝土	钢筋混凝土	素混凝土
pH 值	$\geqslant 5.0$	$\geqslant 4.5$	$\geqslant 4.5$
不溶物（mg/L）	$\leqslant 2000$	$\leqslant 2000$	$\leqslant 5000$
可溶物（mg/L）	$\leqslant 2000$	$\leqslant 5000$	$\leqslant 10000$
Cl^-（mg/L）	$\leqslant 500$	$\leqslant 1000$	$\leqslant 3500$
SO_4^{2-}（mg/L）	$\leqslant 600$	$\leqslant 2000$	$\leqslant 2700$
碱含量（rag/L）	$\leqslant 1500$	$\leqslant 1500$	$\leqslant 1500$

注：碱含量按 $Na_2O+0.658K_2O$ 计算值来表示。采用非碱活性骨料时，可不检验碱含量。

（3）普通混凝土的基本性能

混凝土在凝结硬化前，为便于施工，有良好的浇灌质量，混凝土的拌合物必须具有施工需要的和易性；混凝土在凝结硬化后，为保证建筑物安全可靠，必须达到设计要求的强度；混凝土还需具有抵抗环境中多种自然侵蚀因素长期作用而不致破坏的能力，即必要的耐久性。

1）混凝土拌合物的和易性：

① 和易性概念：指混凝土拌合物易于施工操作（拌合、运输、浇灌、捣实）并能获得质量均匀、成型密实的混凝土的性能。一般认为和易性包括流动性、黏聚性和保水性三方面。流动性是指拌合物在自重或外力作用下具有的流动能力；黏聚性是指拌合物的组成材料不致产生分层和离析现象所表现出的黏聚力；保水性是指拌合物保全拌合水不泌出的能力。

② 和易性的指标：和易性的指标多以坍落度或维勃稠度表示。

坍落度是测定拌合物的流动性，并辅以直观经验评定黏聚性和保水性。将拌合物按规定的方法装入坍落度测定筒内，捣实抹平后把筒提起，量出试料坍落的尺寸即为坍落度，如图2-4所示。坍落度越大表示拌合物流动性越大。做坍落度试验的同时，应观察混凝土拌合物黏聚性、保水性及含砂情况，以便全面地评定混凝土拌合物的和易性。按坍落度的不同可将混凝土拌合物分为干硬性混凝土（坍落度为0~10mm）、塑性混凝土（坍落度为10~90mm）、流态混凝土（坍落度为100~150mm）、大流动性混凝土（坍落度>160mm）。坍落度试验适合于骨料最大粒径不大于40mm，坍落度值不小于10mm的混凝土拌合物。

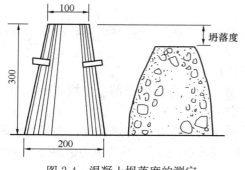

图2-4　混凝土坍落度的测定

对于干硬性混凝土拌合物，一般采用维勃稠度仪测定其稠度。把试料按规定装入稠度仪的坍落度筒内，提去筒器后，施以配重盘，在规定振幅和频率的振动下，试料顶面被振平的瞬间所用的秒数称为维勃稠度。秒数越多，混凝土流动性越小。该法适用于骨料最大粒径不超过 40mm，维勃稠度在 5～30s 之间的混凝土拌合物。按维勃稠度的大小可将混凝土分为超干硬性混凝土（维勃稠度＞31s）、特干硬性混凝土（维勃稠度 30～21s）、干硬性混凝土（维勃稠度 20～11s）、半干硬性混凝土（维勃稠度 10～5s）。在水泥用量相同时，干硬性混凝土比塑性混凝土强度高，但因流动性小会给施工带来不便。

2）混凝土的强度：强度是混凝土最重要的力学性质，它与混凝土的其他性能关系密切，一般来说，混凝土的强度愈高，其刚性、不透水性、抵抗风化和某些侵蚀介质的能力也愈高，通常用混凝土强度来评定和控制混凝土的质量。

混凝土的强度包括抗压强度、抗拉强度、抗弯强度、抗剪强度和与钢筋的粘结强度等。其中混凝土的抗压强度值最大，抗拉强度值最小。因此，在结构工程中混凝土主要用于承受压力作用。

① 混凝土的立方体抗压强度与强度等级：

a. 抗压强度：混凝土的抗压强度是指其标准试件在压力作用下直到破坏的单位面积所能承受的最大应力。混凝土结构物常以抗压强度为主要参数进行设计，而且抗压强度与其他强度及变形有良好的相关性。所以，抗压强度常作为评定混凝土质量的指标，并作为确定强度等级的依据，在实际工程中提到的混凝土强度通常是指抗压强度。

为使混凝土质量有对比性，混凝土强度测定必须采用标准试验方法，根据《普通混凝土力学性能试验方法标准》GB/T 50081—2002 规定，将混凝土制成边长 150mm 的标准立方体试件，在标准条件（温度 20℃±3℃；相对湿度 90％以上）下，养护 28d，所测得的抗压强度值为混凝土立方体抗压强度。

混凝土立方体抗压强度测定，也可按骨料最大粒径选用非标准尺寸试件，但计算抗压强度值时，应乘以换算系数，混凝土立方体试件的选择及换算系数见表 2-35。由于试件形状、尺寸不同时，会影响抗压强度值。根据试验测定试件尺寸较大的，测得的抗压强度值偏低。

混凝土立方体试件的选择及换算系数 表 2-35

骨料最大粒径（mm）	试件尺寸（mm）	换算系数
≤30	100×100×100	0.95
≤40	150×150×150	1
≤60	200×200×200	1.05

b. 强度等级：为了正确进行设计和控制工程质量，根据混凝土立方体抗压强度标准值，将混凝土划分为 15 个强度等级。混凝土强度等级采用符号 C 与立方体抗压强度标准值（MPa）表示，即 C15、C20、C25、C30、C35、C40、C45、C50、C55、C60、C65、C70、C75 及 C80 共 14 个等级（≥C60 的混凝土为高强混凝土）。混凝土立方体抗压强度标准值，是用标准试验方法测得的抗压强度，按数据统计处理方法达到 95％保证率的某一个值，即强度低于该值的百分率不超过 5％。

② 影响混凝土强度的主要因素：

混凝土受力破坏一般出现在骨料和水泥石的分界面上，即常见的粘结面破坏形式。另外，当水泥石强度较低时，水泥石本身破坏也是常见的破坏形式。在普通混凝土中，骨料最先破坏的可能性小，因为骨料强度经常大大超过水泥石和粘结面的强度。所以混凝土的强度主要决定于水泥石强度及其与骨料表面的粘结强度。而水泥石强度及其与骨料的粘结强度又与水泥强度等级、水灰比及骨料的性质有密切关系。此外，混凝土的强度也受施工质量、养护条件及龄期的影响。

a. 组成材料的影响：在配合比相同的情况下，采用的水泥强度越高，配制成的混凝土强度也越高。当采用同一种品种和强度等级的水泥时，混凝土的强度则取决于水灰比。为获得必要的混凝土流动性，拌合水量比水泥水化时所需的结合水量多，混凝土硬化后，多余的水就在混凝土中形成了气孔。可以说，在水泥强度等级相同情况下，水灰比越小，水泥石的强度及与骨料结合力就高，混凝土强度则越高。但水灰比过小，无法保证混凝土成型质量时，混凝土强度也将下降。

在混凝土中，水泥石与粗骨料的粘结力与骨料的表面状态有关，碎石表面粗糙，与水泥粘结力强，卵石表面光滑，粘结力较小。所以，在水泥强度等级和水灰比相同条件下，碎石混凝土强度往往比卵石混凝土强度高。

b. 外界因素的影响：混凝土在自然条件下养护（即自然养护）时，周围环境的温度和湿度，对混凝土强度也有直接影响。温度升高，水泥水化速度快，混凝土强度发展也加快。反之，混凝土强度发展相应迟缓。当温度降至冰点，混凝土中大部分水分结成冰，混凝土强度不但停止发展，而且还会由于水分结冰引起的膨胀作用使混凝土结构破坏，强度降低。温度适当，水泥水化能顺利进行，混凝土强度得到充分发展。湿度不够，不但由于水泥不能正常水化而降低强度，还会因水化未完成造成结构疏松而影响耐久性。

因此，为使混凝土更好地硬化，在混凝土浇筑完毕后的 12h 以内对混凝土加以覆盖和浇水，其浇水养护时间，对硅酸盐水泥、普通水泥或矿渣水泥拌制的混凝土不得少于 7d，对掺用缓凝型外加剂或有抗渗性要求的混凝土不得少于 14d。浇水次数应能保持混凝土处于润湿状态。

为加速混凝土强度的发展，提高混凝土的早期强度，也可采用湿热处理的方法，即蒸汽养护和蒸压养护的方法来实现。

混凝土在正常条件下，其强度将随着养护龄期的增加而增长。不同龄期混凝土强度的增长情况（标准养护条件下）见表 2-36。

标准养护下混凝土强度增长情况 表 2-36

混凝土龄期	7 天	28 天	3 个月	6 个月	1 年	2 年	4～5 年
混凝土强度	0.6～0.75	1	1.25	1.5	1.75	2	2.25

混凝土中物料拌合越均匀，结构越密实，混凝土强度则高。机械搅拌比人工拌合更均匀，尤其是对低流动性混凝土效果更明显。当混凝土用水量较少，水灰比较小时，振动器捣实比人工捣实效果好。故采用较低的水灰比，机械搅拌、高频振动器振动可获得更高的混凝土强度。但随着水灰比增大，振动捣实的优越性逐渐降低，一般强度提高不超过 10%。

混凝土中掺入早强剂可提高其早期强度；掺入减水剂可减少用水量，提高混凝土强度。如在混凝土中掺入高效减水剂、复合外加剂或磨细矿物掺合料（硅粉、粉煤灰、磨细矿渣等）使混凝土强度等级达 C60~C100。用树脂为胶结材料或将混凝土在树脂中浸渍等方法，也可获得强度达 C100 以上的超高强混凝土。

3）混凝土的耐久性：要使混凝土结构或构件长期发挥其效能，正常工作，除要求能安全承受荷载外，还应根据其周围的自然环境及在使用条件下具有抵抗各种破坏因素以长期保持强度和外观完整的能力，也就是混凝土的耐久性。

混凝土的耐久性主要包括：抗渗性、抗冻性、抗侵蚀性、抗碳化性、碱—骨料作用等。

① 抗渗性：混凝土的抗渗性用抗渗等级表示，即以标准养护 28d 的混凝土标准试件，一组 6 块中 4 个未出现渗水时能承受的最大水压表示的。混凝土抗渗等级有 P2、P4、P6、P8、P10、P12 六个等级。

有抗渗要求的建筑或建构物，应增加混凝土的密实度，改善混凝土中的孔隙结构，减少连通孔隙。混凝土的水灰比小时，抗渗性较强，水灰比大于 0.6，抗渗性显著变差。掺入适量加气剂，利用所产生的不连通的微孔截断渗水的孔道，可改善混凝土的抗渗性。

② 抗冻性：混凝土的抗冻性用抗冻等级表示，是以标准养护 28d 的试块在吸水饱和后，承受反复冻融循环，在抗压强度下降不超过 25%，且质量损失不超过 5% 时能承受最多的冻融循环次数表示的。混凝土抗冻等级分为：F10、F15、F25、F50、F100、F150、F200、F250、F300 九个等级。

提高混凝土抗冻性的有效方法是增加密实程度，掺入加气剂或减水剂等。

③ 抗侵蚀性：混凝土的抗侵蚀性与所用水泥品种、混凝土密实程度和孔隙特征有关。结构密实的或具有封闭孔隙的混凝土，侵蚀介质不易侵入，抗侵蚀性较强。

④ 抗碳化性：混凝土的碳化作用指空气中的二氧化碳由表及里向混凝土内部扩散，与氢氧化钙反应使混凝土降低了碱度，减弱了混凝土对钢筋的防锈保护作用，且显著增加混凝土的收缩，使碳化层表面产生微裂纹，混凝土的抗拉、抗折强度降低。提高混凝土的抗碳化性，应优先采用普通水泥或硅酸盐水泥，选用较小的水灰比，制成密实的混凝土，其钢筋的保护层厚度也应相应加大。

⑤ 碱—骨料作用：当混凝土中所用水泥含有较多的碱，粗骨料中又夹杂着活性氧化硅（如蛋白石）时，两者发生反应，在骨料表面就生成了复杂的碱—硅酸凝胶，凝胶是一种无限膨胀性的物质，会把水泥石胀裂。这种反应称碱—骨料作用。

（4）混凝土的外加剂

在混凝土拌合物中掺入不超过水泥质量 5%，且能使混凝土按要求改变性质的物质，叫混凝土的外加剂。

1）外加剂的分类。按外加剂的主要功能可分为 6 类：

① 改善新拌混凝土和易性的外加剂。如减水剂、引气剂等。

② 调节混凝土凝结硬化速度的外加剂。如早强剂、速凝剂、缓凝剂等。

③ 调节混凝土中空气含量的外加剂。如引气剂、加气剂、泡沫剂、消泡剂等。

④ 改善混凝土物理力学性能的外加剂。如引气剂、膨胀剂、抗冻剂、防水剂等。

⑤ 增加混凝土中钢筋抗腐蚀性的外加剂。如阻锈剂等。

⑥ 能为混凝土提供特殊性能的外加剂。如引气剂、着色剂、脱模剂等。

2）常用的混凝土外加剂：

① 减水剂：指能保持混凝土和易性不变而显著减少其拌合水量的外加剂。

减水剂也是一种多功能型外加剂，如在用水量不变时，可增大坍落度 10～20cm；保持混凝土和易性不变时，可减少用水量 10%～15%，提高强度 15%～20%，特别是早期强度提高显著；在保持混凝土强度不变时，可节约水泥用量 10%～15%；还可以提高抗渗、抗冻、耐化学腐蚀等性能。减水剂能满足混凝土工程的多方面要求，是使用量最大、效果最好的混凝土外加剂。

减水剂按掺入混凝土后所产生的效果来分，有普通型、早强型、引气型、缓凝型和高效型等；按化学成分不同分为：木质素磺酸盐类、多环芳香族磺酸盐类、水溶性树脂磺酸盐类、腐殖酸类及糖蜜类等。

常用的减水剂有：木质系和萘系减水剂，如木钙（木质素磺酸钙，也叫 M 型减水剂）、NNO 型减水剂等。

② 早强剂：指能加速混凝土早期强度发展的外加剂。早强剂可促进水泥的水化和硬化进程，加快施工进度，提高模板周转率，特别适用于冬期施工和紧急抢修工程。

广泛使用的混凝土早强剂有氯化物、硫酸盐系和三乙醇胺系三类，但更多的是使用以它们为基材的复合早强剂。其中氯化物对钢筋有锈蚀作用，常与阻锈剂复合使用。

③ 引气剂：指搅拌混凝土过程中能引入大量均匀分布、稳定而封闭的微小气泡的外加剂。引气剂属憎水性表面活性剂，由于能显著降低水的表面张力和界面能，使水溶液在搅拌过程中极易产生许多微小的封闭气泡，气泡直径多在 $50～250\mu m$，同时因引气剂定向吸附在气泡表面，形成较为牢固的液膜，使气泡稳定而不破裂。按混凝土含气量 3%～5%计（不加引气剂的混凝土含气量为 1%），$1m^3$ 混凝土拌合物中含数百亿个气泡，由于大量微小、封闭并均匀分布的气泡的存在，使混凝土的性能在以下方面得到明显的改善或改变：如改善混凝土拌合物的和易性，封闭型气泡可起润滑作用；显著提高混凝土的抗渗性、抗冻性，小气泡可阻塞毛细管，切断进水通路。但也会降低混凝土强度；由于大量气泡的存在，减少了混凝土的有效受力面积，使混凝土强度有所降低。

引气剂可用于抗渗混凝土、抗冻混凝土、抗硫酸侵蚀混凝土、泌水严重的混凝土、轻混凝土以及对饰面有要求的混凝土等，但引气剂不宜用于蒸养混凝土及预应力混凝土。

常用的引气剂有松香热聚物、烷基磺酸钠、烷基苯磺酸钠、脂肪醇硫酸钠等。

④ 缓凝剂：指能延缓混凝土凝结时间，并对混凝土后期强度发展无不利影响的外加剂。缓凝剂主要有 4 类：糖类，如糖蜜；木质素磺酸盐类，如木钙、木钠；羟基核酸及其盐类，如柠檬酸、酒石酸；无机盐类，如锌盐、硼酸盐等。

常用的缓凝剂是木钙和糖蜜，其中糖蜜的缓凝效果最好。

缓凝剂具有缓凝、减水、降低水化热和增强作用，对钢筋也无锈蚀作用。主要适用于大体积混凝土、炎热气候下施工的混凝土，以及需长时间停放或长距离运输的混凝土。缓凝剂不宜用于在日最低气温 5℃以下施工的混凝土，也不宜单独用于有早强要求的混凝土及蒸养混凝土。

⑤ 防冻剂：指在规定温度下，能显著降低混凝土的冰点，使混凝土液相不冻结或仅部分冻结，以保证水泥的水化作用，并在一定的时间内获得预期强度的外加剂。常用的防冻剂有氯盐类（氯化钙、氯化钠）；氯盐阻锈类（以氯盐与亚硝酸钠阻锈剂复合而成）；无

氯盐类（以硝酸盐、亚硝酸盐、碳酸盐、乙酸钠或尿素复合而成）。

氯盐类防冻剂适用于无筋混凝土；氯盐阻锈类防冻剂适用于钢筋混凝土；无氯盐类防冻剂可用于钢筋混凝土工程和预应力混凝土工程。硝酸盐、亚硝酸盐、碳酸盐易引起钢筋的腐蚀，因此不适用于预应力混凝土以及与镀锌钢材或与铝铁相接触部位的钢筋混凝土结构。另外，含有六价铬盐、亚硝酸盐等有毒成分的防冻剂，严禁用于饮水工程及与食品接触的部位。

⑥ 速凝剂：指能使混凝土迅速凝结硬化的外加剂。速凝剂主要有无机盐类和有机物类。

速凝剂掺入混凝土后，能使混凝土在 5min 内初凝，10min 内终凝，1h 就可产生强度，1d 强度提高 2～3 倍，但后期强度会下降，28d 强度为不掺时的 80%～90%。速凝剂的速凝早强作用机理是使水泥中的石膏变成 Na_2SO_4，失去缓凝作用，从而促使 C_3A 迅速水化，并在溶液中析出其水化产物晶体，导致水泥浆迅速凝固。

速凝剂主要用于矿山井巷、铁路隧道、引水涵洞、地下工程。

3）外加剂的选择和使用。选择和使用外加剂时，应注意以下几点：

① 外加剂品种的选择：外加剂品种、品牌很多，效果各异，尤其是对于不同品种的水泥效果不同。在选择外加剂时，应根据工程需要、现场的材料条件，并参考有关资料，通过试验确定。

② 外加剂掺量的确定：混凝土外加剂均有适宜掺量，掺量过小，往往达不到预期效果；掺量过大，则会影响混凝土质量，甚至造成质量事故。因此，应通过试验试配确定最佳掺量。

③ 外加剂的掺加方法：外加剂的掺量很少，必须保证其均匀分散，一般不能直接加入混凝土搅拌机内。对于可溶于水的外加剂，应先配成一定浓度的溶液，随水加入搅拌机。对不溶于水的外加剂，应与适量水泥或砂混合均匀后再加入搅拌机内。此外，外加剂的掺入时间对其效果的发挥也有很大影响，为保证减水剂的减水效果，减水剂有同掺法、后掺法、分次掺入法。

2.2 建筑功能材料

2.2.1 防水材料

防水材料是保证房屋建筑中能够防止雨水、地下水与其他水分侵蚀渗透的重要组成部分，是建筑工程中不可缺少的建筑材料。

1. 沥青材料

沥青材料是由一些极其复杂的高分子碳氢化合物和这些碳氢化合物的非金属（氧、硫、氮）衍生物所组成的黑色或黑褐色的固体、半固体或液体的混合物。

沥青属于憎水性有机胶凝材料，其结构致密几乎完全不溶于水和不吸水，与混凝土、砂浆、木材、金属、砖、石料等材料有非常好的粘结能力；具有较好的抗腐蚀能力，能抵抗一般酸、碱、盐等的腐蚀；具有良好的电绝缘性。

（1）沥青的分类

沥青根据其在自然界中获得的方式，可分为地沥青和焦油沥青两大类。

1）地沥青

地沥青是天然存在的或由石油精制加工得到的沥青材料，包括天然沥青和石油沥青。天然沥青是石油在自然条件下，长时间经受地球物理因素作用而形成的产物。石油沥青是石油原油经蒸馏等工艺提炼出各种轻质油及润滑油后的残留物，再进一步加工得到的产物。

2）焦油沥青

焦油沥青是利用各种有机物（烟煤、木材、页岩等）干馏加工得到的焦油，再经分馏加工提炼出各种轻质油后而得到的产品。

建筑工程中最常用的主要是石油沥青和煤沥青。

（2）石油沥青的选用

选用沥青材料时，应根据工程性质（房屋、道路、防腐）及当地气候条件，所处工作环境（屋面、地下）来选择不同牌号的沥青。在满足使用要求的前提下，尽量选用较大牌号的石油沥青，以保证正常使用条件下，石油沥青有较长的使用年限。

1）道路石油沥青

道路石油沥青主要在道路工程中作胶凝材料，用来与碎石等矿质材料共同配制成沥青混凝土、沥青砂浆等，沥青拌合物用于道路路面或车间地面等工程。一般情况下，道路石油沥青牌号越高，则黏性越小（即针入度越大），塑性越好（即延度越大），温度敏感性越大（即软化点越低）。

2）建筑石油沥青

建筑石油沥青针入度小（黏性较大），软化点较高（耐热性较好），但延伸度较小（塑性较小），主要用作制造油纸、油毡、防水涂料和沥青嵌缝膏。它们绝大部分用于屋面及地下防水、沟槽防水防腐及管道防腐等工程。

3）普通石油沥青

普通石油沥青含有害成分的蜡较多，石蜡熔点低，粘结力差，易产生流淌现象。当采用普通石油沥青粘结材料时，随时间增长，沥青中的石蜡会向胶结层表面渗透，在表面形成薄膜，使沥青粘结层的耐热性和粘结力降低。故在建筑工程中一般不宜直接使用普通石油沥青。

2. 其他防水材料

（1）橡胶型防水材料

橡胶是有机高分子化合物的一种，具有高聚物的特征与基本性质，是一种弹性体。其最主要的特性是在常温下具有显著的高弹性能，即在外力作用下能很快发生变形，变形可达百分之数百，当外力除去后，又会恢复到原来的状态，而且保持这种性质的温度区间范围很大。

橡胶在阳光、热、空气（氧和臭氧）或机械力的反复作用下，表面会出现变色、变硬、龟裂、发黏，同时机械强度降低，这种现象称为老化。为了防止老化，一般加入防老化剂，如蜡类、二苯基对苯二胺等。

橡胶包括天然橡胶和合成橡胶两类。

天然橡胶主要由橡胶树的浆汁中取得的。在橡胶树的浆汁中加入少量的醋酸、氧化锌或氟硅酸钠即行凝固，凝固体经压制后成为生橡胶，再经硫化处理则得到软质橡胶（熟橡胶）。

合成橡胶也叫人造橡胶。生产过程一般可以看作由两步组成：首先将基本原料制成单体，而后将单体经聚合、缩合作用合成为橡胶。

（2）树脂型防水材料

以合成树脂为主要成分的防水材料，称为树脂型防水材料。如氯化聚乙烯防水卷材、聚氯乙烯防水卷材、聚氨酯密封膏、聚氯乙烯接缝膏等。

3. 防水卷材

防水卷材是建筑工程防水材料的重要品种之一。防水卷材的品种较多，性能各异。但无论何种防水卷材，要满足建筑防水工程的要求，均需具备以下性能：

（1）耐水性

耐水性指在水的作用下和被水浸润后其性能基本不变，在压力水作用下具有不透水性，常用不透水性、吸水性等指标表示。

（2）温度稳定性

温度稳定性指在高温下不流淌、不起泡、不滑动，低温下不脆裂的性能。即在一定温度变化下保持原有性能的能力。常用耐热度、耐热性等指标表示。

（3）机械强度、延伸性和抗断裂性

机械强度、延伸性和抗断裂性指防水卷材承受一定荷载、应力或在一定变形的条件下不断裂的性能。常用拉力、拉伸强度和断裂伸长率等指标表示。

（4）柔韧性

柔韧性指在低温条件下保持柔韧的性能。它对保证易于施工、不脆裂十分重要。常用柔度、低温弯折性等指标表示。

（5）大气稳定性

大气稳定性指在阳光、热、臭氧及其他化学侵蚀介质等因素的长期综合作用下抵抗侵蚀的能力。常用耐老化性、热老化保持率等指标表示。

各类防水卷材的选用应充分考虑建筑的特点、地区环境条件、使用条件等多种因素，结合材料的特性和性能指标来选择。

4. 防水涂料

防水涂料是一种流态或半流态物质，涂布在基层表面，经溶剂或水分挥发或各组分间的化学反应，形成有一定弹性和一定厚度的连续薄膜，使基层表面与水隔绝，起到防水、防潮作用。

防水涂料固化成膜后的防水涂膜具有良好的防水性能，特别适合于各种复杂、不规则部位的防水，能形成无接缝的完整防水膜。它大多采用冷施工，不必加热熬制，既减少了环境污染，又便于施工操作。此外，涂布的防水涂料既是防水层的主体，又是胶粘剂，因而施工质量容易保证，维修也较简单。但是，防水涂料须采用刷子或刮板等逐层涂刷（刮），故防水膜的厚度较难保持均匀一致。防水涂料广泛适用于工业与民用建筑的屋面防水工程、地下室防水工程和地面防潮、防渗等。

防水涂料按液态类型可分为溶剂型、水乳型和反应型三种；按成膜物质的主要成分可分为沥青类、高聚物改性沥青类和合成高分子类。

防水涂料的品种很多,各品种之间的性能差异很大,但无论何种防水涂料,要满足防水工程的要求,必须具备如下性能:

(1)固体含量指防水涂料中所含固体比例。由于涂料涂刷后靠其中的固体成分形成涂膜,因此固体含量多少与成膜厚度及涂膜质量密切相关。

(2)耐热度指防水涂料成膜后的防水薄膜在高温下不发生软化变形、不流淌的性能。它反映防水涂膜的耐高温性能。

(3)柔性指防水涂料成膜后的膜层在低温下保持柔韧的性能。它反映防水涂料在低温下的施工和使用性能。

(4)不透水性指防水涂料在一定水压(静水压或动水压)和一定时间内不出现渗漏的性能;是防水涂料满足防水功能要求的主要质量指标。

(5)延伸性指防水涂膜适应基层变形的能力。防水涂料成膜后必须具有一定的延伸性,以适应由于温差、干湿等因素造成的基层变形,保证防水效果。

5. 防水油膏

防水油膏是一种非定型的建筑密封材料,也叫密封膏、密封胶、密封剂,是溶剂型、乳液型、化学反应型等黏稠状的材料。防水油膏与被粘基层应具有较高的粘结强度,具备良好的水密性和气密性,良好的耐高低温性和耐老化性能,一定的弹塑性和拉伸(压缩循环性能)。以适应屋面板和墙板的热胀冷缩、结构变形、高温不流淌、低温不脆裂的要求,保证接缝不渗漏、不透气的密封作用。

防水油膏的选用,应考虑它的粘结性能和使用部位。密封材料与被粘基层的良好粘结,是保证密封的必要条件。因此,应根据被粘基层的材质、表面状态和性质来选择粘结性良好的防水油膏;建筑物中不同部位的接缝,对防水油膏的要求不同,如室外的接缝要求较高的耐候性,而伸缩缝则要求较好的弹塑性和拉伸(压缩循环性能)。

常用的防水油膏有:沥青嵌缝油膏、塑料油膏、聚氨酯密封膏、聚硫密封膏和硅酮密封膏等。

6. 防水粉

防水粉是一种粉状的防水材料。它是利用矿物粉或其他粉料与有机憎水剂、抗老剂和其他助剂等采用机械力化学原理,使基料中的有效成分与添加剂经过表面化学反应和物理吸附作用,生成链状或网状结构的拒水膜,包裹在粉料的表面,使粉料由亲水材料变成憎水材料,达到防水效果。

防水粉主要有两种类型:一种以轻质碳酸钙为基料,通过与脂肪酸盐作用形成长链憎水膜包裹在粉料表面;另一种是以工业废渣为基料,利用其中有效成分与添加剂发生反应,生成网状结构拒水膜,包裹其表面。这两种粉末即为防水粉。

防水粉施工时是将其以一定厚度铺于屋面,利用颗粒本身的憎水性和粉体的反毛细管压力,达到防水效果,再覆盖隔离层和保护层即可组成松散型防水体系。这种防水体系具有三维自由变形的特点,不会发生其他防水材料由于变形引起本身开裂而丧失抗渗性能的现象。但必须精心施工,铺洒均匀以保证质量。

防水粉具有松散、应力分散、透气不透水、不燃、抗老化、性能稳定等特点,适用于屋面防水、地面防潮,地铁工程的防潮、抗渗等。缺点是露天风力过大时施工困难,建筑节点处理稍难,立面防水不好解决。

2.2.2 绝热材料

绝热材料是指热导率低于 $0.175W/(m\cdot K)$ 的材料。在建筑与装饰工程中用于控制室内热量外流的材料称保温材料，把防止室外热量进入室内的材料称隔热材料。保温、隔热材料统称为绝热材料。绝热材料通常是轻质、疏松、多孔、纤维状的材料。

1. 分类

绝热材料一般可按材质、使用温度、形态和结构来分类。

按材质可分为有机绝热材料（如聚苯乙烯泡沫塑料、聚氯乙烯泡沫塑料、聚氨酯泡沫塑料等）、无机绝热材料（如石棉、玻璃纤维、泡沫玻璃混凝土、硅酸钙等）和金属绝热材料三类。

按形态又可分为多孔状绝热材料（如泡沫塑料、泡沫玻璃、泡沫橡胶、轻质耐火材料等）、纤维状绝热材料、粉末状绝热材料（如硅藻土、膨胀珍珠岩等）和层状绝热材料四种。纤维状绝热材料可按材质分为有机纤维、无机纤维、金属纤维和复合纤维等。

2. 绝热材料的作用和基本要求

（1）绝热材料的作用

绝热材料常用于屋面、墙体、地面、管道等的隔热与保温，以减少建筑物的采暖和空调能耗。

（2）绝热材料的基本要求

建筑构造上使用的绝热材料一般要求其热导率不大于 $0.15W/(m\cdot K)$，体积密度不大于 $500kg/m^2$，硬质成型制品的抗压强度不小于 $0.3MPa$，线膨胀系数一般不小于 2%。另外，绝热材料的透气性、热稳定性、化学性能、高温性能等也必须满足要求。

3. 常用绝热材料

（1）岩棉、矿渣棉及其制品

岩棉、矿渣棉及其制品是以玄武岩、辉绿岩、高炉矿渣等为主要原料，经高温熔化、成棉等工序制成的松散纤维材料。以高炉矿渣等工业废渣为主要原料制成的叫矿渣棉；以玄武岩、辉绿岩等为主要原料制成的叫岩棉，或统称为矿物棉。

岩棉制品主要有岩棉板、岩棉缝毡、岩棉保温带、岩棉管壳等，矿渣棉制品主要有粒状棉、矿棉板、矿棉缝毡、矿棉保温带、矿棉管壳等。

岩棉和矿渣棉的质量分为优等品、一等品和二等品三个等级。

岩棉和矿渣棉制品质量轻，绝热和吸声性能良好，具有耐热性、不燃性和化学稳定性，在建筑与装饰工程中应用非常广泛。

（2）膨胀珍珠岩

膨胀珍珠岩为白色颗粒，内部为蜂窝状结构，具有轻质、绝热、吸声、无毒、无臭味、不燃烧等特性，既可作绝热材料，也可作吸声材料，还可作工业滤料，是一种用途相当广泛的材料。

（3）膨胀蛭石

膨胀蛭石的主要特征是：体积密度 $80\sim900kg/m^3$，热导率 $0.046\sim0.07W/(m\cdot K)$，可在 $1000\sim1100℃$ 温度下使用，不蚀、不腐，但吸水率较大。

膨胀蛭石的用途：膨胀蛭石可以呈松散状铺设于墙壁、楼板、屋面等夹层中，作为绝热、隔声之用，使用时应注意防潮，以免吸水后影响绝热功能；膨胀蛭石也可以与水泥、水玻璃等胶凝材料配合，浇制成板，用于墙、楼板和屋面板等构件的绝热。

（4）泡沫塑料

泡沫塑料是以各种树脂为基料，加入发泡剂等辅助材料，经加热发泡制成，具有质轻、绝热、吸声、防振等性能。主要品种有聚苯乙烯泡沫塑料、聚氨酯泡沫塑料等，可制成平板、管壳、珠粒等制品。

泡沫塑料具有优良的性能，价格低廉，在建筑工程中应用较多。可作复合墙板及屋面板的夹芯层，制冷设备，冷藏设备和包装的绝热材料。

2.2.3 防火材料

1. 防火涂料

防火涂料能有效延长可燃材料的引燃时间，阻止非可燃结构材料表面温度升高而引起强度急剧丧失，阻止或延缓火焰的蔓延和扩展，为人们争取到灭火和疏散的宝贵时间。

防火涂料按防火原理可分为非膨胀型涂料和膨胀型涂料两种。非膨胀型防火涂料是由不燃性或难燃性合成树脂、难燃剂和防火填料组成，其涂层不易燃烧。膨胀型防火涂料是在上述配方基础上加入成碳剂、脱水成碳催化剂、发泡剂等成分制成，在高温和火焰作用下，这些成分迅速膨胀形成比原涂料厚几十倍的泡沫状碳化层，从而阻止高温对基材的传导作用，使基材表面温度降低。

防火涂料可用于钢材、木材、混凝土等材料，常用的阻燃剂有：含磷化合物和含卤素化合物等（如氯化石蜡等）。

2. 木材的防火

木材防火是指将木材经过具有阻燃性能的化学物质处理后，变成难燃的材料，以达到遇小火能自熄，遇大火能延缓或阻滞燃烧蔓延，从而赢得扑救的时间。

木材防火处理的方法有表面涂敷和溶液浸注法两种。

（1）表面涂敷法：在木材的表面涂敷防火材料，既能起到防火作用，又可有防腐蚀和装饰作用。木材防火涂料主要有溶剂型防火涂料和水乳型防火涂料。

（2）溶液浸注法：包括常压浸注和加压浸注两种，加压浸注吸入阻燃剂的量及吸入深度大大高于常压浸注。浸注处理前，要求木材达到干燥，并经过初步加工成型，以免防火处理后再进行大量锯、刨等加工，造成阻燃剂的浪费。阻燃剂的常用品种有磷—氨系、硼系、卤系，还有铝、镁、锑等金属的氧化物或氢氧化物等。

3. 钢结构的防火

钢结构必须采用防火涂料进行涂饰，才能达到《建筑设计防火规范》GB 50016—2006 的要求。

根据涂层厚度及特点将钢结构防火涂料分为两类：

B 类：薄涂型钢结构防火涂料，涂层厚度为 2～7mm，有一定装饰效果，高温时涂层膨胀增厚耐火隔热，耐火极限可达 0.5～1.5h，也叫钢结构膨胀防火涂料。

H 类：厚涂型钢结构防火涂料，涂层厚度一般在 8～50mm，粒状表面，密度较小，热导率低，耐火极限可达 0.5～3.0h，也叫钢结构防火隔热涂料。

除钢结构防火涂料外，其他基材也有专用防火涂料品种，如木结构防火涂料、混凝土楼板防火隔热涂料等。

2.2.4 建筑玻璃、陶瓷及石材

1. 建筑玻璃

（1）玻璃的基本性质

1）密度。普通玻璃的密度约为 $2.45\sim2.55g/cm^3$。除了玻璃棉和空心玻璃砖外，玻璃内部十分致密，孔隙率非常小。

2）力学性质。普通的玻璃的抗压强度为 $600\sim1200MPa$。抗拉强度为 $40\sim120MPa$，抗弯强度为 $50\sim130MPa$，弹性模量为 $(6\sim7.5)\times10^4MPa$。玻璃的抗冲击性很小，是典型的脆性材料。普通玻璃的莫氏硬度为 $5.5\sim6.5MPa$，所以玻璃的耐磨性和耐刻性较高。

3）化学稳定性。玻璃的化学稳定性较高，可抵抗除氢氟酸外的所有酸的腐蚀，但耐碱性较差，长期与碱液接触，会使玻璃中的 SiO_2 溶解受到侵蚀。

4）热物理性能。普通玻璃的比热为 $(0.33\sim1.05)kJ/(kg\cdot K)$，导热系数为 $(0.73\sim0.82)W/(m\cdot K)$，热膨胀系数为 $(8\sim10)\times10^{-6}m/K$，石英玻璃的热膨胀系数为 $5.5\times10^{-6}m/K$。玻璃的热稳定性较差，主要因为玻璃的导热系数较小，会在局部产生温度内应力，使玻璃因内应力出现裂纹或破裂。玻璃在高温下会产生软化并产生较大的变形，普通玻璃的软化温度为 $530\sim550℃$。

5）光学性能。玻璃的光学性质包括放射系数、吸收性数、透射系数和遮蔽系数四个指标。反射的光能、吸收的光能和透射的光能与投射的光能之比分别为反射系数、吸收系数和透射系数。不同厚度不同品种的玻璃反射系数、吸收系数、透射系数均不同。

（2）建筑玻璃的分类与应用

1）平板玻璃。按生产方法不同，可分为普通平板玻璃和浮法玻璃。

普通平板玻璃是用石英砂岩粉、硅砂、钾化石、纯碱、芒硝等原料，按一定比例配置，经熔窑高温熔融，通过垂直引上法或平拉法、压延法生产出来的透明无色的平板玻璃。普通平板玻璃按外观质量分为特选品、一等品、二等品三类。

浮法玻璃是用海砂、石英砂岩粉、纯碱、白云石等原料，按一定比例配制，经熔窑高温熔融，玻璃液从池窑连续流出并浮在金属液面上，摊成厚度均匀平整、经火抛光的玻璃带，冷却硬化后脱离金属液，再经退火切割而成的透明无色平板玻璃。浮法玻璃按外观质量分为优等品、一级品、合格品三类。

平板玻璃是建筑玻璃中产生最大、使用最多的一种，主要用于门窗，具有采光、围护、保温、隔声等作用，也是进一步加工成其他技术玻璃的原片。

2）装饰平板玻璃：

① 花纹玻璃。按加工方法的不同，可分为压花玻璃和喷花玻璃两种。

② 磨砂玻璃。磨砂玻璃也叫毛玻璃、暗玻璃，是用机械喷砂、手工研磨或氢氟酸溶蚀等方法将普遍平板玻璃表面处理成均匀毛面。由于表面粗糙，使光线产生漫射，只有透光性而不能透视，并能使室内光线变得和缓而不刺目。常用于需要隐秘的浴室等处的窗玻璃。

③ 彩绘玻璃。彩绘玻璃是家居装修中采用较多的一种装饰玻璃。彩绘玻璃图案丰富，

能较自如地创造出一种赏心悦目的和谐氛围。

④ 刻花玻璃。刻花玻璃是由平板玻璃经涂漆、雕刻、围蜡与酸蚀、研磨而成。主要用于高档厕所的室内屏风或隔断。

⑤ 镭射玻璃。镭射玻璃采用特种工艺处理，使一般的普通玻璃构成全息光栅或几何光栅。它在光源的照射下，会产生物理衍射的七彩光，同一感光点和面随光源入射角的变化，能让人感受到光谱分光的颜色变化。

镭射玻璃不仅能用来装饰桌面、茶几、柜橱、屏风等，还可用来装饰居室的墙、顶、角等空间。

3）安全玻璃。安全玻璃是指与普遍玻璃相比，具有力学强度高、抗冲击能力强的玻璃。主要品种有钢化玻璃、夹丝玻璃、夹层玻璃和钛化玻璃。安全玻璃被击碎时，碎片不会伤人，并具有防盗、防火的功能。按生产时所用的玻璃原片不同，安全玻璃具有一定的装饰效果。

① 钢化玻璃。钢化玻璃是平板玻璃的二次加工产品，也叫强化玻璃。钢化玻璃主要用作建筑物的门窗、隔墙、幕墙和采光屋面以及电话亭、车、船、设备等门窗、观察孔等。

② 夹丝玻璃。夹丝玻璃又叫防碎玻璃或钢丝玻璃。它是由压延法生产，即在玻璃熔融状态将经预热处理的钢丝或钢丝网压入玻璃中间，经退火、切割而成。夹丝玻璃表面可以是压花的或磨光的，颜色可以制成无色透明或彩色的。

夹丝玻璃安全性和防火性好。其作为防火材料，通常用于防火门窗；作为非防火材料，可用于易受到冲击的地方或者玻璃飞溅可能导致危险的地方，如振动较大的厂房、天棚、高层建筑、仓库门窗、地下采光窗等。夹丝玻璃可以切割，但当切断玻璃时，需要对裸露在外的金属丝进行防锈处理。

③ 夹层玻璃。夹层玻璃是在两片或多片玻璃原片之间，用 PVB（聚乙烯醇丁醛）树脂胶片，经过加热、加压黏合而成的平面或曲面的复合玻璃制品。用于夹层玻璃的原片可以是普通平板玻璃、浮法玻璃、钢化玻璃、彩色玻璃、吸热玻璃或反射玻璃。

夹层玻璃的透明性好，抗冲击性能要比一般平板玻璃高好几倍，用多层普通玻璃或钢化玻璃复合起来，可制成防弹玻璃。由于 PVB 胶片的黏合作用，玻璃即使破碎时，碎片也不会飞扬伤人。通过采用不同的原片玻璃，夹层玻璃还可具有耐久、耐热、耐湿等性能。

夹层玻璃安全性较高，一般在建筑上用作高层建筑门窗、天窗和商店、银行、珠宝的橱窗、隔断等。

④ 钛化玻璃。钛化玻璃又叫永不碎铁甲箔膜玻璃，是将钛金箔膜紧贴在任意一种玻璃基材之上，使之结合成一体的新型玻璃。钛化玻璃具有高抗碎能力，高防热及防紫外线等功能。不同的基材玻璃与不同的钛金箔膜，可组合成不同色泽、不同性能、不同规格的钛化玻璃。

4）节能型装饰玻璃。常用的节能装饰玻璃有吸热玻璃、热反射玻璃和中空玻璃等。

① 吸热玻璃。吸热玻璃是能吸收大量红外线辐射能，并保持较高可见光透过率的平板玻璃。吸热玻璃有灰色、茶色、蓝色、绿色、古铜色、青铜色、粉红色和金黄色等。吸热玻璃也可进一步加工制成磨光、钢化、夹层或中空玻璃。

吸热玻璃与普通平板玻璃相比有以下特点：吸收太阳辐射热；吸收太阳可见光，减弱太阳光的强度，起到反眩作用；具有一定的透明度，并能吸收一定的紫外线。

② 热反射玻璃。热反射玻璃是有较高的热反射能力而又保持良好透光性的平板玻璃，它是采用热解法、真空蒸镀法、阴极溅射法等，在玻璃表面涂以金、银、铜、铝、铬、镍和铁等金属或金属氧化物薄膜，或采用电浮法等离子交换方法，以金属离子置换玻璃表层原有离子而形成热反射膜。热反射玻璃也叫镜面玻璃，有金色、茶色、灰色、紫色、褐色、青铜色和浅蓝色等。

热反射玻璃的热反射率高，常用它制成中空玻璃或夹层玻璃，以增加其绝热性能。镀金属膜的热反射玻璃还有单向透像的作用，即白天能在室内看到室外景物，而室外看不到室内的景象。

③ 中空玻璃。中空玻璃是在两片或多片玻璃中间，用注入干燥剂的铝框或胶条，将玻璃隔开，四周用胶接法密封，中空部分具备降低热传导系数的效果，所以中空玻璃具有节能、隔音的功能。中空玻璃主要用于需要供暖、空调、防止噪声或结露以及需要无直射阳光的建筑物上，广泛用于住宅、饭店、宾馆、办公楼、学校、医院、商店等需要室内空调的场合。

2. 建筑陶瓷

（1）陶瓷

1）陶瓷的概念。传统上，陶瓷是指以黏土及其天然矿物为原料，经过粉碎混炼、成型、焙烧等工艺过程所制得的各种制品，也叫"普通陶瓷"。广义上，陶瓷是指用陶瓷生产方法制造的无机非金属固体材料和制品的统称。

2）陶瓷的分类。陶瓷制品包括普通陶瓷（传统陶瓷）和特种陶瓷（新型陶瓷）两大类。普通陶瓷根据其用途不同又可分为日用陶瓷、建筑卫生陶瓷、化工陶瓷、化学陶瓷、电瓷及其他工业用陶瓷。特种陶瓷又可分为结构陶瓷和功能陶瓷两大类。在建筑与装饰工程中，常用的陶瓷制品有陶瓷砖、釉面砖、陶瓷墙地砖、陶瓷马赛克等。

（2）陶瓷砖

1）概念。陶瓷砖是指由黏土或其他无机非金属原料经成型、煅烧等工艺处理，用于装饰与保护建筑物、构筑物墙面及地面的板状或块状的陶瓷制品，也叫陶瓷饰面砖。

2）分类。陶瓷砖按使用部位不同可分为内墙砖、外墙砖、室内地砖、室外地砖、广场地砖和配件砖；按其表面是否施釉可分为有釉砖和无釉砖；按其表面形状可分为平面装饰砖和立体装饰砖。平面装饰砖是指正面为平面的陶瓷砖，立体装饰砖是指正面呈凹凸纹样的陶瓷砖。

（3）釉面砖

釉面砖指吸水率大于10%小于20%的正面施釉的陶瓷砖，主要用于建筑物、构筑物内墙面，因此也叫釉面内墙砖。釉面砖采用瓷土或耐火黏土低温烧成，坯体呈白色，表面施透明釉、乳浊釉、无光釉、花釉、结晶釉等艺术装饰釉。

1）分类。釉面砖按釉层色彩可分为单色、花色和图案砖。

2）特点。釉面砖不仅强度较高、防潮、耐污、耐腐蚀、易清洗、变形小，具有一定的抗急冷急热性能，而且表面光亮细腻、色彩和图案丰富、风格典雅，具有很好的装饰性。主要用作厨房、浴室、厕所、盥洗室、实验室、医院、游泳池等场所的室内墙面和台面的饰面材料。

（4）陶瓷墙地砖

陶瓷墙地砖具有强度高、致密坚实、耐磨、吸水率小、抗冻、耐污染、易清洗、耐腐蚀、经久耐用等特点。陶瓷墙地砖按其表面是否施釉可分为彩釉强地砖和无釉墙地砖。

1）彩釉砖。彩釉砖是彩釉陶瓷墙地砖的简称，是以陶土为主要原料，配料制浆后，经半干压成型、施釉、高温焙烧制成的饰面陶瓷砖。彩釉砖的平面形状分正方形和长方形两种，厚度一般为 8～12mm。

彩釉砖结构致密，抗压强度较高，易清洁，装饰效果较好，广泛应用于各类建筑物的外墙、柱的饰面和地面装饰，由于墙、地两用，也被称为彩色墙地砖。

用于不同部位的墙地砖应考虑不同的要求。用于寒冷地区时，应选用吸水率尽可能小、抗冻性能好的墙地砖。

2）无釉砖。无釉砖是无釉墙地砖的简称，是以优质瓷土为主要原料的基料喷雾料加一种或数种着色喷雾料（单色细颗粒）经混匀、冲压、烧成所得的制品。这种制品再加工后分抛光和不抛光两种。无釉砖吸水率较低，常为无釉瓷质砖、无釉炻瓷砖、无釉细炻砖范畴。

无釉瓷质砖抛光砖富丽堂皇，适用于商场、宾馆、饭店、游乐场、会议厅、展览馆等的室内外地面和墙面的装饰。无釉的细炻砖、炻质砖，是专用于铺地的耐磨砖。

（5）陶瓷马赛克

陶瓷马赛克俗称马赛克，是由各种颜色、多种几何形状的小块瓷片铺贴在牛皮纸上形成色彩丰富、图案繁多的装饰砖，因此也叫纸皮砖。所形成的一张张的产品，称为"联"。

陶瓷马赛克质地坚实、色泽图案多样、吸水率极小、耐酸、耐碱、耐磨、耐水、耐压、耐冲击、易清洗、防滑。陶瓷马赛克色泽美观稳定，可拼出风景、动物、花草及各种图案。

陶瓷马赛克在室内装饰中，可用于浴厕、厨房、阳台、客厅、起居室等处的地面，也可用于墙面。在工业及公共建筑装饰工程中，陶瓷马赛克也被广泛用于内墙、地面，亦可用于外墙。

3. 建筑石材

建筑石材是指具有可锯切、抛光等加工性能，在建筑物上作为饰面材料的石材，分为天然石材和人造石材两大类。天然石材是指天然大理石和花岗岩，人造石材则包括水磨石、人造大理石、人造花岗岩和其他人造石材。

（1）天然石材

凡是从天然岩体中开采的，具有装饰功能并能加工成板状或块料的岩石，都叫天然装饰石材。

1）天然大理石（简称大理石）。天然大理石是石灰石与白云岩在地壳中经高温高压作用下重新结晶、变质而成。纯大理石为白色，也叫汉白玉。如果在变质过程中混入其他杂质，则它结晶后呈带斑，为有花纹和色彩的层状结构。如含碳呈玫瑰色、橘红色，含铁、铜、镍则成绿色。

① 规格。大理石分定型和不定型两类。定型板材由国家统一编号或企业自定规格或代号，主要形状有长方形、正方形。不定型板材的规格由设计部门与生产厂家共同商定。

② 质量标准。包括力学性质指标和装饰性能指标两类，其中装饰性能是主要评价指

标。大理石板材按质量指标分为一级品和二级品两个等级。

③ 特性。表观密度为 2500～2600kg/m³；吸水率＜1‰；抗压强度较高（100～300MPa）；质地坚实但硬度不大，比花岗岩易于雕琢和磨光；颜色多样，斑纹多彩，装饰效果极佳；一般使用年限为 75 年至几百年。

大理石板材不宜作建筑外饰面材料。

④ 用途。大理石板材主要用于室内墙面、柱面、栏杆、楼梯踏步、花饰雕刻等，也有少部分用于室外装饰，但应作适当的处理。

2）天然花岗石。花岗石板材是从火成岩中开采的典型深成岩石，经过切片，加工磨光，修边后成为不同规格的石板。它的主要结构物质是长石、石英石和少量云母，属于酸性石材。其颜色与光泽由长石、云母及暗色矿物提供，有粉红底黑点、画皮、白底黑色、灰白色、纯黑及各种花色。

① 品种。花岗石板材的品种按产地、花纹、颜色特征确定，也可按加工方法分为：机刨板材、粗磨板材、细磨板材、磨光板材。

② 特性。花岗石板材的表观密度为 2300～2800kg/m³，抗压强度高 120～300MPa，空隙率小 0.19‰～0.36‰，吸水率低 0.1‰～0.3‰，传热快，其颜色以深色斑点为主，与其他颜色相混可使外观稳重大方，质地坚硬，耐磨、耐酸、耐冻，使用年限长。但花岗石不耐火。

③ 用途。花岗岩适用于除天花板以外的所有部件的装饰，是一种高级装饰材料。

（2）人造石材

人造装饰石材是天然大理石、花岗石碎块、石屑、石粉作为填充材料，由不饱和聚酯或水泥为粘结剂，经搅拌成型、研磨、抛光等工艺制成与天然大理石、花岗石相似的材料。

人造装饰板材重量轻，强度高，厚度薄；花纹图案可由设计控制决定；有较好的加工性，能制成弧形、曲面；耐腐蚀、抗污染性较强；能仿天然大理石、花岗石、玉石及玛瑙石等，是理想的饰面石材。

1）人造大理石

人造大理石按生产所用材料不同可分为：水泥型人造大理石、树脂型人造大理石、复合型人造大理石、烧结人造大理石。

人造大理石的性能：

① 装饰性：人造大理石表面光泽度高、花色可模仿天然大理石和花岗岩，色泽美观，装饰效果好。

② 物理性能：人造大理石的物理性能基本能达到天然大理石的要求。

③ 表面抗污性能：人造大理石对醋、酱油、食油、鞋油、机油、口红、红汞、红蓝墨水均不着色或轻微着色，可用碘酒拭去。

④ 耐久性：分耐骤冷骤热试验，烘烤情况和可加工性必须合格。

2）预制水磨石板

预制水磨石板是以普通混凝土为底层、以添加颜料的白水泥或彩色水泥与各种大理石粉末拌制的混凝土为面层，经过成型、养护、研磨抛光上蜡等工序制成的。

预制水磨石板的规格除按设计要求进行特殊加工外，主要形状有正方形、长方形、六边形等，厚度 20～28mm（内配粗铁线筋）。

3 民用建筑构造与识图

3.1 民用建筑构造的组成与分类

3.1.1 民用建筑的组成

建筑物由承重结构系统、围护分隔系统和装饰装修大部分及其附属各构件组成。一般的民用建筑由基础、墙或柱、楼地层、楼梯和电梯、门窗、屋顶等几部分组成，如图3-1所示。另外，还有其他配件和设施，如通风道、阳台、雨篷、散水、明沟、勒脚等。

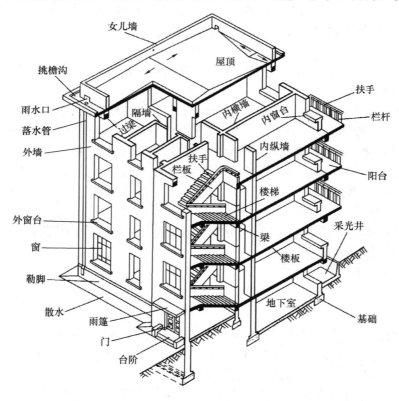

图 3-1　民用建筑构件的组成

1. 基础

基础是建筑物垂直承重构件与支承建筑物的地基直接接触的部分。其位于建筑物的最下部，承受上部传来的全部荷载和自重，并将这些荷载传给下面的地基。基础是房屋的主要受力构件，其构造要求是坚固、稳定、耐久，并且能经受冰冻、地下水及所含化学物质的侵蚀，保证足够的使用年限。

2. 墙或柱

在墙体承重结构体系中，墙体是房屋的竖向承重构件，它承受着由屋顶和各楼层传来的各种荷载，并把这些荷载可靠地传到基础上，再传给地基。其设计必须满足强度和刚度要求。在梁柱承重的框架结构体系中，墙体主要起分隔空间或围护的作用，柱则是房屋的竖向承重构件。作为墙体，外墙有围护的功能，抵御风霜雪雨及寒暑对室内的影响。内墙有分隔空间的作用，所以墙体还应满足保温、隔热、隔声等要求。

3. 楼地层

楼地层包括楼板层和地坪层。楼板层包括楼面、承重结构层（楼板、梁）、设备管道和顶棚层等。楼板层直接承受着各楼层上的家具、设备、人的重量和楼层自重，对墙或柱有水平支撑的作用，传递着风、地震等侧向水平荷载，并把以上各种荷载传递给墙或柱。楼板层要求要有足够的强度和刚度，以及良好的防水、防火、隔声性能。地坪层是首层室内地面，它承受着室内的活载以及自重，并将荷载通过垫层传到地基。由于人们的活动直接作用在楼地层上，所以对其美观、耐磨损、易清洁、防潮性能等也有要求。

4. 楼梯和电梯

楼梯和电梯是建筑的竖向交通设施，应有足够的通行能力和足够的承载能力，并且应满足坚固、耐磨、防滑等要求。

楼梯可作为发生火灾、地震等紧急事故时的疏散通道。电梯和自动扶梯可用于平时疏散人流，但不能用于消防疏散。消防电梯应满足消防安全的要求。

5. 门和窗

门和窗属于围护构件，都有采光通风的作用。门的基本功能是保持建筑物内部与外部或各内部空间的联系与分隔。门应具有交通、消防疏散、热工、隔声、防盗等功能。窗的作用主要是采光、通风及眺望。窗要求有保温、隔热、防水、隔声等功能。

6. 屋顶

屋顶包括屋面（面层、防水层）、保温（隔热）层、承重结构层（屋面板、梁）、设备管道和顶棚层等。

屋面板既是承重构件又是围护构件。作为承重构件，与楼板层相似，承受着直接作用于屋顶的各种荷载，同时在房屋顶部起着水平传力构件的作用，并把本身承受的各种荷载直接传给墙或柱。作为围护构件，能起抵御自然界的风、霜、雪、雨和太阳辐射等寒暑作用。屋面板应有足够的强度和刚度，还要满足保温、隔热、防水等构造要求。

3.1.2 民用建筑的等级划分

不同的民用建筑，其重要性、用途、规模等存在差异，考虑到其发生问题产生后果的影响程度不同，对建筑物的耐久年限和耐火等级进行分级。

1. 建筑物的耐久年限等级

根据建筑物的主体结构，考虑到建筑物的重要性和规模大小，建筑物按耐久年限分为四级，见表3-1。

建筑物耐久等级表 表 3-1

耐久等级	耐久年限	适用范围	耐久等级	耐久年限	适用范围
一级	100 年以上	重要建筑和高层建筑	三级	25～50 年	次要的建筑
二级	50～100 年	一般性建筑	四级	15 年以下	简易建筑和临时性建筑

2. 建筑物的耐火等级

耐火等级是依据房屋主要构件的燃烧性能和耐火极限确定的。我国《建筑设计防火规范》GB 50016—2006 和《高层民用建筑设计防火规范》（2005 版）GB 50045—1995 将建筑物的耐火等级分为四级，它是根据房屋的主要构件（梁、柱、楼板等）的燃烧性能和耐火极限来确定的，不同耐火等级建筑物相应构件的燃烧性能和耐火极限不应低于表 3-2 的规定。

建筑物构件的燃烧性能和耐火极限（h） 表 3-2

名 称		耐火等级			
构 件		一级	二级	三级	四级
墙	防火墙	非燃烧体 3.00	非燃烧体 3.00	非燃烧体 3.00	非燃烧体 3.00
	承重墙	非燃烧体 3.00	非燃烧体 2.50	非燃烧体 2.00	难燃烧体 0.50
	非承重外墙	非燃烧体 1.00	非燃烧体 1.00	非燃烧体 0.50	燃烧体
墙	楼梯间的墙 电梯井的墙 住宅单元之间的墙 住宅分户墙	非燃烧体 2.00	非燃烧体 2.00	非燃烧体 1.50	难燃烧体 0.50
	疏散走道两侧的隔墙	非燃烧体 1.00	非燃烧体 1.00	非燃烧体 0.50	难燃烧体 0.25
	房间隔墙	非燃烧体 0.75	非燃烧体 0.50	难燃烧体 0.50	难燃烧体 0.25
柱		非燃烧体 3.00	非燃烧体 2.50	非燃烧体 2.00	难燃烧体 0.50
梁		非燃烧体 2.00	非燃烧体 1.50	非燃烧体 1.00	难燃烧体 0.50
楼板		非燃烧体 1.50	非燃烧体 1.00	非燃烧体 0.50	燃烧体
屋顶承重构件		非燃烧体 1.50	非燃烧体 1.00	燃烧体	燃烧体
疏散楼梯		非燃烧体 1.50	非燃烧体 1.00	非燃烧体 0.50	燃烧体
吊顶（包括吊顶隔栅）		非燃烧体 0.25	难燃烧体 0.25	难燃烧体 0.15	燃烧体

注：1. 除另有规定者外，以木柱承重且以非燃烧体材料作为墙体的建筑物，其耐火等级应按四级确定。
2. 二级耐火等级建筑的吊顶采用非燃烧体时，其耐火等级不限。
3. 在二级耐火等级的建筑中，面积不超过 100m² 的房间隔墙，如执行本表的规定确有困难时，可采用耐火极限不低于 0.3h 的非燃烧体。
4. 一、二级耐火等级建筑疏散走道两侧隔墙，按本表的规定执行确有困难时，可采用 0.75h 非燃烧体。

（1）燃烧性能
构件的燃烧性能包括：非燃烧体（不燃烧体）、难燃烧体和燃烧体。
1）非燃烧体：用不燃材料做成的建筑构件，如砖、石材、混凝土等。
2）难燃烧体：用难燃材料做成的建筑构件或用可燃材料做成而用不燃材料做保护层的建筑构件，如沥青混凝土、水泥刨花板、经防火处理的木材等。
3）燃烧体：用可燃材料做成的建筑构件，如木材、纺织物等。
（2）耐火极限
耐火极限是指按时间—温度标准曲线，对建筑构件进行耐火试验，从受到火的作用起，到失去支持能力或完整性破坏或失去分隔作用时的这一段时间，用小时（h）表示。

3.1.3 民用建筑的结构类型

1. 按主要承重结构的材料分

（1）土木结构

以生土墙和木屋架作为建筑物的主要承重结构，这类建筑可就地取材，造价低，适用于村镇建筑。

（2）砖木结构

以砖墙或砖柱、木屋架作为建筑物的主要承重结构，这类建筑称为砖木结构建筑。

（3）砖混结构

以砖墙或砖柱、钢筋混凝土楼板、屋面板作为承重结构的建筑，这是目前建造数量最大，普遍被采用的结构类型。

（4）钢筋混凝土结构

建筑物的主要承重构件全部采用钢筋混凝土做法，这种结构主要用于大型公共建筑和高层建筑。

（5）钢结构

建筑物的主要承重构件全部采用钢材制作。钢结构建筑与钢筋混凝土建筑相比自重轻，但耗钢量大，目前主要用于大型公共建筑。

2. 按建筑结构的承重方式分

（1）墙承重结构

用墙承受楼板以及屋顶传来的全部荷载的，称为墙承重结构。土木结构、砖木结构、砖混结构的建筑大多属于这一类（图3-2）。

（2）框架结构

用柱、梁组成的框架承受楼板、屋顶传来的全部荷载的，称为框架结构。框架结构建筑中，一般采用钢筋混凝土结构或钢结构组成框架，墙只起到围护和分隔作用。框架结构用于大跨度建筑、荷载大的建筑以及高层建筑（图3-3）。

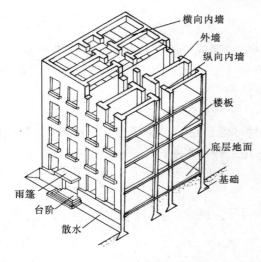

图 3-2 墙承重结构

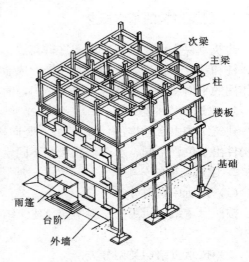

图 3-3 框架结构

（3）内框架结构

建筑物的内部用梁、柱组成的框架承重，四周用外墙承重时，称为内框架结构建筑。内框架结构通常用于内部需较大通透空间但可设柱的建筑，例如底层为商店的多层住宅等（图 3-4）。

（4）空间结构

用空间构架如网架、薄壳、悬索等来承受全部荷载的，称为空间结构建筑。这种类型建筑适用于需要大跨度、大空间并且内部不允许设柱的大型公共建筑，例如体育馆、天文馆、展览馆、火车站、机场等建筑（图 3-5）。

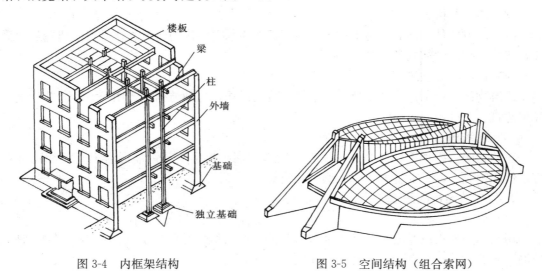

图 3-4　内框架结构　　　　　图 3-5　空间结构（组合索网）

3.2　建筑结构基本知识

3.2.1　建筑结构的基本概念

建筑是供人们生产、生活和进行其他活动的房屋或场所。各种建筑都离不开梁、板、墙、柱和基础等构件，它们相互连接形成建筑的骨架。建筑中由若干构件连接而成的能承受作用的平面或空间体系称为建筑结构，简称结构。

1. 建筑结构的组成

建筑结构由水平构件（板、梁）、竖向构件（墙、柱）和基础三大部分组成。这些组成构件由于位置不同，承受荷载状况不同，作用也各不相同。

2. 建筑结构的分类

（1）按所用材料分类

按照承重结构所用的材料不同，建筑结构可分为混凝土结构、砌体结构、钢结构和木结构。

（2）按承重结构类型分类

按照组成建筑主体结构的形式和受力体系不同，建筑结构可分为砖混结构、排架结构、框架结构、剪力墙结构、框架—剪力墙结构以及筒体结构等。

（3）其他分类方法

1）按使用功能分：建筑结构，如住宅、公共建筑等；特种结构，如烟囱、水塔和挡土墙等；地下结构，如隧道、人防工事和地下建筑等。

2）按照建筑物的外形特点，可以分为单层结构、多层结构、高层结构、大跨结构和高耸结构（如电视塔）。

3）按照建筑结构的施工方法，可分为现浇结构、预制装配式结构、预制与现浇相结合的装配整体式结构和预应力混凝土结构等。

3.2.2 混凝土结构

以混凝土为主制成的结构称混凝土结构，包括素混凝土结构、钢筋混凝土结构和预应力混凝土结构等。

1. 钢筋混凝土材料的力学性能

（1）钢筋的性能及要求

1）钢筋的类型

按加工方法不同钢筋可分为热轧钢筋、热处理钢筋、冷加工钢筋、钢丝和钢绞线等。其中，热轧钢筋按其强度不同分为 HPB300、HRB335、HRB400 和 HRB500 四个等级。

按化学成分不同分类：分为碳素钢筋和普通低合金钢筋。

按有无屈服点分类：分为有屈服点的钢筋（软钢，如热轧钢筋和冷拉钢筋）和无屈服点的钢筋（如钢丝和热处理钢筋）。

按外形不同分类：分为光圆钢筋和变形钢筋。

2）混凝土结构对钢筋的要求

强度高、塑性好、可焊性好，与混凝土之间具有良好的粘结力。

3）钢筋的选用

混凝土结构的钢筋应按以下规定选用：

① 纵向受力普通钢筋宜采用 HRB400、HRB500、HRBF400、HRBF500 钢筋，也可采用 HPB300、HRB335、HRBF335、RRB400 钢筋。

② 梁、柱纵向受力普通钢筋应采用 HRB400、HRB500、HRBF400、HRBF500 钢筋。

③ 箍筋宜采用 HRB400、HRBF400、HPB300、HRB500、HRBF500 钢筋，也可采用 HRB335、HRBF335 钢筋。

④ 预应力筋宜采用预应力钢丝、钢绞线和预应力螺纹钢筋。

（2）混凝土的力学性能

1）混凝土的强度：混凝土的强度指标有立方体抗压强度、轴心抗压强度、轴心抗拉强度。混凝土强度等级应按立方体抗压强度标准值确定。立方体抗压强度标准值系指按标准方法制作、养护的边长为 150mm 的立方体试件，在 28d 或设计规定龄期以标准试验方法测得的具有 95% 保证率的抗压强度值。

《混凝土结构设计规范》 GB 50010—2010 规定的混凝土强度等级有 C15、C20、C25、

C30、C35、C40、C45、C50、C55、C60、C65、C70、C75 和 C80，共 14 个等级。

2）混凝土的变形：混凝土的变形有两类，一类是混凝土的受力变形，包括一次短期加荷的变形，荷载长期作用下的变形等；另一类是混凝土的体积变形，包括混凝土由于收缩、膨胀和温度变化产生的变形等。

3）混凝土的选用：素混凝土结构的混凝土强度等级不应低于 C15；钢筋混凝土结构的混凝土强度等级不应低于 C20；采用强度等级 400MPa 及以上的钢筋时，混凝土强度等级不应低于 C25。

预应力混凝土结构的混凝土强度等级不宜低于 C40，且不应低于 C30。

承受重复荷载的钢筋混凝土构件，混凝土强度等级不应低于 C30。

（3）钢筋与混凝土之间的粘结

钢筋和混凝土是两种性质不同的材料，但由于两者之间具有良好的粘结力，温度线膨胀系数接近，混凝土对钢筋有保护作用，因此二者能有效地共同工作。

2. 钢筋混凝土受弯构件的构造

受弯构件是承受弯矩和剪力作用的构件。建筑物中大量的梁、板都是典型的受弯构件。受弯构件的破坏有两种情况：一种是由弯矩作用引起的破坏，破坏截面与构件的纵轴线垂直，叫做正截面破坏；另一种是由弯矩和剪力共同作用而引起的破坏，破坏截面是倾斜的，叫做斜截面破坏。为了保证受弯构件不发生正截面破坏，构件必须要有足够的截面尺寸及配置一定数量的纵向受力钢筋；为了保证受弯构件不发生斜截面破坏，构件必须有足够的截面尺寸及配置一定数量的箍筋和弯起钢筋。

设计受弯构件时，需要进行正截面受弯承载力计算、斜截面受剪承载力计算、构件变形和裂缝宽度的验算，并满足各种构造要求。

（1）梁的一般构造要求

1）梁的截面形式和尺寸：梁的截面形式有矩形、T 形、工字形、L 形、倒 T 形及花篮形。

梁的截面宽度 b 通常可根据梁的高度 h 确定。一般矩形截面，$h/b=2\sim3$；T 形截面，$h/b=2.5\sim4$。

2）梁的支撑长度：梁在砖墙或砖柱上的支撑长度 a，应满足梁内受力钢筋在支座处的锚固要求，并满足支座处砌体局部抗压承载力的要求。当梁高 $h\leqslant500mm$ 时，$a\geqslant180\sim240mm$；当梁高 $h>500mm$ 时，$a\geqslant370mm$。当梁支撑在钢筋混凝土梁（柱）上时，其支撑长度 $a\geqslant180mm$。

3）梁的钢筋：一般钢筋混凝土梁中，通常配有纵向受力钢筋、箍筋、弯起钢筋及架立钢筋。当梁的腹板高度 $h_w\geqslant450mm$ 时，还应设置梁侧构造钢筋。

① 纵向受力钢筋。纵向受力钢筋主要是用来承受由弯矩在梁内产生的拉力，因此，这种钢筋应放置在梁的受拉一侧。

纵向受力钢筋的直径：当梁高 $h\geqslant300mm$ 时，不应小于 10mm；当梁高 $h<300mm$ 时；不应小于 8mm。同一构件中钢筋直径的种类宜少，两种不同直径的钢筋，其直径相差不宜小于 2mm，以便于肉眼识别大小，避免施工时发生差错。

梁下部纵向受力钢筋的净距不得小于 25mm 和 d；上部纵向受力钢筋的净距不得小于 30mm 和 $1.5d$；各排钢筋之间的净距不应小于 25mm 和 d（d 为钢筋的最大直径）。

梁内纵向受力钢筋的根数，通常不应少于两根，只有当梁宽小于 100mm 时，可取一根。当钢筋根数较多必须排成两排时，上下排钢筋应当对齐，以利于浇注和捣实混凝土。

② 架立钢筋。架立钢筋用来固定箍筋的正确位置和形成钢筋骨架，还可以承受由于混凝土收缩及温度变化产生的拉力。布置在梁的受压区外缘两侧，平行于纵向受拉钢筋，如在受压区有受压纵向钢筋时，受压钢筋可兼作架立钢筋。

架立钢筋的直径：当梁的跨度小于 4m 时，不宜小于 8mm；当梁的跨度等于 4～6m 时，不宜小于 10mm；当梁的跨度大于 6m 时，不宜小于 12mm。

③ 箍筋。混凝土梁宜采用箍筋作为承受剪力的钢筋。梁中箍筋的配置应符合以下规定：

a. 按承载力计算不需要箍筋的梁，当截面高度大于 300mm 时，应沿梁全长设置构造箍筋；当截面高度 $h=150～300mm$ 时，可仅在构件端部 $l_0/4$ 范围内设置构造箍筋（l_0 为跨度）。但当在构件中部 $l_0/2$ 范围内有集中荷载作用时，则应沿梁全长设置箍筋。当截面高度小于 150mm 时，可以不设置箍筋。

b. 截面高度大于 800mm 的梁，箍筋直径不宜小于 8mm；对截面高度不大于 800mm 的梁，不宜小于 6mm。梁中配有计算需要的纵向受压钢筋时，箍筋直径尚不应小于 $d/4$，d 为受压钢筋最大直径。

c. 当梁中配有按计算需要的纵向受压钢筋时，箍筋应符合以下规定：

（a）箍筋应做成封闭式，且弯钩直线段长度不应小于 $5d$，d 为箍筋直径。

（b）箍筋的间距不应大于 $15d$，并不应大于 400mm。当一层内的纵向受压钢筋多于 5 根且直径大于 18mm 时，箍筋间距不应大于 $10d$，d 为纵向受压钢筋的最小直径。

（c）当梁的宽度大于 400mm 且一层内的纵向受压钢筋多于 3 根时，或当梁的宽度不大于 400mm 但一层内的纵向受压钢筋多于 4 根时，应设置复合箍筋。

④ 弯起钢筋。在采用绑扎骨架的钢筋混凝土梁中，承受剪力的钢筋应优先采用箍筋。当采用弯起钢筋时，弯起角宜取 45°或 60°；在弯起点外应留有平行于梁轴线方向的锚固长度，且在受拉区不应小于 $20d$，在受压区不应小于 $10d$，d 为弯起钢筋的直径；梁底层钢筋中的角部钢筋不应弯起，顶层钢筋中的角部钢筋不应弯下。

⑤ 梁侧构造钢筋。梁侧构造钢筋是为了避免温度变化、混凝土收缩在梁中部可能引起的拉力使混凝土产生裂缝。

当梁的腹板高度 $h_w≥450mm$ 时，在梁的两个侧面应沿高度配置纵向构造钢筋，每侧纵向构造钢筋（不包括梁上、下部受力钢筋及架立钢筋）的截面面积不应小于腹板截面面积的 0.1%，且其间距不宜大于 200mm。梁侧构造钢筋应用拉筋联系，拉筋直径与箍筋相同，间距常取箍筋间距的两倍。

（2）板的一般构造要求

1）板的厚度。现浇混凝土板的尺寸宜符合以下规定：

板的跨厚比：钢筋混凝土单向板不大于 30，双向板不大于 40；无梁支撑的有柱帽板不大于 35，无梁支撑的无柱帽板不大于 30。预应力板可适当增加；当板的荷载、跨度较大时宜适当减小。

现浇钢筋混凝土板的厚度不应小于表 3-3 的规定。

现浇钢筋混凝土板的最小厚度　　　　　　　　　　　表 3-3

板的类型		厚度（mm）
单向板	屋面板	60
	民用建筑楼板	60
	工业建筑楼板	70
	行车道下的楼板	80
双向板		80
密肋楼盖	面板	50
	肋高	250
悬臂板（根部）	悬臂长度不大于 500mm	60
	悬臂长度 1200mm	100
无梁楼盖		150
现浇空心楼盖		200

2）板的支撑长度

现浇板在砖墙上的支撑长度一般不小于板厚及 120mm，且应满足受力钢筋在支座内的锚固长度要求。预制板的支撑长度，在墙上不宜小于 100mm；在钢筋混凝土梁上不宜小于 80mm；在钢屋架或钢梁上不宜小于 60mm。

3）板的钢筋

单向板中一般布置两种钢筋，即受力钢筋和分布钢筋。受力钢筋沿板的跨度方向在受拉区布置；分布钢筋在受力钢筋的内侧与受力钢筋垂直布置。

板中受力钢筋的间距，当板厚不大于 150mm 时不宜大于 200mm；当板厚大于 150mm 时不宜大于板厚的 1.5 倍，且不宜大于 250mm。

3. 钢筋混凝土受压构件的构造

（1）材料强度等级

为了充分发挥混凝土材料的抗压性能，减小构件的截面尺寸，节约钢材，宜采用强度等级较高的混凝土。通常采用 C25、C30、C35 和 C40。必要时可采用强度等级更高的混凝土。

由于受到混凝土受压最大应变的限制，高强度钢筋不能充分发挥作用，所以不宜采用高强度钢筋。纵向钢筋一般采用 HRB335 级、HRB400 级和 RRB400 级。箍筋一般采用 HPB300 级、HRB335 级，也可采用 HRB400 级钢筋。

（2）截面形式及尺寸

为便于施工，轴心受压构件截面一般为正方形或圆形，偏心受压构件截面可采用矩形。当截面长边超过 600～800mm 时，为节省混凝土及减轻自重，也可采用工字形截面。

对于方形和矩形截面柱，其截面尺寸不宜小于 250mm×250mm，为避免长细比过大，常取 $h \geq l_0/25$ 和 $b \geq l_0/30$（l_0 为柱的计算长度），h 和 b 分别为截面的长短边边长，偏心受压柱长短边比值一般为 1.5～3。对工字形截面柱翼缘厚度不宜小于 120mm，腹板厚度不宜小于 100mm。此外，为支模方便，当 $h \leq 800$mm 时，截面尺寸以 50 为模数；当 $h > 800$mm 时，以 100mm 为模数。

（3）纵向钢筋

柱内纵向钢筋，除了与混凝土共同受力，提高柱的抗压承载力外，还可改善混凝土破坏的脆性性质，减小混凝土徐变，承受混凝土收缩和温度变化引起的拉力。

轴心受压柱的纵向钢筋应沿截面周边均匀、对称布置；偏心受压柱则在和弯矩作用方向垂直的两个侧边布置。为了增加骨架的刚度，减少箍筋的用量，最好选用直径较粗的纵向钢筋，一般直径采用 12~32mm。同时矩形截面柱根数不应少于 4 根，圆形截面柱不应少于 6 根（以不少于 8 根为宜）。

纵向受力钢筋直径不宜小于 12mm；全部纵向钢筋的配筋率不宜大于 5％。

柱中纵向钢筋的净间距不应小于 50mm，且不宜大于 300mm。

偏心受压柱的截面高度不小于 600mm 时，在柱的侧面上应设置直径不小于 10mm 的纵向构造钢筋，并相应设置复合箍筋或拉筋。

圆柱中纵向钢筋不宜少于 8 根，不应少于 6 根，且宜沿周边均匀布置。

在偏心受压柱中，垂直于弯矩作用平面的侧面上的纵向受力钢筋以及轴心受压柱中各边的纵向受力钢筋，其中距不宜大于 300mn。

对于水平浇筑的预制柱，纵向钢筋的最小净间距可按《混凝土结构设计规范》GB 50010—2010 关于梁的有关规定取用。

（4）箍筋

箍筋既能保证纵向钢筋位置的正确，防止纵向钢筋压曲，又对混凝土受压后的侧向膨胀起约束作用，偏心受压柱中剪力较大时还可以起到抗剪作用。因此，柱及其他受压构件中的箍筋应做成封闭式。

柱内箍筋间距不应大于 400mm 及构件截面的短边尺寸，同时不应大于 $15d$（d 为纵向钢筋的最小直径）。此外，柱内纵向钢筋搭接范围内箍筋间距当为受拉时不应大于 $5d$，且不应大于 100mm；当为受压时不应大于 $10d$，且不应大于 200mm。

柱内箍筋直径不应小于 $d/4$，且不应小于 6mm（d 为纵向钢筋的最大直径）。

当柱中全部纵向钢筋的配筋率超过 3％时，箍筋直径不宜小于 8mm，间距不应大于纵向钢筋最小直径的 10 倍，且不应大于 200mm。箍筋可焊成封闭环式，或在箍筋末端做成不小于 135°的弯钩，弯钩末端平直段长度不应小于 10 倍箍筋直径。

当柱截面短边尺寸大于 400mm，且各边纵向钢筋多于 3 根时，或当柱截面短边未超过 400mm，但各边纵向钢筋多于 4 根时，应设置复合箍筋。

在配有螺旋式或焊接环式间接钢筋的柱中，如计算考虑间接钢筋的作用，则间接钢筋的间距不应大于 80mm 及 $d_{cor}/5$（d_{cor} 为按间接钢筋内表面确定的核心截面直径），且不应小于 40mm。间接钢筋的直径要求同普通箍筋。

4. 钢筋混凝土结构的构造规定

（1）伸缩缝

钢筋混凝土结构伸缩缝的最大间距见表 3-4。

钢筋混凝土结构伸缩缝最大间距（m） 表 3-4

结构类别		室内或土中	露天
排架结构	装配式	100	70
框架结构	装配式	75	50
	现浇式	55	35
剪力墙结构	装配式	65	40
	现浇式	45	30

续表

结构类别		室内或土中	露天
挡土墙、地下室墙壁等类构件	装配式	40	30
	现浇式	30	20

注：1. 装配整体式结构的伸缩缝间距，可根据结构的具体情况取表中装配式结构与现浇式结构之间的数值。

　　2. 框架-剪力墙结构或框架-核心筒结构房屋的伸缩缝间距，可根据结构的具体情况取表中框架结构与剪力墙结构之间的数值。

　　3. 当屋面无保温或隔热措施时，框架结构、剪力墙结构的伸缩缝间距宜按表中露天栏的数值取用。

　　4. 现浇挑檐、雨罩等外露结构的局部伸缩缝间距不宜大于 12m。

有下列情况的，表 3-4 中的伸缩缝最大间距宜适当减小：

1）柱高（从基础顶面算起）低于 8m 的排架结构。

2）屋面无保温、隔热措施的排架结构。

3）位于气候干燥地区、夏季炎热且暴雨频繁地区的结构或经常处于高温作用下的结构。

4）采用滑模类工艺施工的各类墙体结构。

5）混凝土材料收缩较大，施工期外露时间较长的结构。

如有充分依据，则下列情况下，表 3-4 中的伸缩缝最大间距可适当增大：

1）采取减小混凝土收缩或温度变化的措施。

2）采用专门的预加应力或增配构造钢筋的措施。

3）采用低收缩混凝土材料，采取跳仓浇筑、后浇带、控制缝等施工方法，并加强施工养护。

当伸缩缝间距增大较多时，还应考虑温度变化和混凝土收缩对结构的影响。

（2）钢筋的锚固

当计算中充分利用钢筋的抗拉强度时，受拉钢筋的锚固应符合下列要求：

1）基本锚固长度应按下式计算：

普通钢筋

$$l_{ab} = \alpha \frac{f_y}{f_t} d \qquad (3-1)$$

预应力筋

$$l_{ab} = \alpha \frac{f_{py}}{f_t} d \qquad (3-2)$$

式中　l_{ab}——受拉钢筋的基本锚固长度；

　f_y、f_{py}——普通钢筋、预应力钢筋的抗拉强度设计值；

　　f_t——混凝土轴心抗拉强度设计值，当混凝土强度等级高于 C60 时，按 C60 考虑；

　　d——锚固钢筋的直径；

　　α——锚固钢筋的外形系数，按表 3-5 取用。

锚固钢筋的外形系数 α　　　　　　　　表 3-5

钢筋类型	光圆钢筋	带肋钢筋	螺旋肋钢丝	三股钢绞线	七股钢绞线
α	0.16	0.14	0.13	0.16	0.17

2）受拉钢筋的锚固长度应根据锚固条件按下式计算，且不应小于 200mm。

$$l_a = \xi_a l_{ab} \tag{3-3}$$

式中　l_a——受拉钢筋的锚固长度；

　　　ξ_a——锚固长度修正系数。

梁柱节点中纵向受拉钢筋的锚固要求应按《混凝土结构设计规范》GB 50010—2010 中的规定执行。

3）当锚固钢筋的保护层厚度不大于 $5d$ 时，锚固长度范围内应配置横向构造钢筋，其直径不应小于 $d/4$；对梁、柱、斜撑等构件间距不应大于 $5d$，对板、墙等平面构件间距不应大于 $10d$，且均不应大于 100mm，此处 d 为锚固钢筋的直径。

纵向受拉普通钢筋的锚固长度修正系数 ξ_a 应符合以下规定：

① 当带肋钢筋的公称直径大于 25mm 时取 1.10。

② 环氧树脂涂层带肋钢筋取 1.25。

③ 施工过程中易受扰动的钢筋取 1.10。

④ 当纵向受力钢筋的实际配筋面积大于其设计计算面积时，修正系数取设计计算面积与实际配筋面积的比值，但对有抗震设防要求及直接承受动力荷载的结构构件，不应考虑此项修正。

⑤ 锚固钢筋的保护层厚度为 $3d$ 时修正系数可取 0.80，保护层厚度为 $5d$ 时修正系数可取 0.70，中间按内插取值，d 为锚固钢筋的直径。

当纵向受拉普通钢筋末端采用弯钩或机械锚固措施时，包括弯钩或锚固端头在内的锚固长度（投影长度）可取为基本锚固长度 l_{ab} 的 60%。弯钩和机械锚固的形式和技术要求应符合表 3-6 的规定。

钢筋弯钩和机械锚固的形式和技术要求　　　　　　　　　　表 3-6

锚固形式	技 术 要 求
90°弯钩	末端 90°弯钩，弯钩内径 $4d$，弯后直段长度 $12d$
135°弯钩	末端 135°弯钩，弯钩内径 $4d$，弯后直段长度 $15d$
一侧贴焊锚筋	末端一侧贴焊长 $5d$ 同直径钢筋
两侧贴焊锚筋	末端两侧贴焊长 $3d$ 同直径钢筋
焊端锚板	末端与厚度 d 的锚板穿孔塞焊
螺栓锚头	末端旋入螺栓锚头

注：1. 焊缝和螺纹长度应满足承载力要求。

　　2. 螺栓锚头和焊接锚板的承压净面积不应小于锚固钢筋截面积的 4 倍。

　　3. 螺栓锚头的规格应符合相关标准的规定。

　　4. 螺栓锚头和焊接锚板的钢筋净间距不宜小于 $4d$，否则应考虑群锚效应的不利影响。

　　5. 截面角部的弯钩和一侧贴焊锚筋的布筋方向宜向截面内侧偏置。

混凝土结构中的纵向受压钢筋，当计算中充分利用其抗压强度时，锚固长度不应小于相应受拉锚固长度的 70%。

受压钢筋不应采用末端弯钩和一侧贴焊锚筋的锚固措施。

受压钢筋锚固长度范围内的横向构造钢筋应符合《混凝土结构设计规范》GB 50010—2010 的有关规定。

承受动力荷载的预制构件，应将纵向受力普通钢筋末端焊接在钢板或角钢上，钢板或角钢应可靠地锚固在混凝土中。钢板或角钢的尺寸应按计算确定，厚度不宜小于10mm。

其他构件中受力普通钢筋的末端也可通过焊接钢板或型钢实现锚固。

（3）钢筋的连接

1）钢筋连接可采用绑扎搭接、机械连接或焊接。

混凝土结构中受力钢筋的连接接头宜设置在受力较小处。在同一根受力钢筋上宜少设接头。在结构的重要构件和关键传力部位，纵向受力钢筋不宜设置连接接头。

2）轴心受拉及小偏心受拉杆件的纵向受力钢筋不得采用绑扎搭接；其他构件中的钢筋采用绑扎搭接时，受拉钢筋直径不宜大于25mm，受压钢筋直径不宜大于28mm。

3）同一构件中相邻纵向受力钢筋的绑扎搭接接头宜互相错开。钢筋绑扎搭接接头连接区段的长度为1.3倍搭接长度，搭接接头中点位于该连接区段长度内的搭接接头均属于同一连接区段。同一连接区段内纵向受力钢筋搭接接头面积百分率为该区段内有搭接接头的纵向受力钢筋与全部纵向受力钢筋截面面积的比值。当直径不同的钢筋搭接时，按直径较小的钢筋计算。

位于同一连接区段内的受拉钢筋搭接接头面积百分率：对梁类、板类及墙类构件，不宜大于25%；对柱类构件，不宜大于50%。当工程中确有必要增大受拉钢筋搭接接头面积百分率时，对梁类构件，不宜大于50%；对板、墙、柱及预制构件的拼接处，可根据实际情况放宽。

并筋采用绑扎搭接连接时，应采用每根单筋错开搭接的方式连接。接头面积百分率应按同一连接区段内所有的单根钢筋计算。并筋中钢筋的搭接长度应按单筋分别计算。

4）纵向受拉钢筋绑扎搭接接头的搭接长度，应根据位于同一连接区段内的钢筋搭接接头面积百分率按下式计算，且不应小于300mm。

$$l_l = \xi_l l_a \tag{3-4}$$

式中 l_l——纵向受拉钢筋的搭接长度；

ξ_l——纵向受拉钢筋搭接长度修正系数。

5）构件中的纵向受压钢筋当采用搭接连接时，其受压搭接长度不应小于第4）条纵向受拉钢筋搭接长度的70%，且不应小于200mm。

6）在梁、柱类构件的纵向受力钢筋搭接长度范围内的横向构造钢筋应符合《混凝土结构设计规范》GB 50010—2010的要求；当受压钢筋直径大于25mm时，还应在搭接接头两个端面外100mm的范围内各设置两道箍筋。

7）纵向受力钢筋的机械连接接头宜相互错开。钢筋机械连接区段的长度为35d，d为连接钢筋的较小直径。凡接头中点位于该连接区段长度内的机械连接接头均属于同一连接区段。

位于同一连接区段内的纵向受拉钢筋接头面积百分率不宜大于50%；但对板、墙、柱及预制构件的拼接处，可按实际情况放宽。纵向受压钢筋的接头百分率可不受限制。

机械连接套筒的保护层厚度宜满足有关钢筋最小保护层厚度的规定。机械连接套筒的横向净间距不宜小于25mm；套筒处箍筋的间距应满足相应的构造要求。

直接承受动力荷载结构构件中的机械连接接头，在满足设计要求的抗疲劳性能的同时，位于同一连接区段内的纵向受力钢筋接头面积百分率不应大于50%。

8) 细晶粒热轧带肋钢筋以及直径大于 28mm 的带肋钢筋，其焊接应经试验确定；余热处理钢筋不宜焊接。

纵向受力钢筋的焊接接头应相互错开。钢筋焊接接头连接区段的长度为 35d 且不小于 500mm，d 为连接钢筋的较小直径，接头中点位于该连接区段长度内的焊接接头均属于同一连接区段。

纵向受拉钢筋的接头面积百分率不宜大于 50%，但预制构件的拼接处，可根据实际情况放宽。纵向受压钢筋的接头百分率可不受限制。

9) 需进行疲劳验算的构件，纵向受拉钢筋不得采用绑扎搭接接头，也不宜采用焊接接头，除端部锚固外不得在钢筋上焊有附件。

当直接承受吊车荷载的钢筋混凝土吊车梁、屋面梁及屋架下弦的纵向受拉钢筋采用焊接接头时，应符合以下规定：

① 应采用闪光接触对焊，并去掉接头的毛刺及卷边。

② 同一连接区段内纵向受拉钢筋焊接接头面积百分率不应大于 25%，焊接接头连接区段的长度应取为 45d，d 为纵向受力钢筋的较大直径。

③ 疲劳验算时，焊接接头应符合《混凝土结构设计规范》GB 50010—2010 疲劳应力幅限值的规定。

（4）纵向受力钢筋的最小配筋率

1) 钢筋混凝土结构构件中纵向受力钢筋的配筋百分率 ρ_{min} 不应小于表 3-7 规定的数值。

纵向受力钢筋的最小配筋百分率 ρ_{min}（%）   表 3-7

受力类型			最小配筋百分率
受压构件	全部纵向钢筋	强度等级 500MPa	0.50
		强度等级 400MPa	0.55
		强度等级 300MPa、335MPa	0.60
	一侧纵向钢筋		0.20
受弯构件、偏心受拉、轴心受拉构件一侧的受拉钢筋			0.20 和 45f_t/f_y 中的较大值

注：1. 受压构件全部纵向钢筋最小配筋百分率，当采用 C60 以上强度等级的混凝土时，应按表中增加 0.10。

2. 板类受弯构件（不包括悬臂板）的受拉钢筋，当采用强度等级 400MPa、500MPa 的钢筋时，其最小配筋百分率应允许采用 0.15 和 45f_t/f_y 中的较大值。

3. 偏心受拉构件中的受压钢筋，应按受压构件一侧纵向钢筋考虑。

4. 受压构件的全部纵向钢筋和一侧纵向钢筋的配筋率以及轴心受拉构件和小偏心受拉构件一侧受拉钢筋的配筋率均应按构件的全截面面积计算。

5. 受弯构件、大偏心受拉构件一侧受拉钢筋的配筋率应按全截面面积扣除受压翼缘面积后的截面面积计算。

6. 当钢筋沿构件截面周边布置时，"一侧纵向钢筋"系指沿受力方向两个对边中一边布置的纵向钢筋。

2) 卧置于地基上的混凝土板，板中受拉钢筋的最小配筋率可适当降低，但不应小于 0.15%。

3.2.3 砌体结构

砌体结构是由块体和砂浆砌筑而成的墙、柱作为建筑物主要受力构件的结构。砌体结构是砖砌体、砌块砌体和石砌体结构的统称。

1. 砌体材料及砌体的力学性能

（1）砌体的材料

1）块材。块材是砌体的主要部分，常用的主要有砖、砌块和石材三大类。

砖包括烧结普通砖、非烧结硅酸盐砖和烧结多孔砖。一般根据标准试验方法所测得的抗压强度确定砖的强度等级，对于某些砖，还应考虑其抗折强度的影响。

砖的质量除按强度等级区分外，还应满足抗冻性、吸水率和外观质量的要求。

2）砂浆

砂浆按组成材料的不同，可分为水泥砂浆、非水泥砂浆及混合砂浆。

砂浆的强度等级是以标准养护，龄期由 28d 的试块抗压强度确定的。

3）砌体材料的选用

五层及五层以上房屋的墙，以及受震动或层高大于 6m 的墙、柱所用材料的最低强度等级，应符合下列要求：砖≥MU10；砌块≥MU7.5；石材≥MU30；砂浆≥M5。

安全等级为一级或设计使用年限大于 50 年的房屋，墙、柱所用材料的最低强度等级应至少提高一级。

地面以下或防潮层以下的砌体，潮湿房间的墙，所用材料的最低强度等级应符合表3-8 的要求。

地面以下或防潮层以下的砌体、潮湿房间墙
所用材料的最低强度等级　　　　　　　　表 3-8

基土的潮湿程度	烧结普通砖、蒸压灰砂砖		混凝土砌块	石材	水泥砂浆
	严寒地区	一般地区			
稍潮湿的	MU10	MU10	MU7.5	MU30	M5
很潮湿的	MU15	MU10	MU7.5	MU30	M7.5
含水饱和的	MU20	MU15	MU10	MU40	M10

（2）砌体的种类

1）无筋砌体：根据块材种类的不同，无筋砌体可分为砖砌体、砌块砌体和石砌体等三种。

2）配筋砌体：配筋砌体可分为网状配筋砌体、组合砖砌体和配筋砌块等三种。

（3）砌体的力学性能

砌体有时会受到压力，有时会受到拉力、弯曲力、剪切力，但砌体主要用来受压。砌体的抗压强度较高、其他强度均较低。

砌体的抗压强度低于砌体结构中块材的抗压强度。

影响砌体抗压强度的主要因素包括：块材和砂浆的强度；砂浆的性能；块材的形状和尺寸；砌筑质量。

2. 砌体结构房屋墙体设计

（1）房屋的结构布置

按照构件的受力性能和荷载的传递路线不同，混合结构房屋结构布置方案一般分为：纵墙承重方案、横墙承重方案、纵横墙承重方案和内框架承重方案。

（2）混合结构房屋的静力计算方案

混合结构中的纵墙、横墙、楼盖、屋盖和基础组成了一个空间受力体系。墙体的布置、楼（屋）盖的类型不同，则房屋的空间工作性能也不同。房屋的静力计算，根据房屋的空间工作性能分为刚性方案、刚弹性方案和弹性方案三种。

刚性和刚弹性方案房屋的横墙应符合以下要求：

1）横墙中开有洞口时，洞口的水平截面面积不应超过横墙截面面积的 50%。

2）横墙的厚度不宜小于 180mm。

3）单层房屋的横墙长度不宜小于其高度，多层房屋的横墙长度不宜小于 $H/2$（H 为横墙总高度）。

当横墙不能同时满足上述要求时，应对横墙的刚度进行验算。若其最大水平位移值 $\leqslant H/4000$ 时，仍可视作刚性或刚弹性方案房屋的横墙；对于符合此要求的一段横墙或其他结构构件，也可视作刚性或刚弹性方案房屋的横墙。

3. 圈梁、过梁、墙梁和挑梁

（1）圈梁

为增强房屋的整体刚度，防止因为地基的不均匀沉降或较大振动荷载等对房屋引起的不利影响，可在墙中设置现浇钢筋混凝土圈梁。

1）圈梁的设置原则。车间、仓库、食堂等空旷的单层房屋应按以下规定设置圈梁：

① 砖砌体房屋，檐口标高为 5～8m 时，应在檐口标高处设置圈梁一道，檐口标高大于 8m 时，应增加设置数量。

② 砌块及料石砌体房屋，檐口标高为 4～5m 时，应在檐口标高处设置圈梁一道，檐口标高大于 5m 时，应增加设置数量。

对有吊车或较大振动设备的单层工业房屋，除在檐口或窗顶标高处设置现浇钢筋混凝土圈梁外，还应增加设置数量。

宿舍、办公楼等多层砌体民用房屋，且层数为 3～4 层时，应在檐口标高处设置圈梁一道。当层数超过 4 层时，应在所有纵横墙上隔层设置。

多层砌体工业房屋，应每层设置现浇钢筋混凝土圈梁。

设置墙梁的多层砌体房屋应在托梁、墙梁顶面和檐口标高处设置现浇钢筋混凝土圈梁，其他楼层处应在所有纵横墙上每层设置。

采用现浇钢筋混凝土楼（屋）盖的多层砌体结构房屋，当层数超过 5 层时，除在檐口标高处设置一道圈梁外，可隔层设置圈梁，并与楼（层）面板一起现浇。未设置圈梁的楼面板嵌入墙内的长度不应小于 120mm，并沿墙长配置不少于 $2\phi10$ 的纵向钢筋。

2）圈梁的构造要求

① 圈梁宜连续地设在同一水平面上，并形成封闭状；当圈梁被门窗洞口截断时，应在洞口上部增设相同截面的附加圈梁。附加圈梁与圈梁的搭接长度不应小于其中到中垂直间距的二倍，且不得小于 1m。

② 纵横墙交接处的圈梁应有可靠的连接。刚弹性和弹性方案房屋，圈梁应与屋架、大梁等构件可靠连接。

③ 钢筋混凝土圈梁的宽度宜与墙厚相同，当墙厚 $h \geqslant 240mm$ 时，其宽度不宜小于 $2h/3$。圈梁高度不应小于 120mm。纵向钢筋不应少于 $4\phi10$，绑扎接头的搭接长度按受拉

钢筋考虑，箍筋间距不应大于 300mm。

④ 圈梁兼作过梁时，过梁部分的钢筋应按计算用量另行增配。

（2）过梁

1）过梁的分类。过梁是混合结构墙体中门窗洞口上承受上部墙体和楼（屋）盖传来的荷载的构件，包括钢筋混凝土过梁、钢筋砖过梁、砖砌平拱和砖砌弧拱等几种形式。其中钢筋混凝土过梁使用比较广泛。

砖砌过梁的跨度，不应超过下列规定：

① 钢筋砖过梁为 1.5m。

② 砖砌平拱为 1.2m。

对有较大振动荷载或可能产生不均匀沉降的房屋，应采用钢筋混凝土过梁。

2）过梁上的荷载。过梁上的荷载一般包括墙体荷载和梁、板荷载。

过梁的荷载，应按以下规定采用：

① 梁、板荷载

对砖和小型砌块砌体，当梁、板下的墙体高度 $h_w < l_n$ 时（l_n 为过梁的净跨），应计入梁、板传来的荷载。当梁、板下的墙体高度 $h_w \geqslant l_n$ 时，可不考虑梁、板荷载。

② 墙体荷载

a. 对砖砌体，当过梁上的墙体高度 $h_w < l_n/3$ 时，应按墙体的均布自重采用。当墙体高度 $h_w \geqslant l_n/3$ 时，应按高度为 $l_n/3$ 墙体的均布自重来采用；

b. 对混凝土砌块砌体，当过梁上的墙体高度 $h_w < l_n/2$ 时，应按墙体的均布自重采用。当墙体高度 $h_w \geqslant l_n/2$ 时，应按高度为 $l_n/2$ 墙体的均布自重采用。

3）砖砌过梁的构造要求：

① 砖砌过梁截面计算高度内的砂浆不宜低于 M5。

② 砖砌平拱用竖砖砌筑部分的高度不应小于 240mm。

③ 钢筋砖过梁底面砂浆层处的钢筋，其直径不应小于 5mm，间距不宜大于 120mm，钢筋伸入支座砌体内的长度不宜小于 240mm，砂浆层的厚度不宜小于 30mm。

（3）墙梁

墙梁是由支承墙体的钢筋混凝土托梁及其以上计算高度范围内的墙体共同工作，一起承受荷载的组合结构。

墙梁按支承情况可分为简支墙梁、连续墙梁和框支墙梁；按承受荷载情况可分为承重墙梁和自承重墙梁。墙梁中承托砌体墙和楼盖（屋盖）的混凝土简支梁、连续梁和框支梁，称为托梁。

墙梁应分别进行托梁使用阶段正截面承载力和斜截面受剪承载力计算、墙体受剪承载力和托梁支座上部砌体局部受压承载力计算，以及施工阶段托梁承载力验算。自承重墙梁可不验算墙体受剪承载力和砌体局部受压承载力。

墙梁除应符合《砌体结构设计规范》GB 50003—2011 和《混凝土结构设计规范》GB 50010—2010 的有关构造规定外，还应符合以下构造要求：

1）材料

① 托梁的混凝土强度等级不应低于 C30。

② 纵向钢筋宜采用 HRB335、HRB400 或 RRB400 级钢筋。

③ 承重墙梁的块体强度等级不应低于 MU10，计算高度范围内墙体的砂浆强度等级不应低于 M10。

2）墙体

① 框支墙梁的上部砌体房屋，以及设有承重的简支墙梁或连续墙梁的房屋，应满足刚性方案房屋的要求。

② 墙梁的计算高度范围内的墙体厚度，对砖砌体不应小于 240mm，对混凝土小型砌块砌体不应小于 190mm。

③ 墙梁洞口上方应设置混凝土过梁，其支承长度不应小于 240mm；洞口范围内不应施加集中荷载。

④ 承重墙梁的支座处应设置落地翼墙，翼墙厚度，对砖砌体不应小于 240mm，对混凝土砌块砌体不应小于 190mm，翼墙宽度不应小于墙梁墙体厚度的 3 倍，并与墙梁墙体同时砌筑。当不能设置翼墙时，应设置落地且上、下贯通的构造柱。

⑤ 当墙梁墙体在靠近支座 1/3 跨度范围内开洞时，支座处应设置落地且上、下贯通的构造柱，并应与每层圈梁连接。

⑥ 墙梁计算高度范围内的墙体，每天可砌高度不应超过 1.5m，否则，应加设临时支撑。

3）托梁

① 有墙梁的房屋的托梁两边各一个开间及相邻开间处应采用现浇混凝土楼盖，楼板厚度不宜小于 120mm，当楼板厚度大于 150mm 时，宜采用双层双向钢筋网，楼板上应少开洞，洞口尺寸大于 800mm 时应设洞边梁。

② 托梁每跨底部的纵向受力钢筋应通长设置，不得在跨中段弯起或截断。钢筋接长应采用机械连接或焊接。

③ 墙梁的托梁跨中截面纵向受力钢筋总配筋率不应小于 0.6%。

④ 托梁距边支座边 $l_0/4$ 范围内，上部纵向钢筋面积不应小于跨中下部纵向钢筋面积的 1/3。连续墙梁或多跨框支墙梁的托梁中支座上部附加纵向钢筋从支座边算起每边延伸不少于 $l_0/4$（l_0 为托梁的净跨）。

⑤ 承重墙梁的托梁在砌体墙、柱上的支承长度不应小于 350mm。纵向受力钢筋伸入支座应符合受拉钢筋的锚固要求。

⑥ 当托梁高度 $h_b \geqslant 500mm$ 时，应沿梁高设置通长水平腰筋，直径不应小于 12mm，间距不应大于 200mm。

⑦ 墙梁偏开洞口的宽度及两侧各一个梁高 h_b 范围内直至靠近洞口的支座边的托梁箍筋直径不宜小于 8mm，间距不应大于 100mm。

（4）挑梁

在混合结构房屋中，常利用埋入墙内一定长度的钢筋混凝土悬臂梁来承担诸如阳台、外走廊等的荷载，这种悬臂的钢筋混凝土构件，通常叫做挑梁。

根据挑梁的受力特征，挑梁应进行抗倾覆验算、承载力计算和挑梁下砌体局部受压承载力验算。

挑梁设计除应符合现行国家标准《混凝土结构设计规范》GB 50010—2010 的有关规定外，还应满足以下要求：

1）纵向受力钢筋至少应有 1/2 的钢筋面积伸入梁尾端，且不少于 $2\phi12$。其余钢筋伸入支座的长度不应小于 $2l_1/3$。

2）挑梁埋入砌体长度 l_1 与挑出长度 l 之比宜大于 1.2；当挑梁上无砌体时，l_1 与 l 之比宜大于 2。

4. 砌体房屋的一般构造要求

（1）最小截面尺寸的要求

承重的独立砖柱截面尺寸不应小于 240mm×370mm。毛石墙的厚度不宜小于 350mm，毛料石柱较小边长不宜小于 400mm。

当有振动荷载时，墙、柱不宜采用毛石砌体。

（2）垫块的设置

跨度大于 6m 的屋架和跨度大于以下数值的梁，应在支撑处砌体上设置混凝土或钢筋混凝土垫块；当墙中设有圈梁时，垫块与圈梁宜浇成整体。

1）对砖砌体为 4.8m。

2）对砌块和料石砌体为 4.2m。

3）对毛石砌体为 3.9m。

（3）壁柱的设置

当梁跨度大于或等于以下数值时，其支撑处宜加设壁柱，或采取其他加强措施：

1）对 240mm 厚的砖墙为 6m，对 180mm 厚的砖墙为 4.8m。

2）对砌块、料石墙为 4.8m。

（4）板的支撑长度

预制钢筋混凝土板的支撑长度，在墙上不宜小于 100mm；在钢筋混凝土圈梁上不宜小于 80mm；当利用板端伸出钢筋拉结和混凝土灌缝时，其支撑长度可为 40mm，但板端缝宽不小于 80mm，灌缝混凝土不宜低于 C20。

（5）构件间的连接与锚固措施

支撑在墙、柱上的吊车梁、屋架及跨度大于或等于以下数值的预制梁的端部，应采用锚固件与墙、柱上的垫块锚固。

1）对砖砌体为 9m。

2）对砌块和料石砌体为 7.2m。

填充墙、隔墙应分别采取措施与周边构件可靠连接。

山墙处的壁柱宜砌至山墙顶部，屋面构件应与山墙可靠拉结。

砌块砌体应分皮错缝搭砌，上下皮搭砌长度不得小于 90mm。当搭砌长度不符合上述要求时，应在水平灰缝内设置不少于 $2\phi4$ 的焊接钢筋网片（横向钢筋的间距不宜大于 200mm），网片每端均应超过该垂直缝，其长度不得小于 300mm。

砌块墙与后砌隔墙交接处，应沿墙高每 400mm 在水平灰缝内设置不少于 $2\phi4$、横筋间距不大于 200mm 的焊接钢筋网片。

5. 防止或减轻墙体开裂的主要措施

（1）墙体开裂的原因

墙体开裂主要有三个原因，即外荷载、温度变化和地基不均匀沉降。

因温度变化和砌体干缩变形引起的墙体裂缝中，温度裂缝形态有水平裂缝和八字形裂缝两种，干缩裂缝形态有垂直贯通裂缝和局部垂直裂缝两种。

因地基发生过大的不均匀沉降而产生的裂缝中，常见的裂缝形态有正八字形裂缝、倒八字形裂缝，高低跨沉降差引起的斜向裂缝、底层窗台下墙体的斜向裂缝。

（2）防止或减轻房屋顶层墙体开裂的措施

1）由温差和砌体干缩引起的墙体竖向裂缝，应在墙体中设置伸缩缝。伸缩缝应设在因温度和收缩变形可能引起应力集中、砌体产生裂缝可能性最大的地方。

2）屋面应设置保温、隔热层。

3）屋面保温（隔热）层或屋面刚性面层及砂浆找平层应设置分隔缝，分隔缝间距不宜大于 6m，并与女儿墙隔开，其缝宽不小于 30mm。

4）采用装配式有檩体系钢筋混凝土屋盖和瓦材屋盖。

5）在钢筋混凝土屋面板与墙体圈梁的接触面处设置水平滑动层，滑动层可采用两层油毡夹滑石粉或橡胶片等；对于长纵墙，可只在其两端的 2～3 个开间内设置，对于横墙可只在其两端各 $l/4$ 范围内设置（l 为横墙长度）。

6）顶层屋面板下设置现浇钢筋混凝土圈梁，并沿内外墙拉通，房屋两端圈梁下的墙体内宜适当设置水平钢筋。

7）顶层挑梁末端下墙体灰缝内设置 3 道焊接钢筋网片（纵向钢筋不宜少于 $2\phi4$，横筋间距不宜大于 200mm）或 $2\phi6$ 钢筋，钢筋网片或钢筋应自挑梁末端伸入两边墙体不小于 1m。

8）顶层墙体有门窗等洞口时，在过梁上的水平灰缝内设置 2～3 道焊接钢筋网片或 $2\phi6$ 钢筋，并应伸入过梁两端墙内不小于 600mm。

9）顶层及女儿墙砂浆强度等级不低于 M5。

10）女儿墙应设置构造柱，构造柱间距不宜大于 4m，构造柱应伸至女儿墙顶并与现浇钢筋混凝土压顶整浇在一起。

11）房屋顶层端部墙体内适当增设构造柱。

（3）防止或减轻房屋底层墙体开裂的措施

1）增大基础圈梁的刚度。

2）在底层的窗台下墙体灰缝内设置 3 道焊接钢筋网片或 $2\phi6$ 钢筋，并伸入两边窗间墙内不小于 600mm。

3）采用钢筋混凝土窗台板，窗台板嵌入窗间墙内不小于 600mm。

（4）防止或减轻房屋其他有关部位开裂的措施

1）墙体转角处和纵横墙交接处宜沿竖向每隔 400～500mm 设拉结钢筋，其数量为每120mm 墙厚不少于 $1\phi6$ 或焊接钢筋网片，埋入长度从墙的转角或交接处算起，每边不小于 600mm。

2）对灰砂砖、粉煤灰砖、混凝土砌块或其他非烧结砖，宜在各层门、窗过梁上方的水平灰缝内及窗台下第一和第二道水平灰缝内设置焊接钢筋网片或 $2\phi6$ 钢筋，焊接钢筋网片或钢筋应伸入两边窗间墙内不小于 600mm。

当灰砂砖、粉煤灰砖、混凝土砌块或其他非烧结砖实体墙长大于 5m 时，宜在每层墙高度中部设置 2～3 道焊接钢筋网片或 $3\phi6$ 的通长水平钢筋，竖向间距宜为 500mm。

3）为防止或减轻混凝土砌块房屋顶层两端和底层第一、第二开间门窗洞处的裂缝，可采取以下措施：

① 在门窗洞口两侧不少于一个孔洞中设置不小于 1φ12 钢筋，钢筋应在楼层圈梁或基础锚固，并采用不低于 Cb20 灌孔混凝土灌实。

② 在门窗洞口两边的墙体的水平灰缝中，设置长度不小于 900mm、竖向间距为 400mm 的 2φ4 焊接钢筋网片。

③ 在顶层和底层设置通长钢筋混凝土窗台梁，窗台梁的高度宜为块高的模数，纵筋不少于 4φ10、箍筋 φ6@200，Cb20 混凝土。

4）当房屋刚度较大时，可在窗台下或窗台角处墙体内设置竖向控制缝。在墙体高度或厚度突然变化处也宜设置竖向控制缝，或采取其他可靠的防裂措施。竖向控制缝的构造和嵌缝材料应能满足墙体平面外传力和防护的要求。

5）灰砂砖、粉煤灰砖砌体宜采用粘结性好的砂浆砌筑，混凝土砌块砌体应采用砌块专用砂浆砌筑。

6）对防裂要求较高的墙体，可根据实际情况采取专门措施。

3.2.4 钢结构

1. 钢结构的特点与应用

（1）与混凝土结构、砌体结构相比，钢结构具有以下特点：

1）重量轻、强度高。

2）塑性、韧性好。

3）钢结构计算准确，安全可靠。

4）钢结构制造简单，施工速度快。

5）钢结构的密封性好。

6）钢材不耐高温。

7）钢材耐腐蚀性差。

（2）钢结构应用范围大致有如下几个方面：

1）大跨度结构。

2）高层建筑。

3）高耸结构。

4）板壳结构。

5）承受重型荷载的结构。

6）轻型结构。

7）桥梁结构。

8）移动结构。

2. 钢结构的材料

（1）钢种与钢号

钢结构所用的钢材按照分类标准的不同有不同的种类，每个种类中又有不同的牌号，简称钢种与钢号。

在普通钢结构中采用的钢材主要有碳素结构钢和低合金高强度结构钢两种。

1）碳素结构钢。根据钢材厚度（或直径）≤16mm 时的屈服点数值，碳素结构钢的牌号有 Q195、Q215A 及 B，Q235A、B、C 及 D，Q255A、B 及 Q275。

2）低合金高强度结构钢。低合金钢是在普通碳素钢中添加一种或几种少量合金元素，总量低于 5% 的钢叫低合金钢，高于 5% 的叫高合金钢。建筑结构只用低合金钢。

低合金高强度结构钢分为 Q295、Q345、Q390、Q420 及 Q460 五种。

（2）钢材的规格

建筑工程中常用的钢材品种有以下几种：

1）热轧钢板。在图纸中钢板用符号"—"（表示钢板横断面）后加"宽×厚×长"（单位：mm）的方法表示。

2）热轧型钢

① 扁钢。扁钢厚度为 4~60mm，宽度为 30~200mm，长度为 3~9m，可用于梁的翼缘板。

② 角钢。角钢分等边和不等边两种。等边角钢（又称等肢角钢），以边宽和厚度表示，如∟100×10 表示肢宽 100mm、厚 10mm 的角钢；不等边角钢（又称不等肢角钢）以两边宽度和厚度表示，如∟100×80×8。

③ 槽钢。槽钢有两种尺寸系列，即热轧普通槽钢和普通低合金钢热轧轻型槽钢。热轧普通槽钢常用 Q235 号钢轧制，表示方法如[30a；普通低合金钢热轧轻型槽钢的表示方法如[25Q。

④ 普通工字钢、H 型钢、T 型钢。普通工字钢由 Q235 号钢热轧而成；H 型钢也叫"宽翼缘工字钢"，是钢结构建筑中使用的一种重要型钢；各种 H 型钢可剖分为 T 型钢供应。

⑤ 钢管。圆钢管有无缝和焊接两种，用"∅"和"外径（mm）×厚度（mm）"表示，如∅400×6。方钢管用"□"后面加"长×宽×厚"（单位 mm）来表示。

⑥ 薄壁型钢。薄壁型钢是用 2~6mm 厚的薄钢板经冷弯或模压而成型的。其中压型钢板是近年来开始使用的薄壁型钢，所用钢板厚度为 0.4~2mm，用作轻型屋面等构件。

3. 钢结构的连接

（1）钢结构的连接方法

钢结构的连接方法包括焊接连接、铆钉连接和螺栓连接三种。焊接连接是钢结构最主要的连接方法；铆钉连接的塑性和韧性好，传力可靠，质量易于检查，在一些重型和直接承受动力荷载的结构中采用；螺栓连接又分为普通螺栓连接和高强度螺栓连接两种。

（2）焊接连接

1）焊接连接的形式：按被连接构件间的相对位置可分为对接（也叫平接）、搭接、T 形连接（也叫顶接）和角接四种。

焊缝的形式是指焊缝本身的截面形式，主要有对接焊缝和角焊缝。

焊缝按施焊位置分为俯焊（平焊）、立焊、横焊、仰焊四种。

2）钢结构焊接方法：主要有手工电弧焊、自动或半自动埋弧焊及 CO_2 气体保护焊。

3）焊缝的缺陷及质量等级：焊缝连接的缺陷指的是在焊接过程中，产生于焊缝金属或附近热影响区钢材表面或内部的缺陷。最常见的缺陷有裂纹、焊瘤、烧穿、弧坑、气孔、夹渣、咬边、未熔合、未焊透及焊缝外形尺寸不符合要求、焊缝成型不良等。

焊缝质量等级分为一级、二级和三级。焊缝的质量检验，按《钢结构工程施工质量验收规范》GB 50205—2001 规定分为三级，一级焊缝是适用于动载受拉等强的对接缝；二级是适用于静载受拉、受压的等强焊缝，都是结构的关键连接。其中，三级焊缝只要求对全部焊缝作外观检查；二级焊缝除要对全部焊缝作外观检查外，还须对部分焊缝作超声波等无损探伤检查；一级焊缝要求对全部焊缝作外观检查及无损探伤检查，以上检查都应符合各自的检验质量标准。

（3）螺栓连接

螺栓连接包括普通螺栓连接和高强度螺栓连接两种。

1）普通螺栓的连接构造。普通螺栓一般用 Q235 钢制成，大六角头形，粗牙普通螺栓，其代号用字母 M 与公称直径（mm）表示。

普通螺栓按加工精度分为 A、B 级螺栓和 C 级螺栓。A、B 级螺栓需要机械加工，尺寸准确，要求数字形式Ⅰ类孔，其螺栓连接传递剪力的性能较好，变形很小；C 级螺栓加工粗糙，尺寸不够准确，只要求Ⅱ类孔，所以 C 级螺栓广泛用于需要拆装的连接，承受拉力的安装连接，不重要的连接或作安装时的临时固定。普通螺栓常用 C 级螺栓。

螺栓在构件上的排列可以是并列也可以是错列，螺栓排列时应满足以下要求：

① 受力要求。螺栓孔的最小端距、最小边距、中间螺孔的最小间距均应满足规范要求。

② 构造要求。螺栓的间距不宜过大，尤其是受压板件，当栓距过大时，容易发生凸曲现象。

③ 施工要求。螺栓应有足够距离，以便于转动扳手，拧紧螺母。

2）高强度螺栓连接的性能。高强度螺栓的性能等级有 10.9 级和 8.8 级。性能等级小数点前数字是螺栓热处理后的最低抗拉强度，小数点后数字是屈强比（屈服强度与抗拉强度的比值）。

高强度螺栓连接，按受力特征分为摩擦型高强度螺栓、承压型高强度螺栓和承受拉力的高强度螺栓连接。

摩擦型高强度螺栓连接单纯依靠被连接构件间的摩擦阻力传递剪力，以摩擦阻力刚被克服，连接钢板间即将产生相对滑移为承载力的极限状态。承压型高强度螺栓连接的传力特征是剪力超过摩擦力时，被连接构件间发生相互滑移，螺栓杆身与孔壁接触，螺杆受剪，孔壁承压。最终随外力的增大，以螺杆受剪或钢板承压破坏为承载能力的极限状态，其破坏形式与普通螺栓连接相同。这种螺栓连接还应以不出现滑移作为正常使用的极限状态。

承受拉力的高强度螺栓连接，由于预拉力的作用，构件间在承受荷载前已经有较大的挤压力，拉力作用首先要抵消这种挤压力。至构件完全被拉开后，高强度螺栓的受拉力情况就和普通螺栓受拉相同，但这种连接的变形要小得多。当拉力小于挤压力时，构件未被拉开，可以减小锈蚀危害，改善连接的疲劳性能。

4. 钢结构构件

（1）梁

1）钢梁的类型和应用：钢梁主要用以承受横向荷载，在工业与民用建筑中常用的有工作平台梁、楼盖梁、墙架梁、吊车梁及檩条等。

钢梁按制作方法的不同可以分为型钢梁和组合梁两大类。常用的型钢梁有热轧工字钢、热轧 H 型钢和槽钢，其中 H 型钢的截面分布最合理，翼缘的外边缘平行，与其他构件连接方便，应优先采用。当跨度和荷载较小时，常采用型钢梁；当跨度和荷载很大时，可采用组合梁。

钢梁按支承情况的不同，可以分为简支梁、悬臂梁和连续梁。钢梁通常多采用简支梁，不仅制造简单，而且可以避免支座沉陷所产生的不利影响。

钢梁按受力情况的不同，可以分为单向受弯梁和双向受弯梁。依梁截面沿长度方向有无变化，可以分为等截面梁和变截面梁。

2）梁的强度、刚度与稳定性要求：

钢梁的设计应满足强度、刚度、整体稳定和局部稳定四个方面的要求。

① 梁的强度计算。钢梁在横向荷载作用下，承受弯矩和剪力作用，因此应进行抗弯强度和抗剪强度的计算。当梁的上翼缘受有沿腹板平面作用的集中荷载，且在荷载作用处又未设置支承加劲肋时，还应进行计算高度上边缘的局部承压强度计算。对组合梁腹板计算高度边缘处，同时受有较大的弯曲应力、剪应力和局部压应力时，尚应验算折算应力。

② 梁的刚度计算。梁的刚度用荷载作用下的挠度大小来度量。在荷载作用下，梁出现过大变形时，会影响梁的正常使用。因此梁必须具有足够的刚度，以保证其变形不超过正常使用的极限状态。梁的刚度要求就是使用时限制梁的最大变形不超过规范的允许值。

③ 梁的整体稳定。当荷载逐渐增加到某一数值时，梁突然发生侧向弯曲和扭转，失去继续承受荷载的能力，这种现象叫做梁丧失整体稳定。梁丧失整体稳定是突然发生的，因而比强度破坏更为危险。在实际工程中，梁的整体稳定常由铺板或支撑来保证。梁常与其他构件相互连接，有利于阻止梁丧失整体稳定。

④ 梁的局部稳定和加劲肋设置。为获得经济的截面尺寸，组合梁常采用宽而薄的翼缘板和高而薄的腹板。当钢板过薄的时候，梁的腹板和受压翼缘在尚未达到强度和整体稳定性限值之前，就有可能发生波浪变形的局部屈曲，这种现象叫做梁丧失局部稳定。

为了避免组合梁丧失局部稳定，可以限制板件的宽厚比或高厚比；或在垂直于钢板平面的方向，设置具有一定刚度的加劲肋，以防止局部失稳。

轧制型钢梁，因受轧制条件的限制，其翼缘和腹板相对较厚，因此可不必计算局部失稳，也不必采取措施。

3）梁的拼接、连接：

① 梁的拼接。梁的拼接按施工条件的不同可分为工厂拼接和工地拼接两种。工厂拼接是受钢材规格或现有钢材尺寸的限制，需将钢材拼大或拼长而在工厂进行的拼接；工地拼接是受到运输或安装条件的限制，将梁在工厂做成几段（运输单元或安装单元）运至工地后进行的拼装。

② 主次梁的连接。次梁与主梁的连接分为铰接和刚接。铰接应用较多，刚接则在次梁设计成连续梁时采用。铰接连接按构造可分为叠接和平接两种。

（2）轴心受力构件的截面形式

轴心受力构件是指只承受通过构件截面形心轴线的轴向力作用的构件。当轴向力为拉力时，称为轴心受拉构件，简称轴心拉杆；当轴心力为压力时，称为轴心受压杆件，简称轴心压杆。

轴心受力构件广泛用于主要承重钢结构。轴心受力构件还常常用作操作平台和其他结构的支柱。一些非主要承重构件如支撑，也常常由许多轴心受力构件组成。

轴心受力构件截面形式包括型钢截面和组合截面两类。型钢有圆钢、钢管、角钢、槽钢、工字钢、H 型钢和 T 型钢等。它们只需要经过少量加工就可作为构件使用，一般只用于受力较小的构件。

组合截面是由型钢和钢板连接而成，按其形式可分为实腹式截面和格构式截面两种。由于组合截面的形状和尺寸几乎不受限制，可根据轴心受力性质和力的大小选用合适的截面，当受力较大时常采用组合截面。

5. 钢屋架

（1）屋架的外形及分类

钢屋架包括普通钢屋架和轻型钢屋架两种。普通钢屋架由角钢和节点板焊接而成。这种屋架受力性能好、构造简单、施工方便，使用广泛。轻型钢屋架是指由小角钢、圆钢组成的屋架及冷弯薄壁型钢屋架。轻型钢屋架的屋面荷载较轻，因此其杆件截面小、轻薄、取材方便、用料省，当跨度及屋面荷载均较小时，采用轻型钢屋架能够获得显著的经济效果。但是，轻型钢屋架不宜用于高温、高湿及强烈侵蚀性环境或直接承受动力荷载的结构。

常用屋架按外形可分为三角形屋架、梯形屋架和平行弦屋架三种形式。

三角形屋架的腹杆布置有芬克式、人字式和单斜杆式三种。三角形屋架适用于屋面坡度较陡的有檩体系屋盖。三角形屋架一般宜用于中、小跨度的轻屋面结构。

梯形屋架适用于屋面坡度平缓的无檩体系屋盖和采用长尺压型钢板和夹芯保温板的有檩体系屋盖。

平行弦屋架多用于托架、吊车自动桁架或支撑体系。

（2）屋架主要尺寸的确定

屋架的主要尺寸是指屋架的跨度和跨中高度、端部高度（梯形屋架）。屋架的跨度取决于柱网布置，柱网纵向轴线的间距就是屋架的标志跨度，其尺寸以 3m 为模数。屋架的高度则由经济条件、刚度条件、运输界限及屋面坡度等因素来决定。

（3）屋盖支撑

钢屋盖结构由屋架、檩条、屋面板、屋盖支撑系统，有时还有天窗架及托架等构件组成。按屋面所用材料的不同，屋盖结构可分为有檩屋盖结构和无檩屋盖结构。

当屋面采用压型钢板、石棉瓦、钢丝网水泥波形瓦、预应力混凝土槽瓦和加气混凝土屋面板等轻型材料时，屋面荷载由檩条传给屋架，这种屋盖承重方案叫做有檩屋盖结构体系。当屋面采用钢筋混凝土大型屋面板时，屋面荷载通过大型屋面板直接传给屋架，这种屋盖承重方案叫做无檩屋盖结构体系。

1）支撑的种类：支撑（包括屋架支撑和天窗架支撑）是屋盖结构的必要组成部分。

在屋架两端相邻的两榀屋架之间布置上弦横向支撑和垂直支撑，将平面屋架连成一空间结构体系，形成屋架与支撑桁架组成的空间稳定体。其余屋架用檩条或大型屋面板及系杆与之相连，从而保证了整个屋盖结构的空间集合不变和稳定性。

根据支撑布置的位置不同，屋盖支撑可分为上弦横向水平支撑、下弦横向水平支撑、下弦纵向水平支撑、垂直支撑和系杆等五种。

2）支撑的形式：横向支撑和纵向支撑常采用交叉斜杆和直杆形式，垂直支撑一般采用平行弦桁架形式，其腹杆体系应根据高和长的尺寸比例确定。

（4）普通钢屋架

普通钢屋架由角钢和节点板焊接而成，其受力性能好、构造简单、施工方便。

1）钢屋架的设计过程。确定屋架的主要尺寸：计算屋架的荷载、计算屋架杆件的内力、确定杆件的计算长度和容许长细比，按等稳原则确定杆件的截面尺寸，设计屋架的节点。

2）屋架杆件截面形式的确定。钢屋架的杆件通常采用两个等肢或不等肢角钢组成的T形截面或十字形截面。

屋架上弦杆：一般采用两个不等肢角钢短肢相并的T形截面，肢尖朝下。

屋架下弦杆：一般采用两个不等肢角钢短肢相并的T形截面，肢尖朝上。

屋架的端斜杆：一般采用两个不等肢角钢长肢相并的T形截面。

其他腹杆：一般采用两个等肢角钢长肢相并的T形截面或十字形截面。

垫板的设置：采用双角钢组成的T形或十字形截面时，为了保证两个角钢能够共同工作，应在角钢相并肢之间焊上垫板。

6. 钢结构的防腐处理

（1）钢材腐蚀

钢材由于和外界介质相互作用而产生的损坏过程称为"腐蚀"，有时也叫"钢材锈蚀"。腐蚀不仅造成钢材有效截面减小，承载力下降，而且严重影响钢结构的耐久性。

根据钢材与环境介质的作用原理，腐蚀分为：

1）化学腐蚀。钢材直接与大气或工业废气中的氧气、碳酸气、硫酸气等发生化学反应而产生腐蚀称为化学腐蚀。

2）电化学腐蚀。由于钢材内部有其他金属杂质，具有不同的电极电位，与电解质溶液接触产生原电池作用，使钢材腐蚀称为电化学腐蚀。

为了减轻或防止钢结构的腐蚀，可采用涂装方法进行防腐，即在钢材表面敷盖一层涂料，使钢结构与大气隔绝，以达到防腐的目的，延长钢结构的使用寿命。主要施工工艺有表面除锈、涂底漆、涂面漆。

（2）钢材表面的除锈方法

发挥涂料的防腐效果重要的是涂膜与钢材表面的严密贴敷，如果在基底与漆膜之间夹有锈、油脂、污垢及其他异物，不仅会妨碍防锈效果，还会起反作用而加速锈蚀。因而钢材表面处理在涂料涂装前是必不可缺少的。

表面处理是保证涂层质量的基础，表面处理包括除锈和控制钢材表面的粗糙度。钢材表面除锈方法主要有手工除锈、动力工具除锈、喷砂除锈、抛射除锈、酸洗除锈和火焰除锈等。

（3）涂装方法

涂层施工的方法通常包括涂刷法和喷涂法。

7. 钢结构的防火处理

（1）钢结构防火保护

钢结构由于耐火性能差，为了确保钢结构达到规定的耐火极限要求，必须采取防火保护措施。

钢结构防火方法的选择是以构件的耐火极限要求为依据，采用防火涂料是最为流行的做法。

（2）防火涂料的类型

钢结构防火涂料根据不同厚度可分为薄涂型 2～7mm、厚涂型（8mm 以上）两类；根据施工环境不同分为室内、露天两类；根据所用粘结剂的不同分为有机类、无机类；根据涂层受热后的状态分为膨胀型和非膨胀型。

（3）防火涂料的选用

1）室内裸露钢结构、轻型屋盖钢结构及有装饰要求的钢结构，当规定其耐火极限在 1.5h 以下时，宜选用薄涂型钢结构防火涂料。

2）室内隐蔽钢结构、高层全钢结构及多层厂房钢结构，当规定其耐火极限在 2.0h 以上时，应选用厚涂型钢结构防火涂料。

3）半露天或某些潮湿环境的钢结构、露天钢结构应选用室外钢结构防火涂料。

（4）防火涂料施工

1）薄涂型钢结构防火涂料施工。底层涂射时采用喷枪，面层可用刷涂、喷涂或滚涂。

2）厚涂型钢结构防火涂料施工。通常采用喷涂施工，搅拌和调配涂料，使稠度适当，喷涂后不会流淌和下坠。

3.3 建筑工程施工图基本规定

3.3.1 图纸幅面规格与图纸编排顺序

1. 图纸幅面

（1）图纸幅面及框图尺寸应符合表 3-9 的规定及图 3-6 的格式。

幅面及图框尺寸（mm）   表 3-9

尺寸代号 \ 幅面代号	A0	A1	A2	A3	A4
$b \times l$	841×1189	594×841	420×594	297×420	210×297
c	10			5	
a	25				

注：表中 b 为幅面短边尺寸，l 为幅面长边尺寸，c 为图框线与幅面线间宽度，a 为图框线与装订边间宽度。

（2）需要微缩复制的图纸，其一个边上应附有一段准确米制尺度，四个边上均附有对中标志，米制尺度的总长应为 100mm，分格应为 10mm。对中标志应画在图纸内框各边长的中点处，线宽 0.35mm，并应伸入内框边，在框外为 5mm。对中标志的线段，于 l_1 和 b_1 范围取中。

（3）图纸的短边尺寸不应加长，A0～A3 幅面长边尺寸可加长，但应符合表 3-10 的规定。

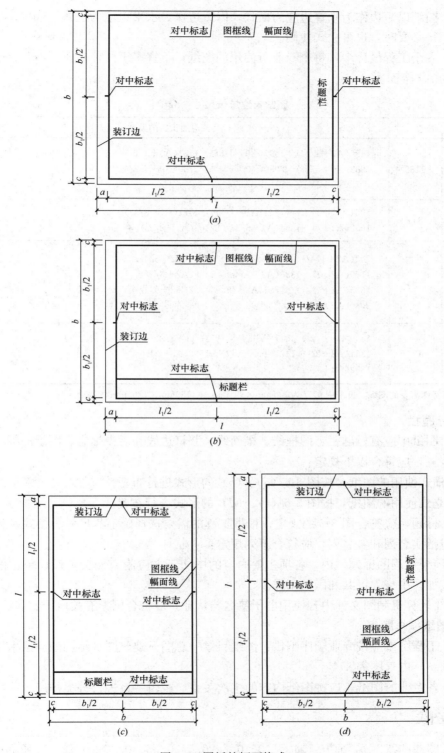

图 3-6　图纸的幅面格式

（*a*）A0～A3 横式幅面（一）；（*b*）A0～A3 横式幅面（二）；
（*c*）A0～A4 立式幅面（一）；（*d*）A0～A4 立式幅面（二）

（4）图纸以短边作为垂直边应为横式，以短边作为水平边应为立式。A0～A3 图纸宜横式使用；必要时，也可立式使用。

（5）一个工程设计中，每个专业所使用的图纸，不宜多于两种幅面，不含目录及表格所采用的 A4 幅面。

图纸长边加长尺寸（mm）　　　　　　　　　　　　表 3-10

幅面代号	长边尺寸	长边加长后的尺寸
A0	1189	1486(A0+1/4l)　1635(A0+3/8l)　1783(A0+1/2l) 1932(A0+5/8l)　2080(A0+3/4l)　2230(A0+7/8l) 2378(A0+l)
A1	841	1051(A1+1/4l)　1261(A1+1/2l)　1471(A1+3/4l) 1682(A1+l)　1892(A1+5/4l)　2102(A1+3/2l)
A2	594	743(A2+1/4l)　891(A2+1/2l)　1041(A2+3/4l) 1189(A2+l)　1338(A2+5/4l)　1486(A2+3/2l) 1635(A2+7/4l)　1783(A2+2l)　1932(A2+9/4l) 2080(A2+5/2l)
A3	420	630(A3+1/2l)　841(A3+l)　1051(A3+3/2l) 1261(A3+2l)　1471(A3+5/2l)　1682(A3+3l) 1892(A3+7/2l)

注：有特殊需要的图纸，可采用 $b×l$ 为 841mm×891mm 与 1189mm×1261mm 的幅面。

2. 标题栏

（1）图纸中应有标题栏、图框线、幅面线、装订边线和对中标志。图纸的标题栏及装订边的位置，应符合以下规定：

1）横式使用的图纸，按图 3-6（a）、（b）的形式进行布置。

2）立式使用的图纸，按图 3-6（c）、（d）的形式进行布置。

（2）标题栏应符合图 3-7 的规定，根据工程的需要选择确定其尺寸、格式及分区。签字栏应包括实名列和签名列，应符合下列规定：

1）涉外工程的标题栏内，各项主要内容的中文下方应附有译文，设计单位的上方或左方，应加"中华人民共和国"字样。

2）在计算机制图文件中若使用电子签名与认证，应符合国家有关电子签名法的规定。

3. 图纸编排顺序

（1）工程图纸应按专业顺序编排：图纸目录→总图→建筑图→结构图→给水排水图→暖通空调图→电气图等。

（2）各专业的图纸，应按图纸内容的主次关系、逻辑关系进行分类排序。

3.3.2　图线

（1）图线的宽度 b，宜从 1.4、1.0、0.7、0.5、0.35、0.25、0.18、0.13mm 线宽系列中选取。图线宽度不应小于 0.1mm。每个图样，应根据复杂程度与比例大小，先选定基本线宽 b，再选用表 3-11 中相应的线宽组。

40~70

(a)

设计单位 名称区	注册师 签章区	项目经理 签章区	修改记录区	工程名称区	图号区	签字区	会签栏

30~50

(b)

图 3-7 标题栏

（*a*）标题栏（一）；（*b*）标题栏（二）

线宽组（mm）   表 3-11

线宽比	线 宽 组			
b	1.4	1.0	0.7	0.5
$0.7b$	1.0	0.7	0.5	0.35
$0.5b$	0.7	0.5	0.35	0.25
$0.25b$	0.35	0.25	0.18	0.13

注：1. 需要缩微的图纸，不宜采用 0.18mm 及更细的线宽。

2. 同一张图纸内，各不同线宽中的细线，可统一采用较细的线宽组的细线。

（2）工程建设制图应选用表 3-12 所示的图线。

（3）同一张图纸内，相同比例的各图样，应选用相同的线宽组。

（4）图纸的图框和标题栏线可采用表 3-13 的线宽。

图 线   表 3-12

名 称		线 型	线宽	用 途
实线	粗	———	b	主要可见轮廓线
	中粗	———	$0.7b$	可见轮廓线
	中	———	$0.5b$	可见轮廓线、尺寸线、变更云线
	细	———	$0.25b$	图例填充线、家具线

97

续表

名 称		线 型	线宽	用 途
虚线	粗		b	见各有关专业制图标准
	中粗		$0.7b$	不可见轮廓线
	中		$0.5b$	不可见轮廓线、图例线
	细		$0.25b$	图例填充线、家具线
单点长画线	粗		b	见各有关专业制图标准
	中		$0.5b$	见各有关专业制图标准
	细		$0.25b$	中心线、对称线、轴线等
双点长画线	粗		b	见各有关专业制图标准
	中		$0.5b$	见各有关专业制图标准
	细		$0.25b$	假想轮廓线、成型前原始轮廓线
折断线	细		$0.25b$	断开界线
波浪线	细		$0.25b$	断开界线

图框线、标题栏的线宽（mm） 表 3-13

幅面代号	图框线	标题栏外框线	标题栏分格线
A0、A1	b	$0.5b$	$0.25b$
A2、A3、A4	b	$0.7b$	$0.35b$

（5）相互平行的图例线，其净间隙或线中间隙不宜小于 0.2mm。

（6）虚线、单点长画线或双点长画线的线段长度和间隔，宜各自相等。

（7）单点长画线或双点长画线，当在较小图形中绘制有困难时，可用实线代替。

（8）单点长画线或双点长画线的两端，不应是点。点画线与点画线交接点或点画线与其他图线交接时，应是线段交接。

（9）虚线与虚线交接或虚线与其他图线交接时，应是线段交接。虚线为实线的延长线时，不得与实线相接。

（10）图线不得与文字、数字或符号重叠、混淆，不可避免时，应首先保证文字的清晰。

3.3.3 字体

（1）图纸上所需书写的文字、数字或符号等，均应笔画清晰、字体端正、排列整齐；标点符号应清楚正确。

（2）文字的字高应从表 3-14 中选用。字高大于 10mm 的文字宜采用 True type 字体，如果要书写更大的字，其高度应按 $\sqrt{2}$ 的倍数递增。

文字的字高（mm） 表 3-14

字体种类	中文矢量字体	True type 字体及非中文矢量字体
字高	3.5、5、7、10、14、20	3、4、6、8、10、14、20

（3）图样及说明中的汉字，宜采用长仿宋体或黑体，同一图纸字体种类不应超过两

种。长仿宋体的高宽关系应符合表 3-15 的规定，黑体字的宽度与高度应相同。大标题、图册封面、地形图等的汉字，也可书写成其他字体，但是应易于辨认。

表 3-15

长仿宋字高宽关系（mm）

字高	20	14	10	7	5	3.5
字宽	14	10	7	5	3.5	2.5

（4）汉字的简化字书写应符合国家有关汉字简化方案的规定。

（5）图样及说明中的拉丁字母、阿拉伯数字与罗马数字，宜采用单线简体或 ROMAN 字体。拉丁字母、阿拉伯数字与罗马数字的书写规则，应符合表 3-16 的规定。

表 3-16

拉丁字母、阿拉伯数字与罗马数字的书写规则

书写格式	字　　体	窄字体
大写字母高度	h	h
小写字母高度（上下均无延伸）	$7/10h$	$10/14h$
小写字母伸出的头部或尾部	$3/10h$	$4/14h$
笔画宽度	$1/10h$	$1/14h$
字母间距	$2/10h$	$2/14h$
上下行基准线的最小间距	$15/10h$	$21/14h$
词间距	$6/10h$	$6/14h$

（6）拉丁字母、阿拉伯数字与罗马数字，当需写成斜体字时，其斜度应是从字的底线逆时针向上倾斜 75°。斜体字的高度和宽度应与相应的直体字相等。

（7）拉丁字母、阿拉伯数字与罗马数字的字高，不应小于 2.5mm。

（8）数量的数值注写，应采用正体阿拉伯数字。各种计量单位凡前面有量值的，均应采用国家颁布的单位符号注写。单位符号应采用正体字母。

（9）分数、百分数和比例数的注写，应采用阿拉伯数字和数学符号。

（10）当注写的数字小于 1 时，应写出各位的"0"，小数点应采用圆点，齐基准线书写。

（11）长仿宋汉字、拉丁字母、阿拉伯数字与罗马数字示例应符合现行国家标准《技术制图 字体》GB/T 14691—1993 的有关规定。

3.3.4　比例

（1）图样的比例，应为图形与实物相对应的线性尺寸之比。

（2）比例的符号应为"："，比例应以阿拉伯数字表示。

（3）比例宜注写在图名的右侧，字的基准线应取平；比例的字高宜比图名的字高小一号或二号，如图 3-8 所示。

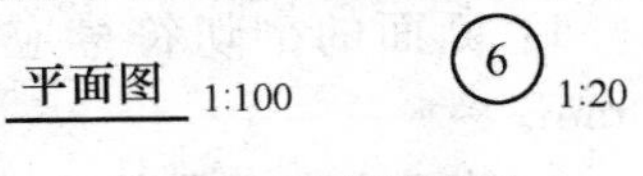

（4）绘图所用的比例应根据图样的用途与被绘对象的复杂程度，从表 3-17 中选用，并应优先采用表中的常用

平面图 1:100　⑥ 1:20

图 3-8　比例的注写

比例。

	绘图所用的比例	表 3-17
常用比例	$1:1$、$1:2$、$1:5$、$1:10$、$1:20$、$1:30$、$1:50$、$1:100$、$1:150$、$1:200$、$1:500$、$1:1000$、$1:2000$	
可用比例	$1:3$、$1:4$、$1:6$、$1:15$、$1:25$、$1:40$、$1:60$、$1:80$、$1:250$、$1:300$、$1:400$、$1:600$、$1:5000$、$1:10000$、$1:20000$、$1:50000$、$1:100000$、$1:200000$	

（5）一般情况下，一个图样应选用一种比例。根据专业制图需要，同一图样可选用两种比例。

（6）特殊情况下也可自选比例，这时除应注出绘图比例外，还应在适当位置绘制出相应的比例尺。

3.3.5 符号

1. 剖切符号

（1）剖视的剖切符号应由剖切位置线及剖视方向线组成，均应以粗实线绘制。剖视的剖切符号应符合下列规定：

1）剖切位置线的长度宜为 6～10mm；剖视方向线应垂直于剖切位置线，长度应短于剖切位置线，宜为 4～6mm，如图 3-9（a）所示，也可采用国际统一和常用的剖视方法，如图 3-9（b）所示。绘制时，剖视剖切符号不应与其他图线相接触。

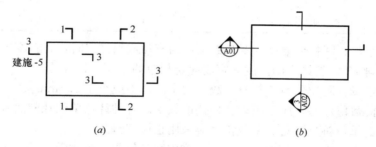

图 3-9　剖视的剖切符号
（a）剖视的剖切符号（一）；（b）剖视的剖切符号（二）

2）剖视剖切符号的编号宜采用粗阿拉伯数字，按剖切顺序由左至右、由下向上连续编排，并应注写在剖视方向线的端部。

3）需要转折的剖切位置线，应在转角的外侧加注与该符号相同的编号。

4）建（构）筑物剖面图的剖切符号应注在 ±0.000 标高的平面图或首层平面图上。

5）局部剖面图（不含首层）的剖切符号应注在包含剖切部位的最下面一层的平面图上。

（2）断面的剖切符号应符合以下规定：

1）断面的剖切符号应只用剖切位置线表示，并应以粗实线绘制，长度宜为 6～10mm。

2）断面剖切符号的编号宜采用阿拉伯数字，按顺序连续编排，并应注写在剖切位置线的一侧；编号所在的一侧应为该断面的剖视方向，见图 3-10。

（3）剖面图或断面图，当与被剖切图样不在同一张图内，应在剖切位置线的另一侧注明其所在图纸的编号，也可以在图上集中说明。

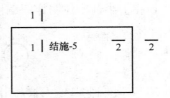

图 3-10　断面的剖切符号

2. 索引符号与详图符号

（1）图样中的某一局部或构件，如需另见详图，应以索引符号索引，如图 3-11（a）所示。索引符号是由直径为 8～10mm 的圆和水平直径组成，圆及水平直径应以细实线绘制。索引符号应按以下规定编写：

1）索引出的详图，如与被索引的详图同在一张图纸内，应在索引符号的上半圆中用阿拉伯数字注明该详图的编号，并在下半圆中间画一段水平细实线，如图 3-11（b）所示。

2）索引出的详图，如与被索引的详图不在同一张图纸内，应在索引符号的上半圆中用阿拉伯数字注明该详图的编号，在索引符号的下半圆用阿拉伯数字注明该详图所在图纸的编号，如图 3-11（c）所示。数字较多时，可加文字标注。

3）索引出的详图，若采用标准图，应在索引符号水平直径的延长线上加注该标准图集的编号，如图 3-11（d）所示。需要标注比例时，文字在索引符号右侧或延长线下方，与符号下对齐。

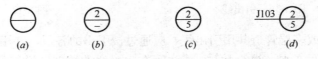

图 3-11　索引符号

（2）索引符号当用于索引剖视详图，应在被剖切的部位绘制剖切位置线，并以引出线引出索引符号，引出线所在的一侧应为剖视方向。索引符号的编写应符合第（1）条的规定，如图 3-12 所示。

（3）零件、钢筋、杆件、设备等的编号宜以直径为 5～6mm 的细实线圆表示，同一图样应保持一致，其编号应用阿拉伯数字按顺序编写，见图 3-13。消火栓、配电箱、管井等的索引符号，直径宜为 4～6mm。

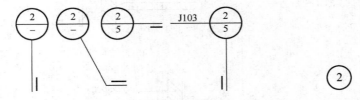

图 3-12　用于索引剖面详图的索引符号　　图 3-13　零件、钢筋等的编号

（4）详图的位置和编号应以详图符号表示。详图符号的圆应以直径为 14mm 粗实线绘制。详图编号应符合以下规定：

1）详图与被索引的图样同在一张图纸内时，应在详图符号内用阿拉伯数字注明详图的编号，见图 3-14。

2）详图与被索引的图样不在同一张图纸内时，应用细实线在详图符号内画一水平直径，在上半圆中注明详图编号，在下半圆中注明被索引的图纸的编号，见图 3-15。

图 3-14　与被索引图样同在一张
图纸内的详图符号

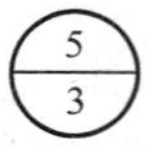

图 3-15　与被索引图样不在同一张
图纸内的详图符号

3. 引出线

（1）引出线应以细实线绘制，宜采用水平方向的直线，与水平方向成 30°、45°、60°、90°的直线，或经上述角度再折为水平线。文字说明宜注写在水平线的上方（图 3-16a），也可注写在水平线的端部（图 3-16b）。索引详图的引出线，应与水平直径线相连接，如图 3-16（c）。

（2）同时引出的几个相同部分的引出线，宜互相平行，见图 3-17（a），也可画成集中于一点的放射线，见 3-17（b）。

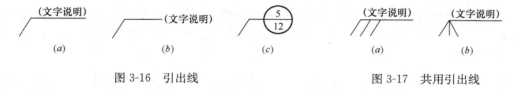

图 3-16　引出线

图 3-17　共用引出线

（3）多层构造或多层管道共用引出线，应通过被引出的各层，并用圆点示意对应各层次。文字说明宜注写在水平线的上方，或注写在水平线的端部，说明的顺序应由上至下，并应与被说明的层次对应一致；若层次为横向排序，则由上至下的说明顺序应与由左至右的层次对应一致，如图 3-18 所示。

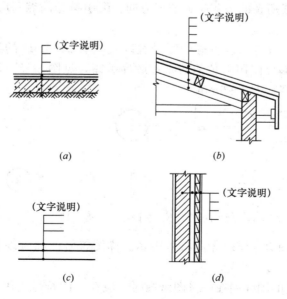

图 3-18　多层共用引出线

4. 其他符号

（1）对称符号由对称线和两端的两对平行线组成。对称线用细单点长画线绘制；平行线用细实线绘制，其长度宜为 6～10mm，每对的间距宜为 2～3mm；对称线垂直平分于两对平行线，两端超出平行线宜为 2～3mm，见图 3-19。

（2）连接符号应以折断线表示需连接的部位。两部位相距过远时，折断线两端靠图样一侧应标注大写拉丁字母表示连接编号。两个被连接的图样应用相同的字母编号，见图 3-20。

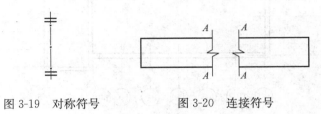

图 3-19　对称符号　　　　　　　图 3-20　连接符号

（3）指北针的形状应符合图 3-21 的规定，圆的直径宜为 24mm，用细实线绘制；指针尾部的宽度宜为 3mm，指针头部应注"北"或"N"字。需用较大直径绘制指北针时，指针尾部的宽度宜为直径的 1/8。

（4）对图纸中局部变更部分宜采用云线，并宜注明修改版次，如图 3-22 所示。

图 3-21　指北针　　　　　　图 3-22　变更云线

注：1 为修改次数。

3.3.6　定位轴线

（1）定位轴线应用细单点长画线绘制。

（2）定位轴线应编号，编号应注写在轴线端部的圆内。圆应用细实线绘制，直径为 8～10mm。定位轴线圆的圆心应在定位轴线的延长线上或延长线的折线上。

（3）除较复杂需采用分区编号或圆形、折线形外，平面图上定位轴线的编号，宜标注在图样的下方或左侧。横向编号应用阿拉伯数字，从左至右顺序编写；竖向编号应用大写拉丁字母，从下至上顺序编写，如图 3-23 所示。

（4）拉丁字母作为轴线号时，均应采用大写字母，不应用同一个字母的大小写来区分轴线号。拉丁字母的 I、O、Z 不得用做轴线编号。当字母数量不够使用时，可增用双字母或单字母加数字注脚。

（5）组合较复杂的平面图中定位轴线也可采用分区编号，如图 3-24 所示。编号的注写形式

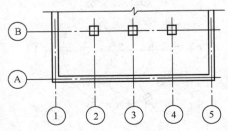

图 3-23　定位轴线的编号顺序

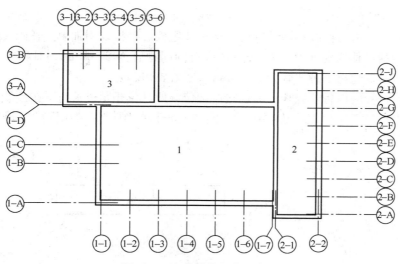

图 3-24 定位轴线的分区编号

应为"分区号——该分区编号"。"分区号——该分区编号"采用阿拉伯数字或大写拉丁字母表示。

（6）附加定位轴线的编号，应以分数形式表示，并应符合以下规定：

1）两根轴线的附加轴线，应以分母表示前一轴线的编号，分子表示附加轴线的编号。编号宜用阿拉伯数字顺序编写。

2）1号轴线或 A 号轴线之前的附加轴线的分母应以 01 或 0A 表示。

（7）一个详图适用于几根轴线时，应同时注明各有关轴线的编号，如图 3-25 所示。

图 3-25 详图的轴线编号

（8）通用详图中的定位轴线，应只画圆，不注写轴线编号。

（9）圆形与弧形平面图中的定位轴线，其径向轴线应以角度进行定位，其编号宜用阿拉伯数字表示，从左下角或－90°（若径向轴线很密，角度间隔很小）开始，按逆时针顺序编写；其环向轴线宜用大写阿拉伯字母表示，从外向内顺序编写，如图 3-26、图 3-27 所示。

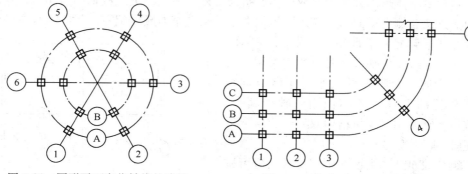

图 3-26 圆形平面定位轴线的编号　　　图 3-27 弧形平面定位轴线的编号

104

（10）折线形平面图中定位轴线的编号可按图 3-28 的形式编写。

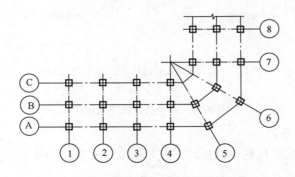

图 3-28　折线形平面定位轴线的编号

3.3.7　尺寸标注

1. 尺寸界线、尺寸线及尺寸起止符号

（1）图样上的尺寸，应包括尺寸界线、尺寸线、尺寸起止符号和尺寸数字，见图 3-29。

（2）尺寸界线应用细实线绘制，应与被注长度垂直，其一端应离开图样轮廓线不小于 2mm，另一端宜超出尺寸线 2～3mm。图样轮廓线可用作尺寸界线，如图 3-30 所示。

（3）尺寸线应用细实线绘制，应与被注长度平行。图样本身的任何图线均不得用作尺寸线。

（4）尺寸起止符号用中粗斜短线绘制，倾斜方向应与尺寸界线成顺时针 45°角，长度宜为 2～3mm。半径、直径、角度与弧长的尺寸起止符号，宜用箭头表示（见图 3-31）。

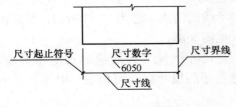

图 3-29　尺寸的组成

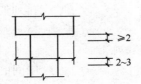

图 3-30　尺寸界线

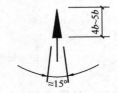

图 3-31　箭头尺寸起止符号

2. 尺寸数字

（1）图样上的尺寸，应以尺寸数字为准，不得从图上直接量取。

（2）图样上的尺寸单位，除标高及总平面以米为单位外，其他必须以毫米（mm）为单位。

（3）尺寸数字的方向，应按图 3-32（a）的规定注写。若尺寸数字在 30°斜线区内，也可按图 3-32（b）的形式注写。

（4）尺寸数字应依据其方向注写在

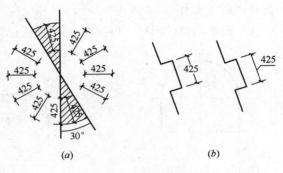

图 3-32　尺寸数字的注写方向

靠近尺寸线的上方中部。如果没有足够的注写位置，最外边的尺寸数字可注写在尺寸界线的外侧，中间相邻的尺寸数字可上下错开注写，引出线端部用圆点表示标注尺寸的位置（见图 3-33）。

图 3-33　尺寸数字的注写位置

3. 尺寸的排列与布置

（1）尺寸宜标注在图样轮廓以外，不宜与图线、文字及符号等相交（见图 3-34）。

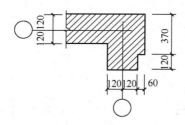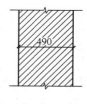

图 3-34　尺寸数字的注写

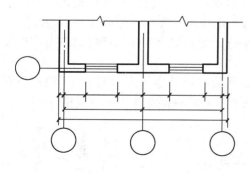

图 3-35　尺寸的排列

（2）互相平行的尺寸线，应从被注写的图样轮廓线由近向远整齐排列，较小尺寸应离轮廓线较近，较大尺寸应离轮廓线较远（见图3-35）。

（3）图样轮廓线以外的尺寸界线，距图样最外轮廓之间的距离，不宜小于 10mm。平行排列的尺寸线的间距，宜为 7～10mm，并应保持一致（见图 3-35）。

（4）总尺寸的尺寸界线应靠近所指部位，中间的分尺寸的尺寸界线可稍短，但是其长度应相等（见图 3-35）。

4. 半径、直径、球的尺寸标注

（1）半径的尺寸线应一端从圆心开始，另一端画箭头指向圆弧。半径数字前应加注半径符号"R"，如图 3-36 所示。

（2）较小圆弧的半径，可按图 3-37 形式标注。

图 3-36　半径标注方法

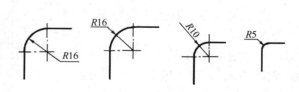

图 3-37　小圆弧半径的标注方法

（3）较大圆弧的半径，可按图 3-38 形式标注。

（4）标注圆的直径尺寸时，直径数字前应加直径符号"ϕ"。在圆内标注的尺寸线应通过圆心，两端画箭头指至圆弧，如图 3-39 所示。

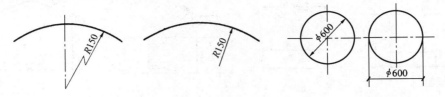

图 3-38　大圆弧半径的标注方法　　　　图 3-39　圆直径的标注方法

（5）较小圆的直径尺寸，可标注在圆外，如图 3-40 所示。

（6）标注球的半径尺寸时，应在尺寸前加注符号"SR"。标注球的直径尺寸时，应在尺寸数字前加注符号"$S\phi$"。注写方法与圆弧半径和圆直径的尺寸标注方法相同。

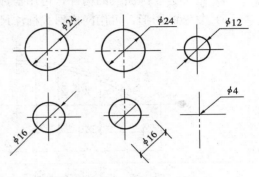

5. 角度、弧度、弧长的标注

（1）角度的尺寸线应以圆弧表示。该圆弧的圆心应是该角的顶点，角的两条边为尺寸界线。起止符号应以箭头表示，如果没有足够位置画箭头，可用圆点代替，角度数字应沿尺寸线方向注写，如图 3-41 所示。

图 3-40　小圆直径的标注方法

（2）标注圆弧的弧长时，尺寸线应以与该圆弧同心的圆弧线表示，尺寸界线应指向圆心，起止符号用箭头表示，弧长数字上方应加注圆弧符号"⌒"，如图 3-42 所示。

（3）标注圆弧的弦长时，尺寸线应以平行于该弦的直线表示，尺寸界线应垂直于该弦，起止符号用中粗斜短线表示，如图 3-43 所示。

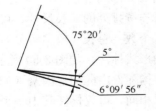

图 3-41　角度的标注方法　　　图 3-42　弧长标注方法　　　图 3-43　弦长标注方法

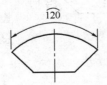
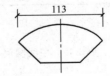

6. 薄板厚度、正方形、坡度、非圆曲线等尺寸标注

（1）在薄板板面标注板厚尺寸时，应在厚度数字前加厚度符号"t"，如图 3-44 所示。

（2）标注正方形的尺寸，可以用"边长×边长"的形式，也可在边长数字前加正方形符号"□"，如图 3-45 所示。

（3）标注坡度时，应加注坡度符号"↙"，如图 3-46

图 3-44　薄板厚度标注方法

（a）、（b），该符号为单面箭头，箭头应指向下坡方向。坡度也可用直角三角形形式标注，如图 3-46（c）所示。

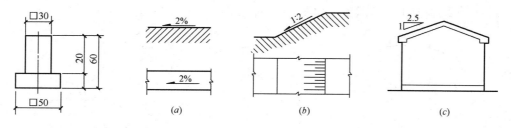

图 3-45 标注正方形尺寸

图 3-46 坡度标注方法

（4）外形为非圆曲线的构件，可用坐标形式标注尺寸，如图 3-47 所示。

（5）复杂的图形，可用网格形式标注尺寸，如图 3-48 所示。

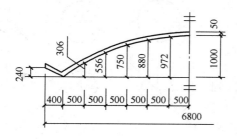

图 3-47 坐标法标注曲线尺寸

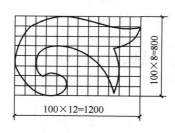

图 3-48 网格法标注曲线尺寸

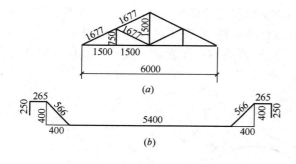

图 3-49 单线图尺寸标注方法

7. 尺寸的简化标注

（1）杆件或管线的长度，在单线图（桁架简图、钢筋简图、管线简图）上，可直接将尺寸数字沿杆件或管线的一侧注写，如图 3-49 所示。

（2）连续排列的等长尺寸，可用"等长尺寸×个数＝总长"或"等分×个数＝总长"的形式标注，如图 3-50 所示。

（3）构配件内的构造因素（如孔、槽等）如果相同，可仅标注其中一个要素的尺寸，如图 3-51 所示。

（4）对称构配件采用对称省略画法时，该对称构配件的尺寸线应略超过对称符号，仅

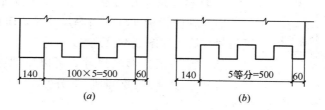

图 3-50 等长尺寸简化标注方法

在尺寸线的一端画尺寸起止符号，尺寸数字应按整体全尺寸注写，其注写位置宜与对称符号对齐，如图 3-52 所示。

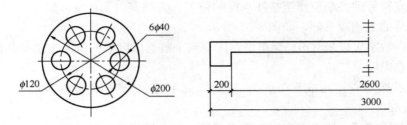

图 3-51 相同要素尺寸标注方法　　图 3-52 对称构件尺寸标注方法

（5）两个构配件，若个别尺寸数字不同，可在同一图样中将其中一个构配件的不同尺寸数字注写在括号内，该构配件的名称也应注写在相应的括号内，如图 3-53 所示。

（6）数个构配件，若仅某些尺寸不同，这些有变化的尺寸数字，可用拉丁字母注写在同一图样中，另列表格写明其具体尺寸，如图 3-54 所示。

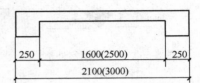

图 3-53 相似构件尺寸标注方法

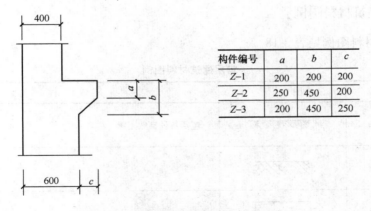

构件编号	a	b	c
Z-1	200	200	200
Z-2	250	450	200
Z-3	200	450	250

图 3-54 相似构配件尺寸表格式标注方法

8. 标高

（1）标高符号应以直角等腰三角形表示，按图 3-55（a）所示形式用细实线绘制，若标注位置不够，也可按图 3-55（b）所示形式绘制。标高符号的具体画法应符合图 3-55（c）、（d）的规定。

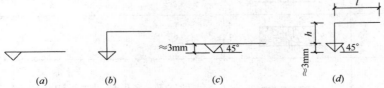

图 3-55 标高符号

l—取适当长度注写标高数字；h—根据需要取适当高度

109

（2）总平面图室外地坪标高符号，宜用涂黑的三角形表示，具体画法应符合图 3-56 的规定。

（3）标高符号的尖端应指至被注高度的位置。尖端宜向下，也可向上。标高数字应注写在标高符号的上侧或下侧，如图 3-57 所示。

（4）标高数字应以米（m）为单位，注写到小数点以后第三位。在总平面图中，可注写到小数字点以后第二位。

（5）零点标高应注写成±0.000，正数标高不注"＋"，负数标高应注"－"，例如 3.000、－0.600。

（6）在图样的同一位置需表示几个不同标高时，标高数字可按图 3-58 的形式注写。

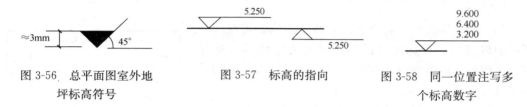

图 3-56　总平面图室外地　　　　图 3-57　标高的指向　　　　图 3-58　同一位置注写多
　　　　坪标高符号　　　　　　　　　　　　　　　　　　　　　　　　个标高数字

3.4　建筑工程施工图常用图例

3.4.1　常用建筑材料图例

常用建筑材料图例见表 3-18。

常用建筑材料图例　　　　　　　　　　　　　　　表 3-18

序号	名　称	图　例	备　注
1	自然土壤		包括各种自然土壤
2	夯实土壤		—
3	砂、灰土		—
4	砂砾石、碎砖三合土		—
5	石材		—
6	毛石		—
7	普通砖		包括实心砖、多孔砖、砌块等砌体。断面较窄不易绘出图例线时，可涂红，并在图纸备注中加注说明，画出该材料图例

续表

序号	名　称	图　例	备　注
8	耐火砖	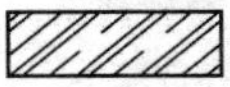	包括耐酸砖等砌体
9	空心砖		指非承重砖砌体
10	饰面砖		包括铺地砖、马赛克、陶瓷锦砖、人造大理石等
11	焦渣、矿渣	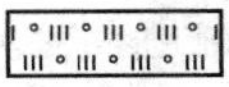	包括与水泥、石灰等混合而成的材料
12	混凝土	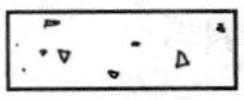	(1) 本图例指能承重的混凝土及钢筋混凝土
13	钢筋混凝土	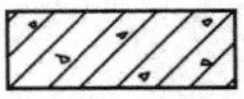	(2) 包括各种强度等级、骨料、添加剂的混凝土 (3) 在剖面图上画出钢筋时，不画图例线 (4) 断面图形小，不易画出图例线时，可涂黑
14	多孔材料	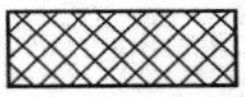	包括水泥珍珠岩、沥青珍珠岩、泡沫混凝土、非承重加气混凝土、软木、蛭石制品等
15	纤维材料	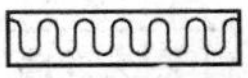	包括矿棉、岩棉、玻璃棉、麻丝、木丝板、纤维板等
16	泡沫塑料材料	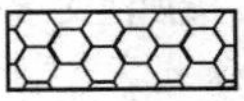	包括聚苯乙烯、聚乙烯、聚氨酯等多孔聚合物类材料
17	木材		(1) 上图为横断面，左图为垫木、木砖或木龙骨 (2) 下图为纵断面
18	胶合板	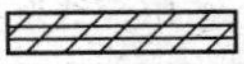	应注明为×层胶合板
19	石膏板	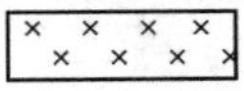	包括圆孔、方孔石膏板、防水石膏板、硅钙板、防火板等
20	金属	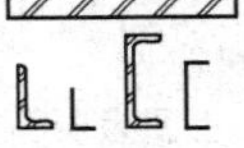	(1) 包括各种金属 (2) 图形小时，可涂黑
21	网状材料		(1) 包括金属、塑料网状材料 (2) 应注明具体材料名称
22	液体		应注明液体名称

续表

序号	名　称	图　例	备　注
23	玻璃		包括平板玻璃、磨砂玻璃、夹丝玻璃、钢化玻璃、中空玻璃、夹层玻璃、镀膜玻璃等
24	橡胶		—
25	塑料		包括各种软、硬塑料及有机玻璃等
26	防水材料		构造层次多或比例大时，采用上图图例
27	粉刷	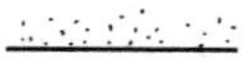	本图例采用较稀的点

注：1、2、5、7、8、13、14、16、17、18图例中的斜线、短斜线、交叉斜线等均为45°。

3.4.2　常用建筑构造及配件图例

常用建筑构造及配件图例见表3-19。

建筑构造及配件图例 表3-19

序号	名　称	图　例	备　注
1	墙体	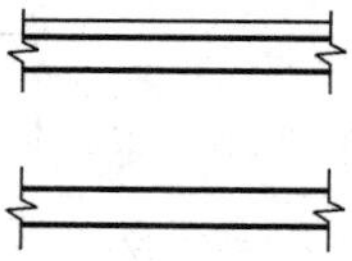	（1）上图为外墙，下图为内墙 （2）外墙细线表示有保温层或有幕墙 （3）应加注文字或涂色或图案填充表示各种材料的墙体 （4）在各层平面图中防火墙宜着重以特殊图案填充表示
2	隔断		（1）加注文字或涂色或图案填充表示各种材料的轻质隔断 （2）适用于到顶与不到顶隔断
3	玻璃幕墙		幕墙龙骨是否表示由项目设计决定
4	栏杆		—
5	楼梯	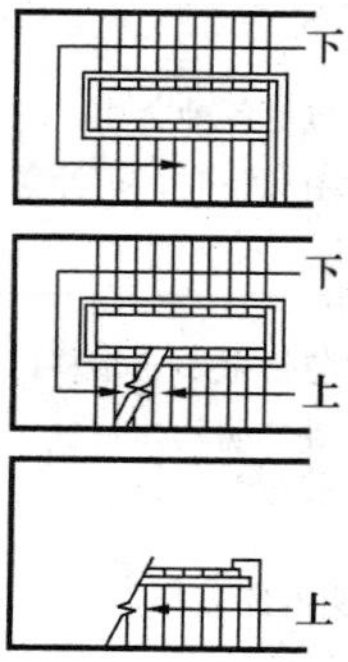	（1）上图为顶层楼梯平面，中图为中间层楼梯平面，下图为底层楼梯平面 （2）需设置靠墙扶手或中间扶手时，应在图中表示

序号	名　称	图　例	备　注
6	坡道	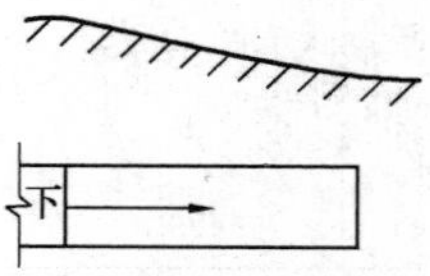	长坡道
		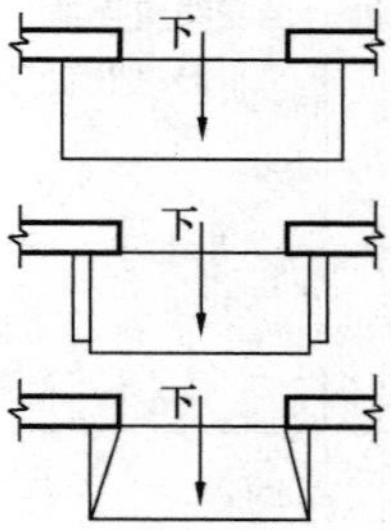	上图为两侧垂直的门口坡道，中图为有挡墙的门口坡道，下图为两侧找坡的门口坡道
7	台阶	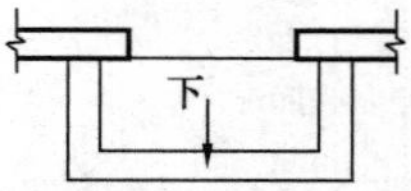	—
8	平面高差	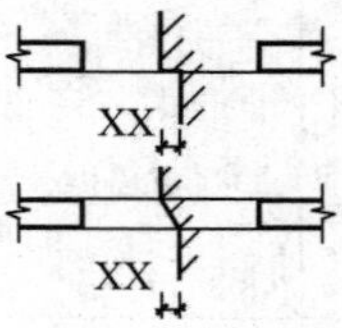 XX XX	用于高差小的地面或楼面交接处，并应与门的开启方向协调
9	检查口		左图为可见检查口，右图为不可见检查口
10	孔洞		阴影部分亦可填充灰度或涂色代替
11	坑槽		—
12	墙预留洞、槽	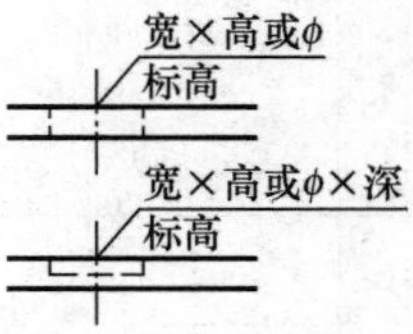 宽×高或φ 标高 宽×高或φ×深 标高	（1）上图为预留洞，下图为预留槽 （2）平面以洞（槽）中心定位 （3）标高以洞（槽）底或中心定位 （4）宜以涂色区别墙体和预留洞（槽）
13	地沟	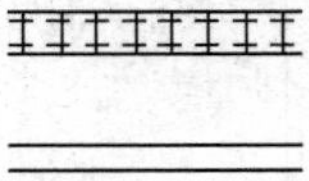	上图为有盖板地沟，下图为无盖板明沟

序号	名　称	图　例	备　注
14	烟道	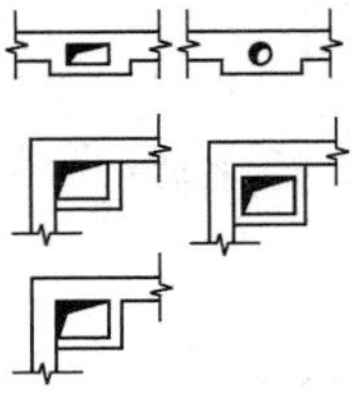	（1）阴影部分亦可填充灰度或涂色代替 （2）烟道、风道与墙体为相同材料，其相接处墙身线应连通 （3）烟道、风道根据需要增加不同材料的内衬
15	风道	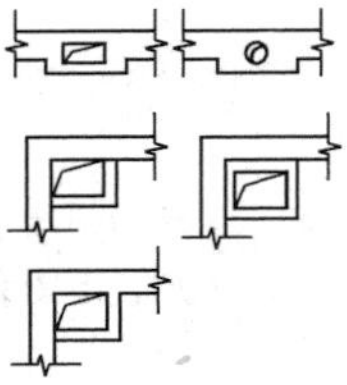	
16	新建的墙和窗	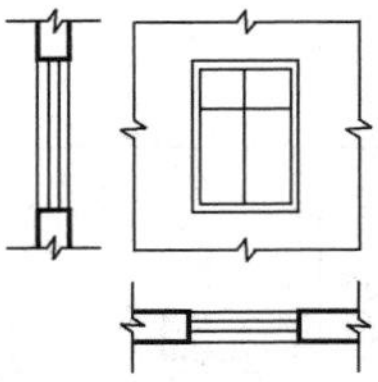	—
17	改建时保留的墙和窗	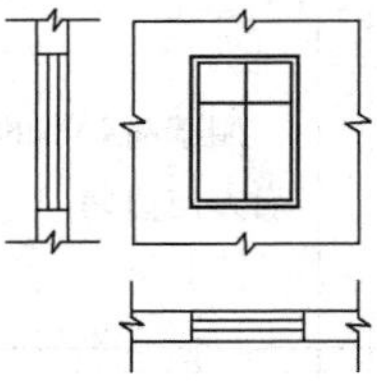	只更换窗，应加粗窗的轮廓线
18	拆除的墙	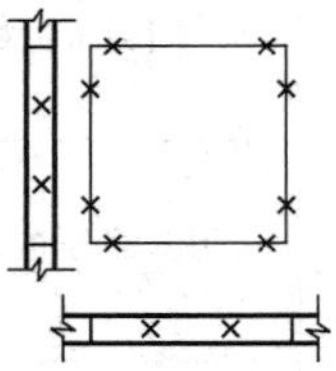	—
19	改建时在原有墙或楼板新开的洞	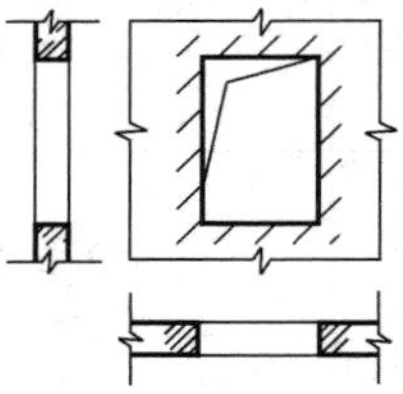	—
20	在原有墙或楼板洞旁扩大的洞	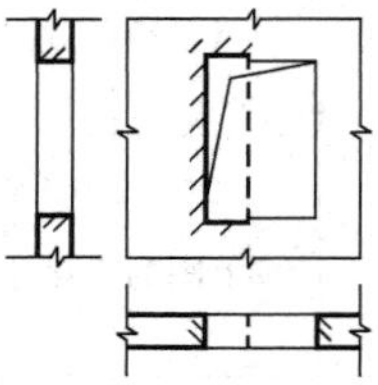	图示为洞口向左边扩大

序号	名　称	图　例	备　注
21	在原有墙或楼板上全部填塞的洞	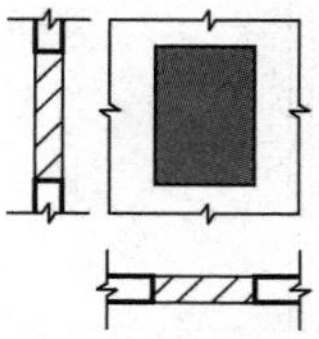	图中立面填充灰度或涂色
22	在原有墙或楼板上局部填塞的洞	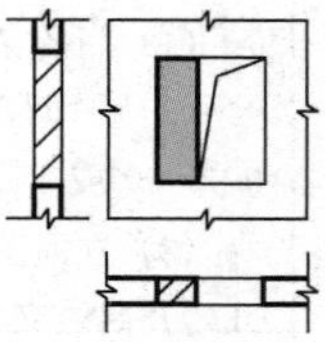	左侧为局部填塞的洞，图中立面填充灰度或涂色
23	空门洞	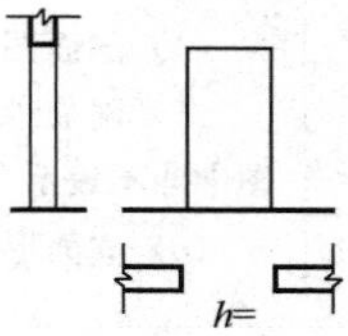	h 为门洞高度
24	单面开启单扇门（包括平开或单面弹簧）	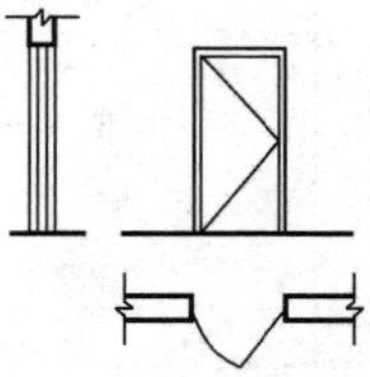	（1）门的名称代号用 M 表示 （2）平面图中，下为外，上为内 （3）立面图中，开启线实线为外开，虚线为内开，开启线交角的一侧为安装合页一侧。开启线在建筑立面图中可不表示，在立面大样图中可根据需要绘出 （4）剖面图中，左为外，右为内 （5）附加纱扇应以文字说明，在平、立、剖面图中均不表示 （6）立面形式应按实际情况绘制
	双面开启单扇门（包括双面平开或双面弹簧）	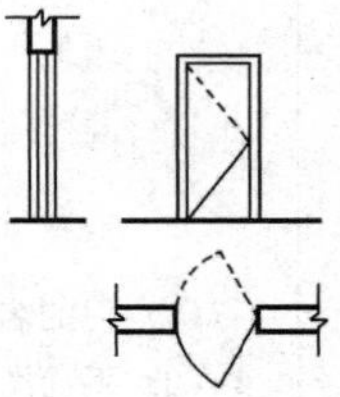	
	双层单扇平开门	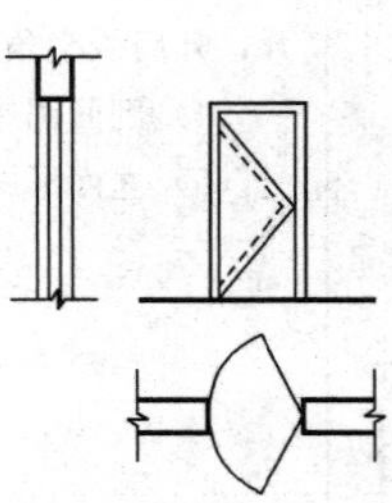	

115

序号	名　　称	图　　例	备　　注
25	单面开启双扇门（包括平开或单面弹簧）	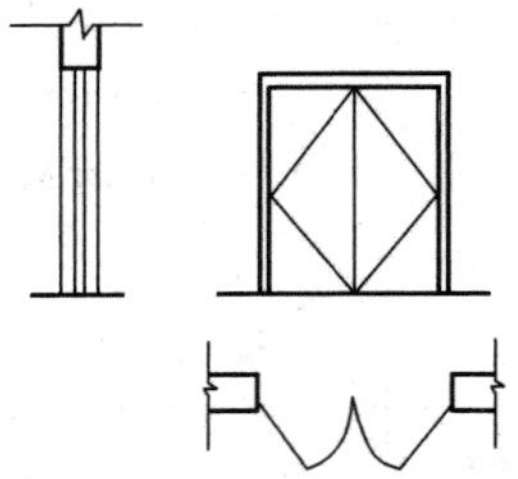	（1）门的名称代号用 M 表示 （2）平面图中，下为外，上为内门开启线为90°、60°或 45°，开启弧线宜绘出 （3）立面图中，开启线实线为外开，虚线为内开，开启线交角的一侧为安装合页一侧。开启线在建筑立面图中可不表示，在立面大样图中可根据需要绘出 （4）剖面图中，左为外，右为内 （5）附加纱扇应以文字说明，在平、立、剖面图中均不表示 （6）立面形式应按实际情况绘制
25	双面开启双扇门（包括双面平开或双面弹簧）	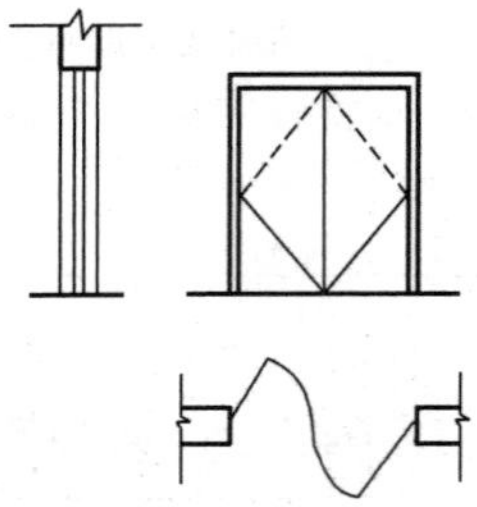	
25	双层双扇平开门	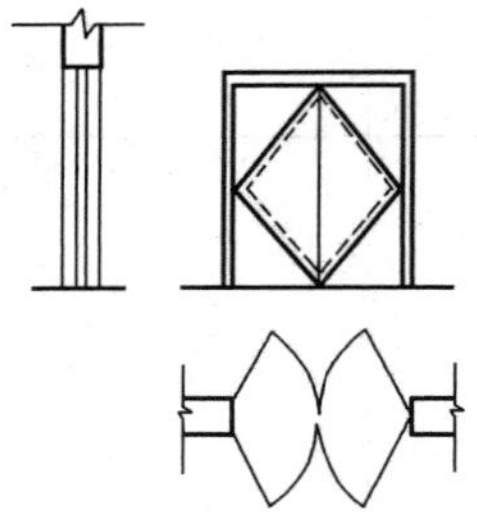	
26	折叠门	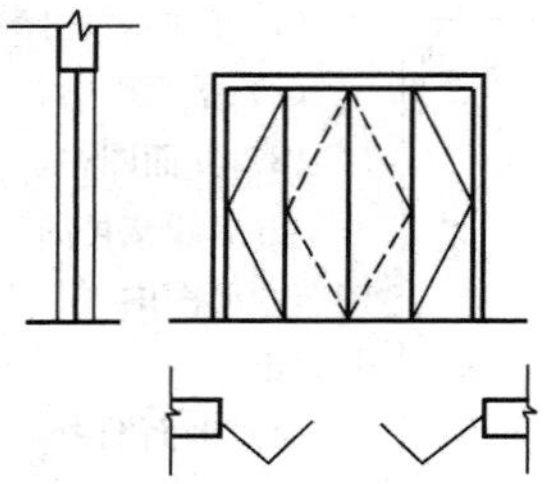	（1）门的名称代号用 M 表示 （2）平面图中，下为外，上为内 （3）立面图中，开启线实线为外开，虚线为内开，开启线交角的一侧为安装合页一侧 （4）剖面图中，左为外，右为内 （5）立面形式应按实际情况绘制
26	推拉折叠门	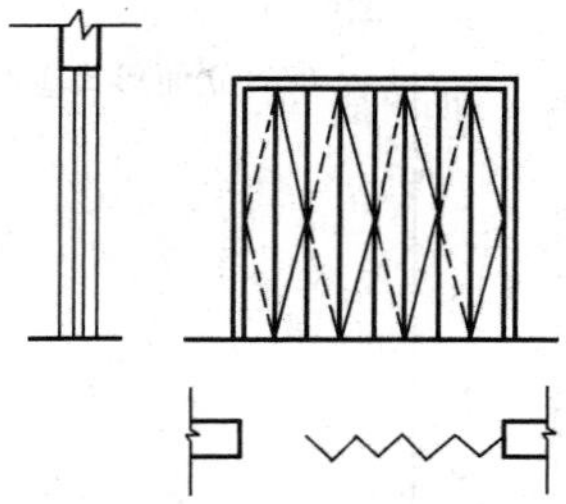	

序号	名 称	图 例	备 注
27	墙洞外单扇推拉门	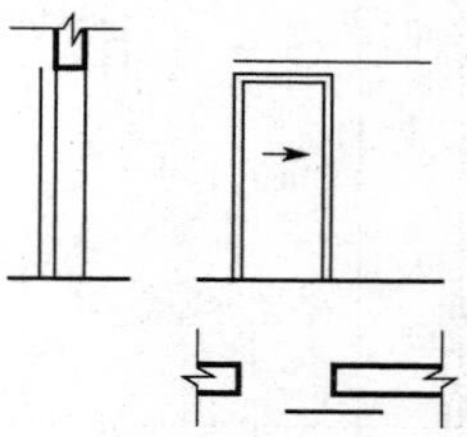	(1) 门的名称代号用 M 表示 (2) 平面图中，下为外，上为内 (3) 剖面图中，左为外，右为内 (4) 立面形式应按实际情况绘制
	墙洞外双扇推拉门	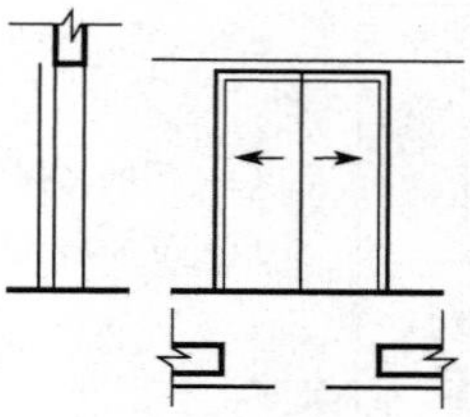	
	墙中单扇推拉门	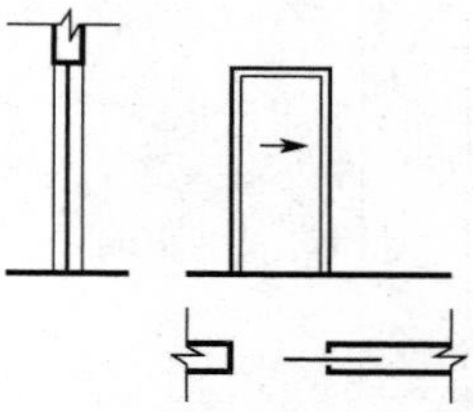	(1) 门的名称代号用 M 表示 (2) 立面形式应按实际情况绘制
	墙中双扇推拉门	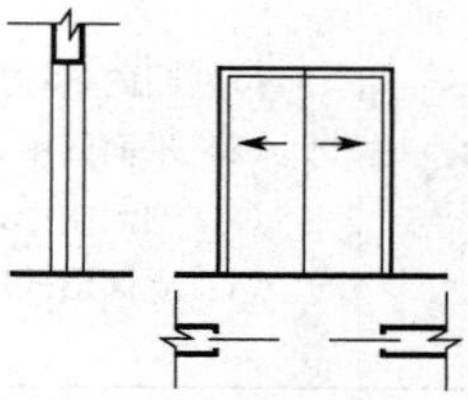	
28	推杠门	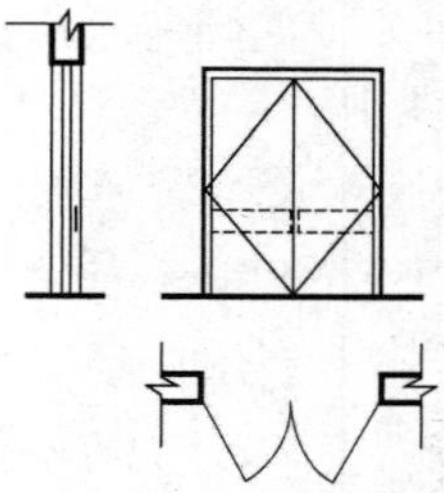	(1) 门的名称代号用 M 表示 (2) 平面图中，下为外，上为内门开启线为 90°、60°或 45° (3) 立面图中，开启线实线为外开，虚线为内开，开启线交角的一侧为安装合页一侧。开启线在建筑立面图中可不表示，在立面大样图中可根据需要绘出 (4) 剖面图中，左为外，右为内 (5) 立面形式应按实际情况绘制
29	门连窗	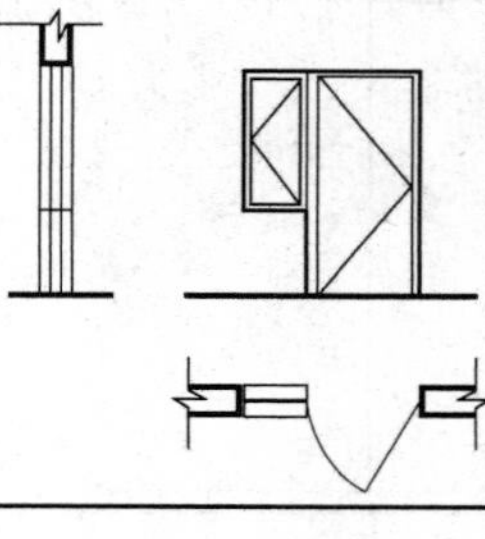	

117

序号	名　称	图　例	备　注
30	旋转门	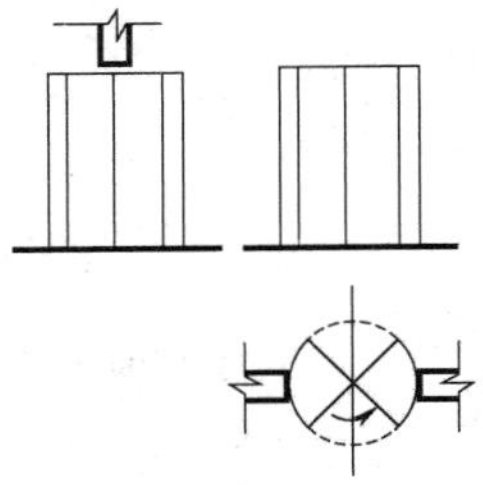	（1）门的名称代号用 M 表示 （2）立面形式应按实际情况绘制
	两翼智能旋转门	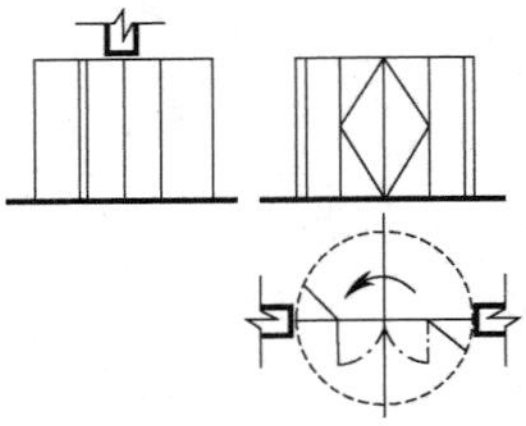	
31	自动门	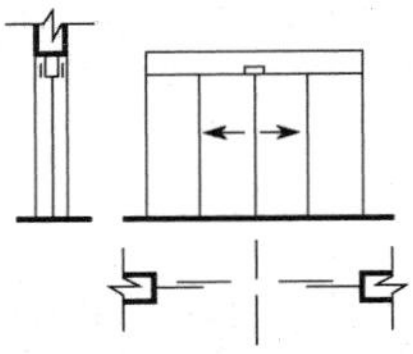	
32	折叠上翻门	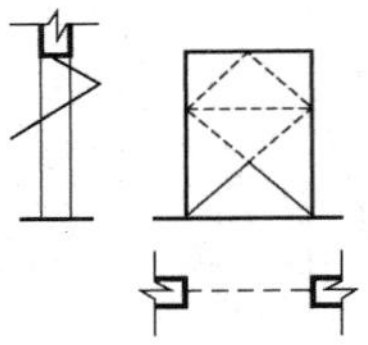	（1）门的名称代号用 M 表示 （2）平面图中，下为外，上为内 （3）剖面图中，左为外，右为内 （4）立面形式应按实际情况绘制
33	提升门	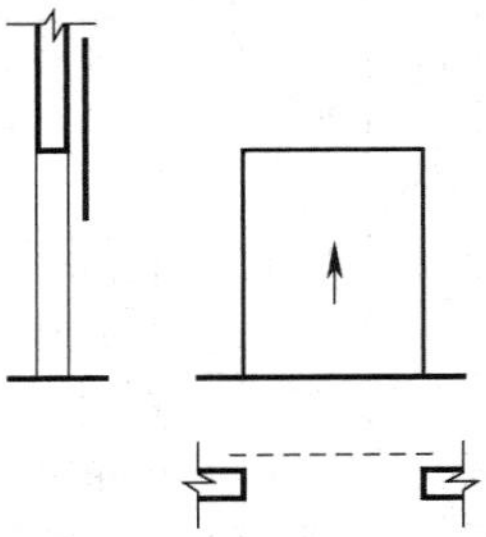	（1）门的名称代号用 M 表示 （2）立面形式应按实际情况绘制
34	分节提升门	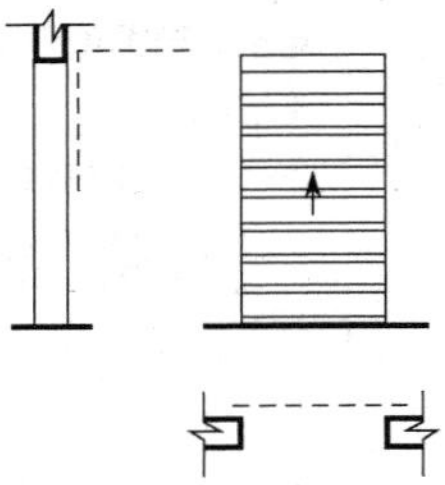	

续表

序号	名　称	图　例	备　注
35	人防单扇防护密闭门	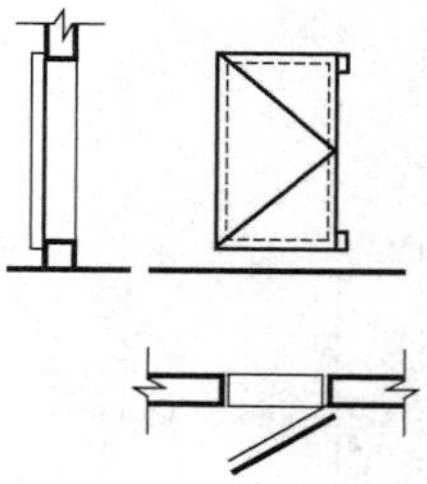	（1）门的名称代号按人防要求表示 （2）立面形式应按实际情况绘制
	人防单扇密闭门	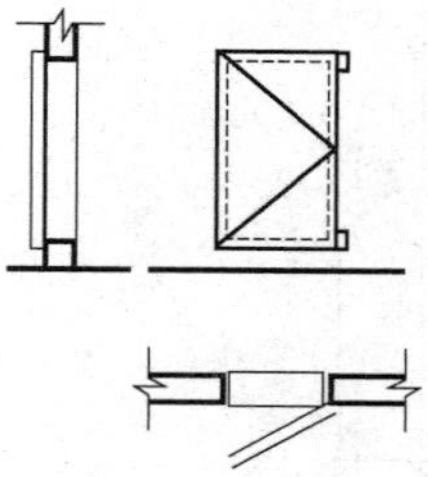	
36	人防双扇防护密闭门	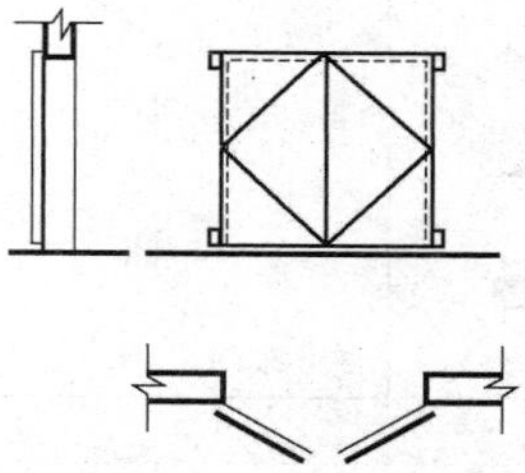	（1）门的名称代号按人防要求表示 （2）立面形式应按实际情况绘制
	人防双扇密闭门	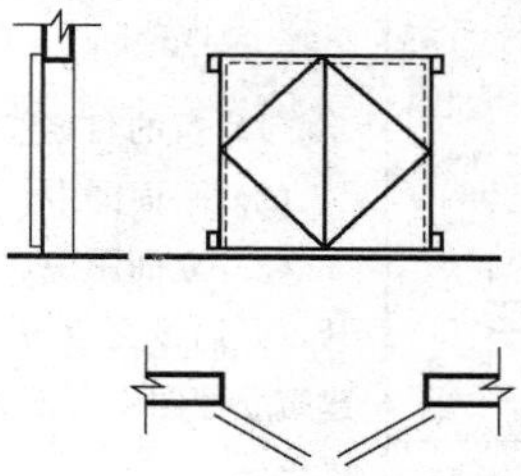	
37	横向卷帘门	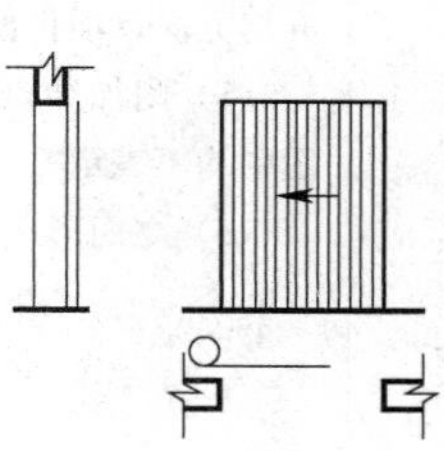	—

序号	名　称	图　例	备　注
	竖向卷帘门	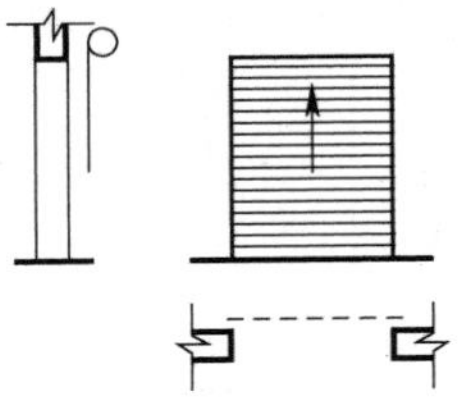	
37	单侧双层卷帘门	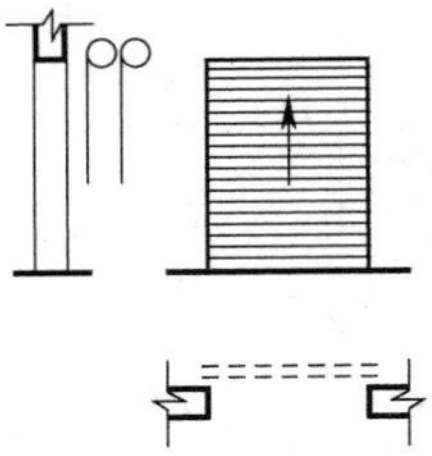	—
	双侧单层卷帘门	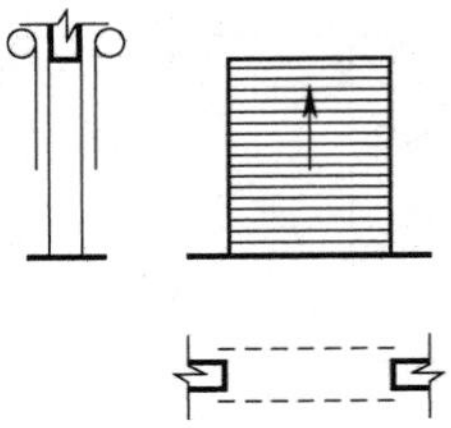	
38	固定窗	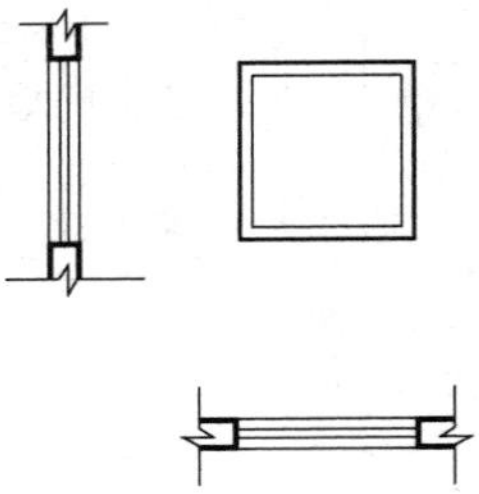	(1) 窗的名称代号用 C 表示 (2) 平面图中，下为外，上为内 (3) 立面图中，开启线实线为外开，虚线为内开，开启线交角的一侧为安装合页一侧。开启线在建筑立面图中可不表示，在立面大样图中可根据需要绘出 (4) 剖面图中，左为外，右为内。虚线仅表示开启方向，项目设计不表示 (5) 附加纱窗应以文字说明，在平、立、剖面图中均不表示 (6) 立面形式应按实际情况绘制
39	上悬窗	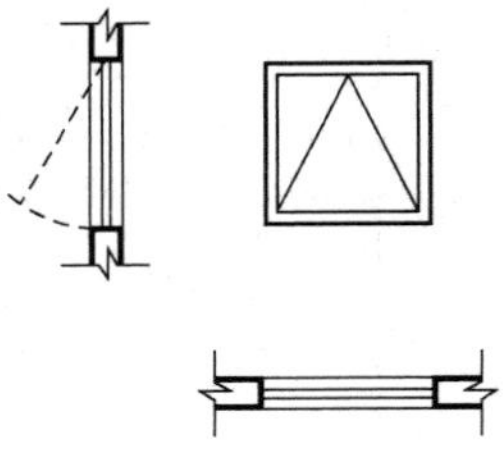	

续表

序号	名 称	图 例	备 注
39	中悬窗	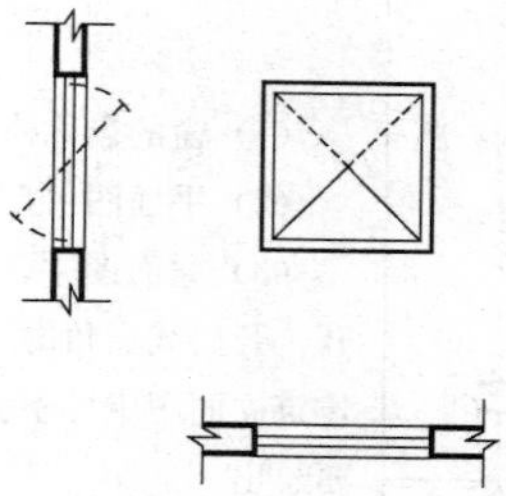	（1）窗的名称代号用 C 表示 （2）平面图中，下为外，上为内 （3）立面图中，开启线实线为外开，虚线为内开，开启线交角的一侧为安装合页一侧。开启线在建筑立面图中可不表示，在立面大样图中可根据需要绘出 （4）剖面图中，左为外，右为内。虚线仅表示开启方向，项目设计不表示 （5）附加纱窗应以文字说明，在平、立、剖面图中均不表示 （6）立面形式应按实际情况绘制
40	下悬窗	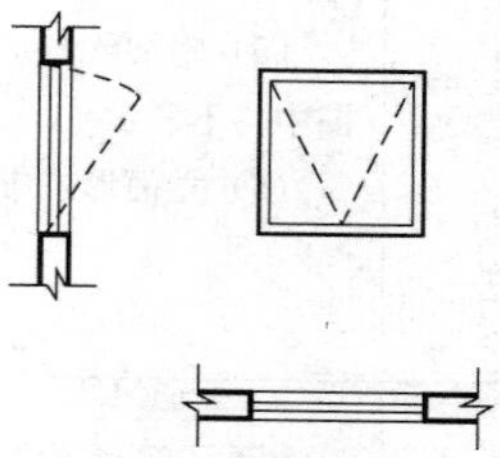	
41	立转窗	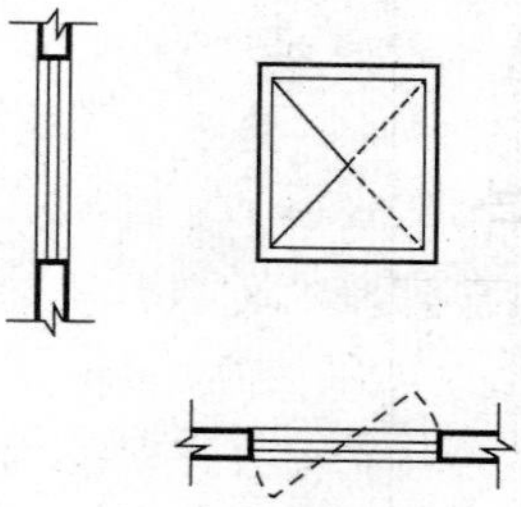	
42	内开平开内倾窗	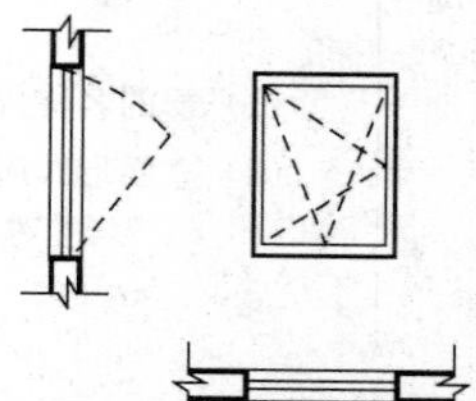	（1）窗的名称代号用 C 表示 （2）平面图中，下为外，上为内 （3）立面图中，开启线实线为外开，虚线为内开，开启线交角的一侧为安装合页一侧。开启线在建筑立面图中可不表示，在立面大样图中可根据需要绘出 （4）剖面图中，左为外，右为内。虚线仅表示开启方向，项目设计不表示 （5）附加纱窗应以文字说明，在平、立、剖面图中均不表示 （6）立面形式应按实际情况绘制
43	单层外开平开窗	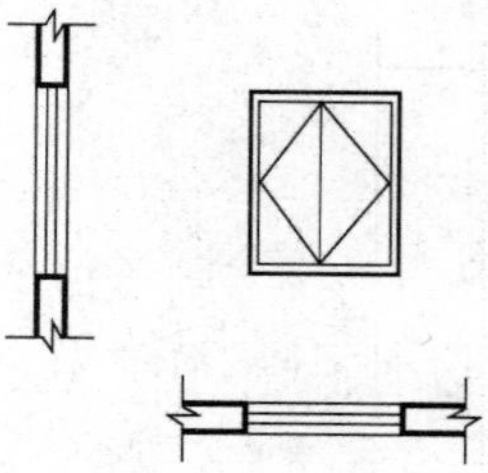	

序号	名　称	图　例	备　注
43	单层内开平开窗	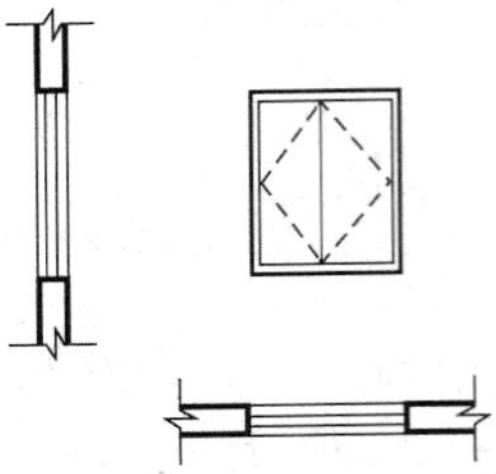	(1) 窗的名称代号用 C 表示 (2) 平面图中，下为外，上为内 (3) 立面图中，开启线实线为外开，虚线为内开，开启线交角的一侧为安装合页一侧。开启线在建筑立面图中可不表示，在立面大样图中可根据需要绘出 (4) 剖面图中，左为外，右为内。虚线仅表示开启方向，项目设计不表示 (5) 附加纱窗应以文字说明，在平、立、剖面图中均不表示 (6) 立面形式应按实际情况绘制
	双层内外开平开窗	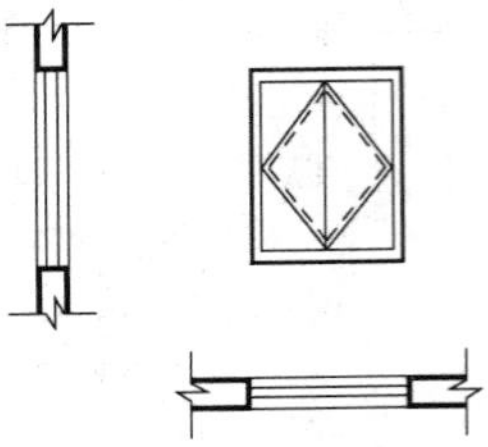	
44	单层推拉窗	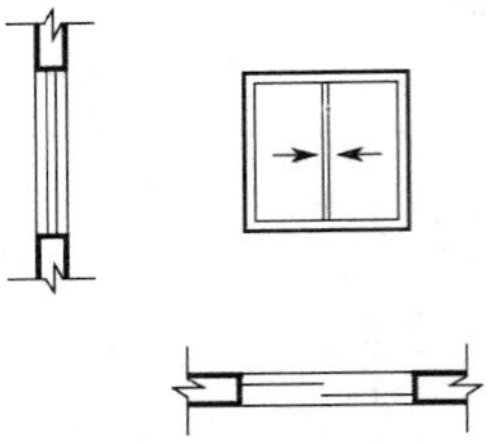	
	双层推拉窗	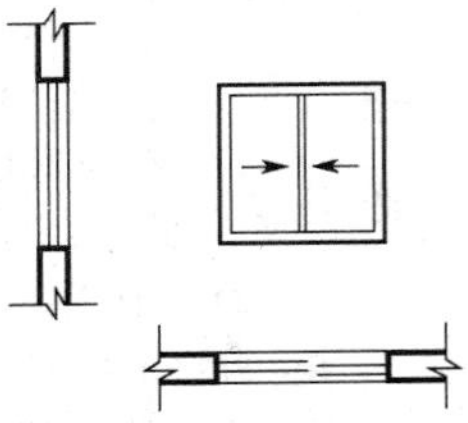	
45	上推窗	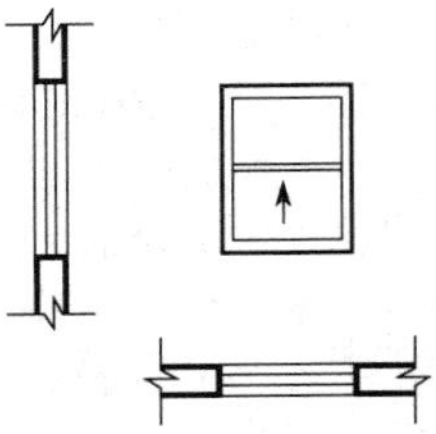	(1) 窗的名称代号用 C 表示 (2) 立面形式应按实际情况绘制
46	百叶窗	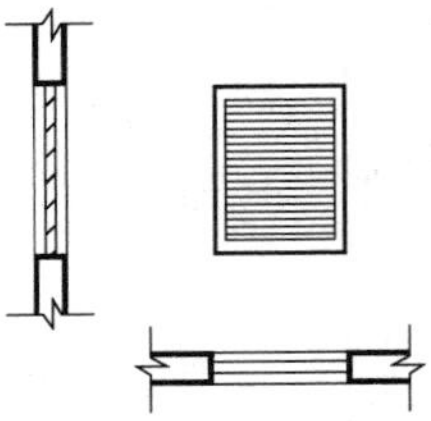	

续表

序号	名　称	图　例	备　注
47	高窗	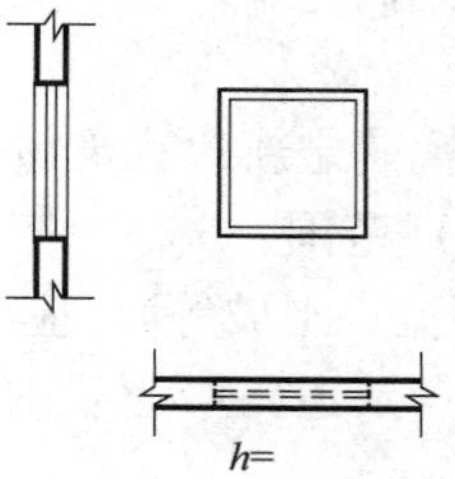	(1) 窗的名称代号用 C 表示 (2) 立面图中，开启线实线为外开，虚线为内开，开启线交角的一侧为安装合页一侧。开启线在建筑立面图中可不表示，在立面大样图中可根据需要绘出 (3) 剖面图中，左为外，右为内 (4) 立面形式应按实际情况绘制 (5) h 表示高窗底距本层地面高度 (6) 高窗开启方式参考其他窗型
48	平推窗	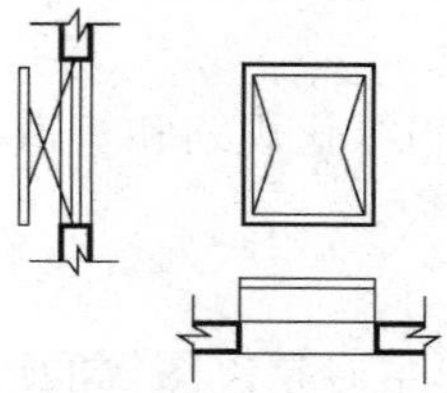	(1) 窗的名称代号用 C 表示 (2) 立面形式应按实际情况绘制

3.5　建筑工程施工图识读

3.5.1　建筑总平面图识读

1. 总平面图的形成与用途

（1）总平面图的形成

总平面图是指将新建工程四周一定范围内的新建、拟建、原有和拆除的建筑物、构筑物连同其周围的地形、地物状况用水平投影方法和相应的图例所绘制的工程图样。

总平面图是建设工程及其邻近建筑物、构筑物、周边环境等的水平正投影，是表明基地所在范围内总体布置的图样。主要反映当前工程的平面轮廓形状和层数、与原有建筑物的相对位置、周围环境、地形地貌、道路和绿化的布置等情况。

（2）总平面图的用途

总平面图是建设工程中新建房屋施工定位、土方施工、设备专业管线平面布置的依据，也是安排在施工时进入现场的材料和构件、配件堆放场地，构件预制的场地以及运输道路等施工总平面布置的依据。

2. 总平面图的图示内容与图示方法

（1）总平面图的图示内容

1）新建建筑物所处的地形、用地范围及建筑物占地界限等。如地形变化较大，应画出相应的等高线。

2）新建建筑物的位置，总平面图中应详细绘出其定位方式。新建建筑物的定位方式包括：

① 利用新建建筑物和原有建筑物之间的距离定位。

② 利用施工坐标确定新建建筑物的位置。

③ 利用新建建筑物与周围道路之间的距离确定新建建筑物的位置。

3）相邻原有建筑物、拆除建筑物的位置或范围。

4）周围的地形、地物状况（如道路、河流、土坡等）。应注明新建建筑物首层地面、室外地坪、道路的起点、变坡、转折点、终点及道路中心线的标高、坡向及建筑物的层数等。

5）指北针或风向频率玫瑰图。

在总平面中通常画有带指北针的风向频率玫瑰图（风玫瑰），来表示该地区常年的风向频率和房屋的朝向。明确风向有助于建筑构造的选用及材料的堆场，如有粉尘污染的材料应堆放在下风位。

6）新建区域的总体布局，如建筑、道路、绿化规划和管道布置等。

（2）总平面图的图示方法

1）绘制方法与图例

总平面图是用正投影的原理绘制的，图形主要是以图例的形式表示，总平面图的图例采用《总图制图标准》GB/T 50103—2010 规定的图例，画图时应严格执行该图例符号，如图中采用的图例不是标准中的图例，应在总平面图下说明。

2）图线

图线的宽度 b，应根据图样的复杂程度和比例，按《房屋建筑制图统一标准》GB/T 50001—2010 中图线的有关规定执行。主要部分选用粗线，其他部分选用中线和细线。如新建建筑物采用粗实线，原有的建筑物用细实线表示。绘制管线综合图时，管线采用粗实线。

3）标高与尺寸

在总平面图中，采用绝对标高，室外地坪标高符号宜用涂黑的三角形表示，总平面图的坐标、标高、距离以米为单位，并应至少取至小数点后两位。

4）总平面图绘制方向

总平面图应按上北下南方向绘制。根据场地形状或布局，可向左或右偏转，但是不宜超过 45°。

5）指北针和风向频率玫瑰图（风玫瑰）

风玫瑰是根据当年平均统计的各个方向吹风次数的百分数，按一定比例绘制的，风的吹向是从外吹向该地区中心的。实线表示全年风向频率，虚线表示按 6 月、7 月、8 月三个月统计的风向频率。

6）比例

总平面图一般采用 1∶500、1∶1000 或 1∶2000 的比例绘制，因为比例较小，图示内容通常按《总图制图标准》GB/T 50103—2010 中相应的图例要求进行简化绘制，与工程无关的对象可省略不画。

3. 总平面图的识读

图 3-59 所示为某职业技术学院教学楼总平面图。

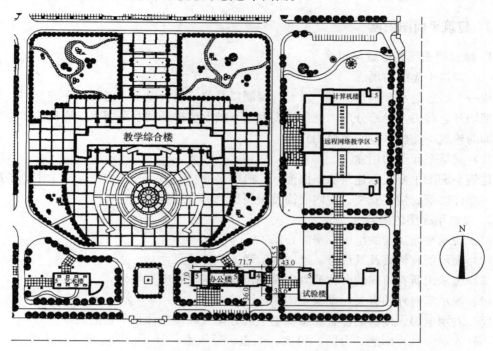

图 3-59 某职业技术学院教学楼总平面图

（1）因为总平面图包括的区域较大，所以绘制时选择比例较小。该施工图为总平面图，比例 1∶500。

（2）了解工程性质、用地范围、地形地貌和周围环境情况。总平面图中为了说明新建建筑的用途，在建筑的图例内都标注出名称。当图样比例小或图面无足够位置时，也可编号列表注写在总平面图适当位置。

（3）了解新建建筑层数，在新建建筑物图形右上角标注房屋的层数符号，一般以数字表示，如 5 表示该房屋为 5 层；当层数不多时，也可用小圆点数量来表示，如"∶∶"表示为 4 层。

（4）了解新建建筑朝向和平面形状，新建办公楼平面形状为东西方向长方形，建筑总长度为 71.7m，宽度西侧为 17.0m，东侧为 15.5m，层数西侧为 5 层，东侧为 4 层。

（5）新建办公楼的用地范围和原有建筑的位置关系，新建办公楼位于教学综合楼东南角，学校办公楼周围已建好的建筑西侧有一栋艺术楼，北侧有一栋教学综合楼，东侧有一栋试验楼，东北侧是远程网络教学区。

（6）了解新建建筑的位置，新建建筑采用与其相邻的原有建筑物的相对位置尺寸定位，该办公楼东墙距离试验楼左侧距离为 38.6m，南墙距离南侧路边为 36.0m。

（7）了解新建房屋四周的道路、绿化。由于总平面图的比例较小，各种有关物体均不能按照投影关系如实反映出来，只能用图例的形式进行绘制。在办公楼周围有绿化用地、硬化用地、园路及道路等。

（8）总平面图中的指北针，明确建筑物的朝向，有时还要画上风向频率玫瑰图来表示该地区的常年风向频率。

3.5.2 建筑平面图识读

1. 建筑平面图的形成与用途

（1）建筑平面图的形成

用一个假想的水平剖切平面，沿着门窗洞口部位（窗台以上，过梁以下的空间）将房屋全部切开，移去上半部分后，把剖切平面以下的形体投影到水平面上，所得的水平剖面图，即为建筑平面图（也叫平面图）。

（2）建筑平面图的用途

建筑平面图主要表示建筑的平面形状、内部平面功能布局及朝向。在施工中，是施工放线、墙体砌筑、构件安装、室内装饰及编制预算的主要依据。

2. 建筑平面图的内容

（1）表示平面功能的组织、房间布局。

（2）表示所有轴线及其编号，墙、柱、墩的位置、尺寸。

（3）表示出所有房间的名称及其门窗的位置、洞口宽度与编号。

（4）表示室内外的有关尺寸及室内楼地面的标高。

（5）表示电梯、楼梯的位置，楼梯上下行方向及踏步和休息平台的尺寸。

（6）表示阳台、雨篷、台阶、斜坡、烟道、通风道、管井、消防梯、雨水管、散水、排水沟、花池等位置及尺寸。

（7）反映室内设备，例如卫生器具、水池、设备的位置及形状。

（8）表示地下室、地坑、地沟、墙上预留洞位置尺寸。

（9）在一层平面图上绘出剖面图的剖切符号及编号，标注有关部位的详细索引符号。

（10）左下方或右下方画出指北针。

（11）综合反映其他工种，例如水、暖、电、煤气等的要求：水池、地沟、配电箱、消火栓、墙或楼板上的预留洞位置和尺寸。

（12）屋顶平面一般应表示出的女儿墙、檐沟、屋面坡度、分水线与雨水口、变形缝、楼梯间、水箱间、天窗、上人孔、消防梯及其他构筑物等。

3. 建筑平面图的识读

图 3-60 所示为某住宅楼底层平面图。

（1）图 3-60 中的绘图比例为 1：100，该建筑底层为商店，从图中指北针可知房屋朝向为北偏西。

（2）整个建筑的总尺寸为 11800mm×10000mm。

（3）房屋的东面设有厨房、卫生间及楼梯间，商店外有两级台阶到室外，另三面外墙外设有 500mm 宽的散水，室内外高差为 350mm。

（4）平面图横向编号的轴线有①～④，竖向编号的轴线有 Ⓐ～Ⓒ。通过轴线表明商店的总开间和总进深为 9400mm×10000mm，厨房为 2400mm×3200mm，卫生间为 2400mm×1800mm，楼梯间为 2400mm×5000mm。墙体厚度除厨房与卫生间的隔墙为 120mm 外，其余均为 180mm（图中所有墙身厚度均不包括抹灰层厚度）。

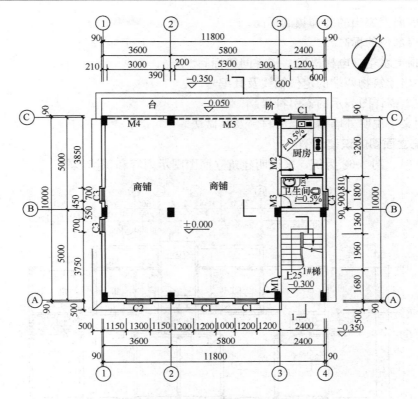

图 3-60 底层平面图（1：100）

（5）平面图中的门有 M1、M2、……，窗 C1、C2、……等多种类型，各种类型的门窗洞尺寸，可见平面尺寸的标注。例如 M5 为 5300mm，C2 为 1300mm 等。

（6）底层平面图中有一个剖面剖切符号，表明剖切平面图 1-1，在轴线②～③之间，通过商店大门及③～④之间楼梯间的轴线所作的阶梯剖面。

3.5.3 建筑立面图识读

1. 建筑立面图的形成与作用

在与建筑立面平行的铅直投影面上所做的正投影图叫做建筑立面图，简称立面图。一幢建筑物美观与否、是否与周围环境协调，很大程度上取决于立面上的艺术处理，包括建筑造型与尺度、装饰材料的选用、色彩的选用等内容。在施工图中，立面图主要反映房屋各部位的高度、外貌和装修要求，是建筑外装修的主要依据。

2. 建筑立面图的图示内容

（1）画出从建筑物外可以看见的室外地面线、房屋的勒脚、台阶、花池、门、窗、雨篷、阳台、室外楼梯、墙体外边线、檐口、屋顶、雨水管、墙面分格线等内容。

（2）标出建筑物立面上的主要标高。一般需要标注的标高尺寸有：

1）室外地坪的标高。

2）台阶顶面的标高。

3）各层门窗洞口的标高。

4）阳台扶手、雨篷上下皮的标高。

127

5）外墙面上突出的装饰物的标高。

6）檐口部位的标高。

7）屋顶上水箱、电梯机房、楼梯间的标高。

（3）注出建筑物两端的定位轴线及其编号。

（4）注出需详图表示的索引符号。

（5）用文字说明外墙面装修的材料及其做法。

3. 建筑立面图的识读示例

以图 3-61、图 3-62 为例，来说明建筑立面图图示内容和识读步骤。

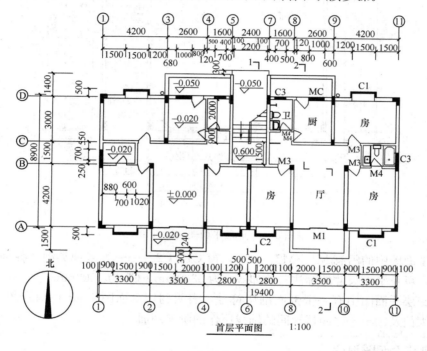

图 3-61 房屋建筑平面图

图 3-62 ⑪-①立面图

（1）了解图名及比例

从图名或轴线的编号可知，结合图 3-61 和图 3-62 知道，该图是表示房屋南向的立面图（⑪-①立面图），比例 1：100。

（2）了解立面图与平面图的对应关系

对照图 3-61 中房屋首层平面图上的指北针或定位轴线编号，可知南立面图的左端轴线编号为①，右端轴线编号为⑪，与建筑平面图（图 3-61）相对应。

（3）了解房屋的体形和外貌特征

该房屋为三层，立面造型对称布置，局部为斜坡屋顶。入口处有台阶、雨篷、雨篷柱；其他位置门洞处设有阳台；墙面设有雨水管。

（4）了解房屋各部分的高度尺寸及标高数值

立面图上一般应在室内外地坪、阳台、檐口、门、窗、台阶等处标注标高，并宜沿高度方向注写某些部位的高度尺寸。从图中所注标高可知，房屋室外地坪比室内地面低 0.300m，屋顶最高处标高 9.6m，由此可推算出房屋外墙的总高度为 9.9m。其他各主要部位的标高在图中均已注出。

（5）了解门窗的形式、位置及数量

该楼的窗户均为塑钢双扇拉窗，并预留空调安装孔。阳台门为两扇。

（6）了解房屋外墙面的装修做法

从立面图文字说明可知，外墙面为浅蓝色马赛克贴面和浅红色马赛克贴面；屋顶所有檐边、阳台边、窗台线条均刷白水泥粉面。

3.5.4　建筑剖面图识读

1. 建筑剖面图的形成与作用

假想用一个或一个以上的铅直平面剖切房屋，所得到的剖面图即为建筑剖面图，简称剖面图。建筑剖面图用来表达房屋的结构形式、分层情况、竖向墙身及门窗、楼地面层、屋顶檐口等的构造设置及相关尺寸和标高。

剖面图的数量及其位置应根据建筑自身的复杂程度而定，一般剖切位置选择房屋的主要部位或构造较为典型的地方如楼梯间等，并应通过门窗洞口。剖面图的图名符号应与底层平面图上的剖切符号相对应。

2. 建筑剖面图的图示内容

（1）表示被剖切到的墙、柱、门窗洞口及其所属定位轴线。剖面图的比例应与平面图、立面图的比例一致，因此在 1：100 的剖面图中一般也不画材料图例，而用粗实线表示被剖切到的墙、梁、板等轮廓线，被剖断的钢筋混凝土梁板等应涂黑表示。

（2）表示室内底层地面、各层楼面及楼层面、屋顶、门窗、楼梯、阳台、雨篷、防潮层、踢脚板、室外地面、散水、明沟及室内外装修等剖到或能见到的内容。

（3）标出尺寸和标高。

在剖面图中要标注相应的标高及尺寸。

1）标高：应标注被剖切到的所有外墙门窗口的上下标高，室外地面标高，檐口、女儿墙顶以及各层楼地面的标高。

2）尺寸：应标注门窗洞口高度，层间高度及总高度，室内还应注出内墙上门窗洞口的高度以及内部设施的定位、定形尺寸。

（4）楼地面、屋顶各层的构造：

一般可用多层共用引出线说明楼地面、屋顶的构造层次和做法。若另画详图或已有构造说明（如工程做法表），则在剖面图中用索引符号引出说明。

3. 建筑剖面图的识读示例

以图 3-63 为例来说明建筑立面图图示内容和识读步骤。

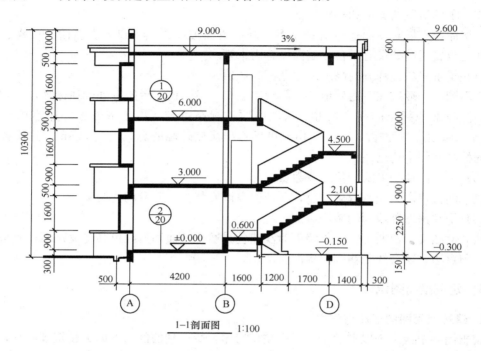

图 3-63　建筑剖面图

（1）了解图名及比例：从图名可知，结合图 3-61 和图 3-62 知道，该图是表示房屋1-1的剖面图，绘图比例 1∶100。

（2）表示墙、柱及其定位轴线。

（3）表示室内底层地面、地坑、地沟、各层楼面、顶棚，屋顶（包括檐口、女儿墙，隔热层或保温层、天窗、烟囱、水池等）、门、窗、楼梯、阳台、雨篷、留洞、墙裙、踢脚板、防潮层、室外地面、散水、排水沟及其他装修等剖切到或能见到的内容。

（4）标出各部位完成面的标高和高度方向尺寸。

1）标高内容。室内外地面、各层楼面与楼梯平台、檐口或女儿墙顶面、高出屋面的水池顶面、烟囱顶面、楼梯间顶面、电梯间顶面等处的标高。

2）高度尺寸内容。

外部尺寸：门、窗洞口（含洞口上部和窗台）高度，层间高度及总高度（室外地面至檐口或女儿墙顶）。有时，后两部分尺寸可不标注。

内部尺寸：地坑深度和隔断、搁板、平台、墙裙及室内门、窗等的高度。

注写标高及尺寸时，注意与立面图和平面图一致。

（5）表示楼、地面各层构造。一般可用引出线说明。引出线指向所说明的部位，并按其构造的层次顺序，逐层加以文字说明。若另画有详图，或已有"构造说明一览表"时，在剖面图中可用索引符号引出说明（如果是后者，习惯上这时可不作任何标注）。

（6）表示需画详图之处的索引符号。

3.5.5 建筑详图识读

1. 建筑详图的用途

由于建筑平、立、剖面图一般采用较小比例绘制，许多细部构造、材料和做法等内容很难表达清楚。为了能够指导施工，常把这些局部构造用较大比例绘制详细的图样，这种图样称为建筑详图（也叫大样图或节点图）。常用比例包括 1：2、1：5、1：10、1：20、1：50。

2. 建筑详图的内容

建筑详图也可以是平、立、剖面图中局部的放大图。对于某些建筑构造或构件的通用做法，可直接引用国家或地方制定的标准图集（册）或通用图集（册）中的大样图，不必另画详图。常见建筑详图包括墙身剖面图和楼梯、阳台、雨篷、台阶、门窗、卫生间、厨房、内外装饰等详图。

（1）墙身剖面详图主要用以详细表达地面、楼面、屋面和檐口等处的构造，楼板与墙体的连接形式，以及门窗洞口、窗台、勒脚、防潮层、散水和雨水口等细部构造做法。平面图与墙身剖面详图配合，作为砌墙、室内外装饰、门窗立口的重要依据。

（2）楼梯详图表示楼梯的结构形式、构造做法、各部分的详细尺寸、材料和做法，是楼梯施工放样的主要依据。楼梯详图包括楼梯平面图和楼梯剖面图。

3. 建筑详图的识读

（1）外墙身详图

外墙身详图实际上是建筑剖面图的局部放大图，它表达房屋的屋面、楼层、地面和檐口与墙的连接、门窗顶、窗台和勒脚、散水等处构造的情况，是施工的重要依据。

墙身详图根据需要可以画出若干个，以表示房屋不同部位的不同墙身详图，在多层房屋中，若各层的情况一样时，可只画底层、顶层，加一个中间层来表示。画图时，通常在窗洞中间处断开，成为几个节点详图的组合。

下面以图 3-64 为例，说明外墙身详图的内容与识读方法：

1）看图名。从图名可知该图为墙身剖面详图，比例为 1：50。

2）看檐口剖面部分。可知该房屋女儿墙（也叫包檐）、屋顶层及女儿墙的构造。女儿墙构造尺寸如图 3-64 所示，女儿墙压顶有详图索引。屋顶层是钢筋混凝土楼板，下面有吊顶。

3）看窗顶剖面部分。可知窗顶钢筋混凝土过梁的构造情况，图中所示的各层窗顶都有一斜檐遮阳。

4）看楼板与墙身连接剖面部分。了解楼层地面的构造、楼板与梁、墙的相对位置等。

5）看墙脚剖面部分。可知散水、防潮层等的做法。

6）从图中外墙面指引线可知墙面装修的做法。

7）看图中的各部位标高尺寸可知室外地坪，室内一、二、三层地面，顶棚和各层窗

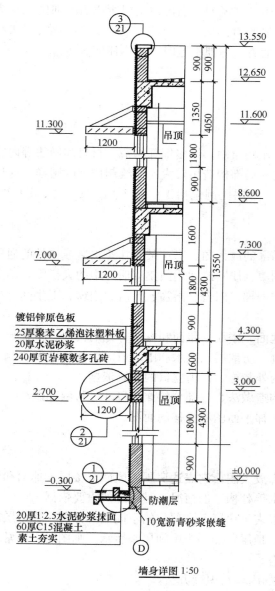

图 3-64 墙身详图

口上下以及女儿墙顶的标高尺寸。

（2）楼梯详图

房屋中的楼梯是由楼梯段（简称梯段，包括踏步或斜梁）、平台（包括平台板和梁）和栏杆（或栏板）等组成。

楼梯详图主要表示楼梯的类型、结构形式、各部位的尺寸及装修做法，是楼梯施工放样的主要依据。

楼梯详图一般由楼梯平面图、剖面图及踏步、栏杆等详图组成。楼梯详图一般分建筑详图与结构详图，并分别绘制。但对比较简单的楼梯，有时可将建筑详图与结构详图合并绘制，列入建筑施工图或者结构施工图中均可。

下面以住宅楼的楼梯（图 3-65、图 3-66）为例，说明楼梯详图的内容与识读方法：

1）楼梯平面图

楼梯平面图是用水平剖切面作出的楼梯间水平全剖图，通常底层和顶层是不可少的。若中间层楼梯构造都一样，只画一个平面并标明"××层平面"或"标准层平面图"即可，否则要分别画出。

该楼梯位于③～④轴内，从图中可见一到夹层是三个梯段，夹层到二层是两个梯段。第一个梯段的标注是 $7 \times 280 = 1960$。说明，这个梯段是 8 个踏步，踏面宽 280mm，梯段水平投影长 1960mm。从投影特性可知，8 个踏步从梯段的起步地面到梯段的顶端地面，其投影只能反映出 7 个踏面宽（即 7×280），而踢面积聚成直线 8 条（即踏步的分格线）；而第二个梯段的标注是 $8 \times 280 = 2240$。说明，这个梯段是 9 个踏步，踏面宽 280mm，梯段水平投影长 2240mm。第三个梯段及以上各梯段的标注均与第二个梯段相同。由此看出，一到夹层共 36 个踏步。夹层到二层设两个梯段，共 18 个踏步。梯段上的箭头指示上下楼的方向。

楼梯平面图对平面尺寸和地面标高作了详细标注，如开间进深尺寸为 2400mm 和 5000mm，梯段宽 1190mm，梯段水平投影长 1960mm 及 2240mm，平台宽 1180mm。入口地面标高为 −0.150m，楼面标高为 3.600m，平台标高为 0.900m、2.250m 等。该平面图还对楼梯剖面图的剖切位置作了标志及编号，如图 3-65 所示。

2）楼梯剖面图

楼梯剖面图同房屋剖面图的形成一样，用一假想的铅垂剖切平面，沿着各层楼梯段、平台及窗（门）洞口的位置剖切，向未被剖切梯段方向所作的正投影图。它能完整地表示出各层梯段、栏杆与地面、平台和楼板等的构造及相互组合关系。图 3-66 所示的剖面图是图 3-65 楼梯平面图的剖切图。它从楼梯间的外门经过入室内的第二梯段剖切的，即剖切面将二、四梯段剖切，向一、三、五梯段作投影。被剖切的二、四梯段和楼板、梁、地面和墙等，都用粗实线表示，一、三、五梯段是作外形投影，用中实线表示。

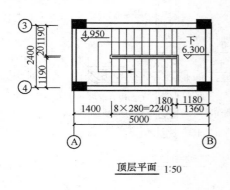

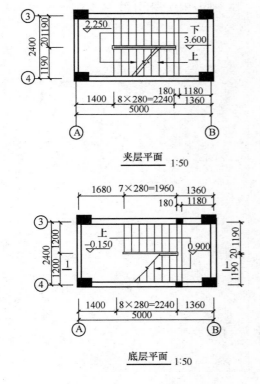

图 3-65　底层平面图

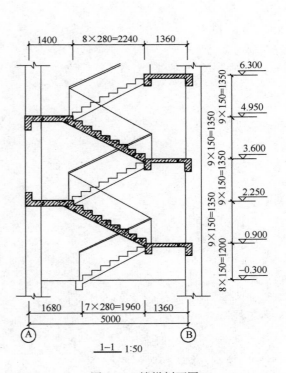

图 3-66　楼梯剖面图

从剖面图可知，一层到夹层是三跑楼梯，夹层到二楼是两跑楼梯，第一跑（梯段）是 $8×150=1200$，即 8 个踏步，高为 150mm。其余每跑（梯段）都是 $9×150=1350$，即 9

个踏步，高为150mm。地面到平台的距离为1200mm，楼面到平台的距离均为1350mm。

（3）其他建筑详图示例

室外台阶的做法如图3-67所示，阳台栏杆如图3-68所示。

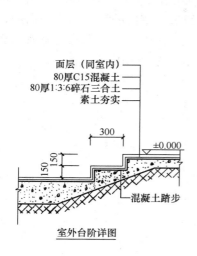

面层（同室内）
80厚C15混凝土
80厚1:3:6碎石三合土
素土夯实
300
±0.000
150
150
混凝土踏步

室外台阶详图

图 3-67　室外台阶详图

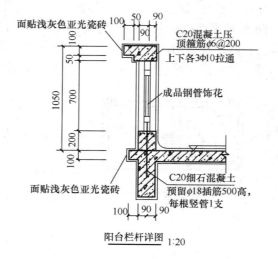

面贴浅灰色亚光瓷砖
100　50　90
90
100
50
C20混凝土压
顶箍筋φ6@200
上下各3Φ10拉通
成品钢管饰花
1050
700
200
100
面贴浅灰色亚光瓷砖
C20细石混凝土
预留φ18插筋500高，
每根竖管1支
100　90　90

阳台栏杆详图　1:20

图 3-68　阳台栏杆详图

4 建筑施工方法和工艺

4.1 基础工程施工

4.1.1 浅基础施工

建筑物室外设计地坪至基础底面的垂直距离，叫做基础埋深。其中埋置深度在 5m 以内的基础称为浅基础。

1. 无筋扩展基础施工

无筋扩展基础是用砖、石、混凝土、灰土、三合土等材料组成的，且不需配置钢筋的墙下条形基础或柱下独立基础。特点是抗压性能好，整体性、抗拉、抗弯、抗剪性能差。它适用于地基坚实、均匀、上部荷载较小，六层和六层以下（三合土基础不宜超过四层）的一般民用建筑和墙承重的轻型厂房。无筋扩展基础的截面形式有矩形、阶梯形、锥形等。

（1）施工工艺：基底土质验槽→施工垫层→在垫层上弹线抄平→基础施工。

（2）施工要点：

基础施工前，应首先验槽并将地基表面的浮土及垃圾清除干净。在主要轴线部位设置引桩控制轴线位置，并以此放出墙身轴线和基础边线。在基础转角、交接及高低踏步处应预先立好皮数杆。基础底标高不同时，应从低处砌起，并由高处向低处搭接。砖砌大放脚通常采用一顺一丁砌筑方式，最下一皮砖以丁砌为主。水平灰缝和竖向灰缝的厚度应控制在 10mm 左右，砂浆饱满度不得小于 80%，错缝搭接，在丁字及十字接头处要隔皮砌通。

毛石基础砌筑时，第一皮石块应坐浆，并大面向下。砌体应分皮卧砌，上下错缝，内外搭接，按规定设置拉结石，不得采用先砌外边后填心的砌筑方法。阶梯处，上阶的石块应至少压下阶石块的 1/2。石块间较大的空隙应填塞砂浆后用碎石嵌实，不得采用先放碎石后灌浆或干填碎石的方法。

基础砌筑完成验收合格后，应及时回填。回填土要在基础两侧同时进行，并分层夯实，压实系数符合设计要求。

2. 扩展基础施工

将上部结构传来的荷载，通过向侧边扩展成一定底面积，使作用在基底的压应力等于或小于地基土的允许承载力，而基础内部的应力应同时满足材料本身的强度要求，这种起到压力扩散作用的基础称扩展基础，也叫柔性基础。

（1）施工工艺：基底土质验槽→施工垫层→在垫层上弹线抄平→基础施工。

（2）施工要点：

基础施工前，应验槽并将地基表面的浮土及垃圾清除干净，及时浇筑混凝土垫层，以免地基土被扰动。当垫层达到一定强度后，在其上弹线、绑扎钢筋、支模。钢筋底部应采用与混凝土保护层相同的水泥砂浆垫块垫塞，以保证位置正确。基础上有插筋时，要采取措施加以固定，保证插筋位置的正确，防止浇捣混凝土时发生位移。

基础混凝土应分层连续浇筑完成。阶梯形基础应按台阶分层浇筑，每浇筑完一个台阶后应待其初步沉实后，再浇筑上层，以防止下台阶混凝土溢出，在上台阶根部出现烂根。台阶表面应基本抹平。锥形基础的斜面部分模板应随混凝土浇捣分段支设并顶压紧，以防模板上浮变形，边角处混凝土应注意捣实。严禁斜面部分不支模、采用铁锹拍实的方法。

杯形基础的杯口模板要固定牢固，以防浇捣混凝土时发生位移，并应考虑便于拆模和周转使用。浇筑混凝土时应先将杯底混凝土振实，待其沉实后，再浇筑杯口四周混凝土。注意四侧要对称均匀进行，避免将杯口模板挤向一侧。基础浇捣完毕，在混凝土初凝后终凝前将杯口模板取出，并将杯口内侧表面混凝土凿毛。高杯口基础施工时，可采用后安装杯口模板的方法，即当混凝土浇捣接近杯底时，再安装固定杯口模板，浇筑杯口四周混凝土。

3. 筏板基础施工

当地质条件差、上部荷载大时，可将部分或整个建筑范围的基础连在一起，其形式犹如倒置的楼板，又像筏子，因此叫做筏板基础，又称满堂基础。筏板基础按是否有梁可分为平板式和梁板式两种。筏板基础适用于地基土质软弱又不均匀、有地下水或当柱子和承重墙传来的荷载很大的情况。

（1）施工工艺：基底土质验槽→施工垫层→在垫层上弹线抄平→基础施工。

（2）施工要点：

1）基坑开挖时，如果地下水位较高，应采取明沟排水、人工降水等措施，使地下水位降至基坑底下不少于 500mm，保证基坑在无水情况下进行开挖和基础结构施工。

2）开挖基坑应注意保持基坑底土的原状结构，尽量不要扰动。当采用机械开挖基坑时，在基坑底面设计标高以上保留 200～400mm 厚的土层，采用人工挖除并清理平整。如不能立即进行下道工序施工，应预留 100～200mm 厚土层，在下道工序施工前挖除，以防止地基土被扰动。在基坑验槽后，应立即浇筑垫层。

3）当垫层达到一定强度后，在其上弹线、支模、铺放钢筋、连接柱的插筋。

4）在浇筑混凝土前，清除模板和钢筋上的垃圾、泥土等杂物，木模板浇水加以润湿。

5）混凝土浇筑方向应平行于次梁长度方向，对于平板式筏板基础则应平行于基础长边方向。混凝土应一次浇灌完成，若不能整体浇灌完成，则应留设施工缝。施工缝留设位置：当平行于次梁长度方向浇筑时，应留在次梁中部 1/3 跨度范围内；对平板式可留设在任何位置，但施工缝应平行于底板短边且不应在柱脚范围内。在施工缝处继续浇灌混凝土时，应将施工缝表面松动石子等清扫干净，并浇水湿润，铺上一层水泥浆或与混凝土成分相同的水泥砂浆，再继续浇筑混凝土。

对于梁板式片筏基础，梁高出底板部分应分层浇筑，每层浇灌厚度不宜超过 200mm。混凝土应浇筑到柱脚顶面，留设水平施工缝。

6）基础浇筑完毕，表面应覆盖和洒水养护，并防止浸泡地基。待混凝土强度达到设计强度的 25% 以上时，即可拆除梁的侧模。

7）当混凝土基础达到设计强度的 30% 时，应进行基坑回填。基坑回填应在四周同时进行，并按基底排水方向由高到低分层进行。

8）在基础底板上埋设好沉降观测点，定期进行观测、分析，并且作好记录。

4.1.2 桩基础施工

1. 混凝土预制桩施工

预制桩是用钢筋混凝土、钢材、木料在施工现场或工厂制作成各种形式的桩以后，用沉桩设备将桩以锤击、振动打入，静压、旋入或有时兼用高压水冲沉入土中等方式设置而成的。

预制桩施工的工艺流程为：

（1）就位桩机

打桩机就位时，应对准桩位，保证垂直、稳定，确保在施工中不发生倾斜、移位。

在打桩前，用两台经纬仪对打桩机进行垂直度调整，使导杆垂直，或达到符合设计要求的角度。

（2）起吊预制桩

先拴好吊桩用的钢丝绳和索具，然后应用索具捆绑在桩上端吊环附近处，通常不宜超过 300mm，再启动机器起吊预制桩，使桩尖垂直或按设计要求的斜角准确地对准预定的桩位中心，缓缓放下插入土中，位置要准确，再在桩顶扣好桩帽或桩箍，即可除去索具。

（3）稳桩

桩尖插入桩位后，先用落距较小轻锤1～2次。桩入土一定深度，再调整桩锤、桩帽、桩垫及打桩机导杆，使之与打入方向成一直线，并使桩稳定。10m 以内短桩可用线坠双向校正；10m 以上或打接桩必须用经纬仪双向校正，不得用目测。打斜桩时必须用角度仪测定、校正角度。

观测仪器应设在不受打桩机移动及打桩作业影响的地点，并经常与打桩机成直角移动。桩插入土时垂度偏差不得超过 0.5%。

桩在打入前，应在桩的侧面或桩架上设置标尺，以便在施工中观测、记录。

（4）打桩

1）用落锤或单动汽锤打桩时，锤的最大落距不宜超过 1m；用柴油锤打桩时，应使锤跳动正常。

2）打桩宜重锤低击，锤重的选择应根据工程地质条件、桩的类型、结构、密集程度及施工条件来选用。

3）打桩顺序根据基础的设计标高，先深后浅；依桩的规格先大后小，先长后短。由于桩的密集程度不同，可由中间向两个方向对称进行或向四周进行，也可由一侧向单一方向进行。

4）打入初期应缓慢地间断地试打，在确认桩中心位置及角度无误后再转入正常施打。

5）打桩期间应经常校核检查桩机导杆的垂直度或设计角度。

（5）接桩

1）在桩长不够的情况下，可采用焊接或浆锚法接桩。

2）接桩前应先检查下节桩的顶部，如有损伤应适当修复，并清除两桩端的污染和杂物等。如下节桩头部严重破坏时应补打桩。

3）焊接时，其预埋件表面应清洁，上下节之间的间隙应用铁片垫实焊牢。施焊时，先将四角点焊固定，然后对称焊接，并应采取措施，减少焊缝变形，焊缝应连续焊满。0℃以下时须停止焊接作业，否则需采取预热措施。

4）浆锚法接桩时，接头间隙内应填满熔化了的硫磺胶泥，硫磺胶泥温度控制在145℃左右。接桩后应停歇至少 7min 后才能继续打桩。

5）接桩时，一般在距地面 1m 左右时进行。上下节桩的中心线偏差不得大于 5mm，节点弯曲矢高不得大于 1/1000 桩长。

6）接桩处入土前，应对外露铁件再次补刷防腐漆。

桩的接头应尽量避免以下位置：

① 桩尖刚达到硬土层的位置。

② 桩尖将穿透硬土层的位置。

③ 桩身承受较大弯矩的位置。

（6）送桩

设计要求送桩时，送桩的中心线应与桩身吻合一致方能进行送桩。送桩下端宜设置桩垫，要求厚薄均匀。若桩顶不平可用麻袋或厚纸垫平。送桩留下的桩孔应立即回填密实。

（7）检查验收

预制桩打入深度以最后贯入度（一般以连续三次锤击均能满足为准）及桩尖标高为准，也就是"双控"，如两者不能同时满足要求时，首先应满足最后贯入度。

坚硬土层中，每根桩已打到贯入度要求，而桩尖标高进入持力层未达到设计标高，应根据实际情况与有关单位会商确定。一般要求继续击 3 阵，每阵 10 击的平均贯入度，不应大于规定的数值；在软土层中以桩尖打至设计标高来控制，贯入度可作参考。

符合设计要求后，填好施工记录。然后移桩机到新桩位。

如打桩发生与要求相差较大时，应会同有关单位研究处理，一般采取补桩方法。

在每根桩桩顶打至场地标高时应进行中间验收，待全部桩打完后，开挖至设计标高，做最后检查验收，并将技术资料提交总承包方。

（8）移桩机

移动桩机至下一桩位按照上述施工程序进行下一根桩的施工。

2. 混凝土灌注桩施工

灌注桩是直接在桩位上用机械成孔或人工挖孔，在孔内安放钢筋、灌注混凝土而成型的桩。

（1）长螺旋钻孔灌注桩施工

长螺旋钻孔灌注桩是干作业成孔灌注桩的一个项目，适用于民用与工业建筑地下水位以上的一般黏性土、砂土及人工填土地基的长螺旋成孔灌注桩工程。

长螺旋钻孔灌注桩施工的工艺流程为：

1）钻孔机就位

钻孔机就位时，必须保持平稳，不发生倾斜、移位。为准确控制钻孔深度，应在桩架上或桩管上作出控制的标尺，以便在施工中进行观测、记录。

2）钻孔

调直机架挺杆，对好桩位（用对位圈），合理选择和调整钻进参数，以电流表控制进尺速度，开动机器钻进、出土，达到设计深度后使钻具在孔内空转数圈，清除虚土，然后停钻、提钻。

3）检查成孔质量

用测绳（锤）或手提灯测量孔深、垂直度及虚土厚度。虚土厚度等于测量深度与钻孔深的差值，虚土厚度一般不应超过 100mm。

4）孔底土清理

钻到设计标高（深度）后，必须在深处进行空转清土，然后停止转动，提钻杆，不得回转钻杆。孔底的虚土厚度超过质量标准时，要分析原因，采取处理措施。进钻过程中散落在地面上的土，必须随时清除运走。

5）盖好孔口盖板

经过成孔质量检查后，应按表逐项填好桩孔施工记录，然后盖好孔口盖板。

6）移动钻机到下一桩位

移走钻孔机到下一桩位，禁止在盖板上行车走人。

7）移走盖板复测孔深、垂直度

移走盖孔盖板，再次复查孔深、孔径、孔壁、垂直度及孔底虚土厚度。

8）吊放钢筋笼

钢筋笼上必须先绑好砂浆垫块（或卡好塑料卡）；钢筋笼起吊时不得在地上拖曳，吊入钢筋笼时，要吊直扶稳，对准孔位，缓慢下沉，避免碰撞孔壁。钢筋笼下放到设计位置时，应立即固定。两段钢筋笼连接时，应采用焊接，以确保钢筋的位置正确，保护层符合要求。浇灌混凝土前应再次检查测量孔内虚土厚度。

9）放混凝土溜筒（导管）

浇筑混凝土必须使用导管。导管内径 200～300mm，每节长度为 2～2.5m，最下端一节导管长度应为 4～6m，检查合格后方可使用。

10）浇灌混凝土

放好混凝土溜筒，浇灌混凝土，注意落差不得大于 2m，应边浇灌混凝土边分层振捣密实，分层高度按捣固的工具而定，一般不大于 1.5m。

浇灌桩顶以下 5m 范围内的混凝土时，每次浇注高度不得大于 1.5m。

灌注混凝土至桩顶时，应适当超过桩顶设计标高 500mm 以上，以保证在凿除浮浆后，桩标高能符合设计要求。拔出混凝土溜筒时，钢筋要保持垂直，保证有足够的保护层，防止插斜、插偏。灌注桩施工按规范要求留置试块，每桩不得少于一组。

（2）泥浆护壁正反循环成孔灌注桩施工

泥浆护壁正反循环成孔灌注桩是在钻孔过程中利用泥浆保护孔壁，通过循环泥浆将钻头切削下的土渣排出孔外而成孔，而后吊放钢筋笼，水下灌注混凝土而成桩。适用于建筑工程中采用泥浆护壁进行钻孔灌注桩施工。该法常用于含水量高的软土地区。泥浆一般需专门配置，在黏土中成孔时可利用钻削的黏土与水混合自造。泥浆在成孔过程中可以护壁、携渣、冷却和润滑钻头。

泥浆循环成孔工艺如图 4-1 所示。在机械成孔前，孔口需埋设钢板护筒。

泥浆护壁正反循环成孔灌注桩施工的工艺流程为：

1）测量定位

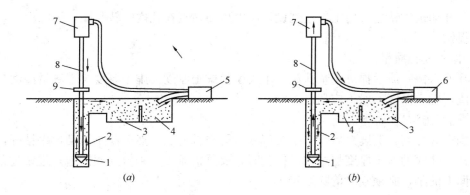

图 4-1 泥浆循环成孔工艺

（*a*）正循环；（*b*）反循环

1—钻头；2—泥浆循环方向；3—沉淀池；4—泥浆池；5—混浆泵；

6—砂石泵；7—水龙头；8—钻杆；9—钻机回转装置

由专业测量人员根据给定的控制点按《工程测量规范》GB 50026—2007 的要求测放桩位，并用标桩标定准确。

2）埋设护筒

当表层土为砂土，且地下水位较浅时，或表层土为杂填土，孔径大于 800mm 时，应设置护筒。护筒内径比钻头直径大 100mm 左右。护筒端部应置于黏土层或粉土层中，一般不应设在填土层或砂砾层中，以保证护筒不漏水。如需将护筒设在填土或砂土层中，应在护筒外侧回填黏土，分层夯实，以防漏水，同时在护筒顶部开设 1～2 个溢浆口。当护筒直径小于 1m 且埋设较浅时宜用钢质护筒，钢板厚度 4～8mm 直径大于 1m 且埋设较深时可采用永久性钢筋混凝土护筒。护筒的埋设，对于钢护筒可采用锤击法，对于钢筋混凝土护筒可采用挖埋法。护筒口应高出地面至少 100mm。在埋设过程中，一般采用十字拴桩法确保护筒中心与桩位中心重合。

3）钻机就位

钻机就位必须平正、稳固，确保在施工中不倾斜、移动。在钻机双侧吊线坠校正调整钻杆垂直度（必要时可用经纬仪校正）。为准确控制钻孔深度，应在桩架上做出控制深度的标尺，以便在施工中进行观测、记录。

4）钻孔和清孔

① 正循环钻进。

a. 钻头回转中心对准护筒中心，偏差不大于允许值。开动泥浆泵使冲洗液循环 2～3min，然后再开动钻机，慢慢将钻头放置护筒底。在护筒刃脚处应低压慢速钻进，使刃脚处的地层能稳固地支撑护筒，待钻至刃脚以下 1m 以后，可根据土质情况以正常速度钻进。

b. 随钻进随循环冲洗液，为保证冲洗液在外环空间的上返流速在 0.25～0.3m/s，以能够携带出孔底泥砂和岩屑，应有足够的冲洗液量。

c. 钻速的选择除了满足破碎岩土扭矩的需要，还应考虑钻头不同部位的磨耗情况。

一般地层钻进时，转速范围 40～80r/min，钻孔直径小、黏性土层取高值；钻孔直径大、砂性土层取低值；较硬或非匀质土层转速可相应减少到 20～40r/min。

d. 钻压的确定原则：在土层中钻进时，钻进压力应保证冲洗液畅通、钻渣清除及时为前提，灵活掌握。在基岩钻进时，要保证每颗（或每组）硬质合金切削刀具上具有足够的压力。在此压力下，硬质合金钻头能有效的切入并破碎岩石，同时又不会过快的磨钝、损坏。应根据钻头上硬质合金片的数量和每颗硬质合金片的允许压力计算出总压力。

e. 清孔方法：

抽浆法：空气吸泥清孔（空气升液排渣法）是利用灌注水下混凝土的导管作为吸泥管，高压风作动力将孔内泥浆抽走。砂石泵或射流泵清孔是利用灌注水下混凝土的导管作为吸泥管，砂石泵或射流泵作动力将孔内泥浆抽走。

换浆法：第一次沉渣处理：在终孔时停止钻具回转，将钻头提离孔底 100～200mm，维持冲洗液的循环，并向孔中注入含砂量小于 4%（比重 1.05～1.15）的新泥浆或清水，令钻头在原位空转 10～30min 左右，直至达到清孔要求为止。

第二次沉渣处理：在钢筋笼和下料导管放入孔内至灌注混凝土以前进行第二次沉渣处理，通常利用混凝土导管向孔内压入比重 1.15 左右的泥浆，把孔底在下钢筋笼和导管的过程中再次沉淀的钻渣置换出。

② 反循环钻进。

a. 钻头回转中心对准护筒中心，偏差不大于允许值。先启动砂石泵，待泥浆循环正常后，开动钻机慢速回转下放钻头至护筒底。开始钻进时应轻压慢转，待钻头正常工作后，逐渐加大钻速，调整压力，并使钻头不产生堵水。在护筒刃脚处应低压慢速钻进，使刃脚处的地层能稳固地支撑护筒，待钻至刃脚以下 1m 以后，可根据土质情况以正常速度钻进。

b. 在钻进时，要仔细观察进尺情况和砂石泵排水出渣的情况，排量减少或出水中含渣量较多时，要控制钻进速度，防止因循环液比重过大而中断循环。

c. 采用反循环在砂砾、砂卵石地层中钻进时，为防止钻渣过多，卵砾石堵塞管路，可采用间断钻进、间断回转的方法来控制钻进速度。

d. 加接钻杆时，应先停止钻进，将机具提离孔底 80～100mm，维持冲洗液循环 1～2min，以清洗孔底并将管道内的钻渣携出排净，然后停泵加接钻杆。

e. 钻杆连接应拧紧上牢，防止螺栓、螺母、拧卸工具等掉入孔内。

f. 钻进时如孔内出现塌孔、涌砂等异常情况，应立即将钻具提离孔底，控制泵量，保持冲洗液循环，吸除塌落物和涌砂，同时向孔内补充加大比重的泥浆，保持水头压力以抑止涌砂和塌孔，恢复钻进后，泵排量不宜过大，以防塌孔壁。

g. 钻进达到要求孔深停钻时，仍要维持冲洗液正常循环，直到返出冲洗液的钻渣含量小于 4% 时为止。起钻时应注意操作轻稳，防止钻头拖刮孔壁，并向孔内补入适量冲洗液，稳定孔内水头高度。

h. 沉渣处理（清孔）：

第一次沉渣处理：同正循环钻进中换浆法的第一次沉渣处理。

第二次沉渣处理：（空气升液排渣法）是利用灌注水下混凝土的导管作为吸泥管，高压风作动力将孔内泥浆抽排走。基本要求与正循环法清孔相同。

5）钢筋笼加工及安放

① 钢筋笼加工

钢筋笼的钢筋数量、配置、连接方式和外形尺寸应符合设计要求。钢筋笼的加工场地应选在运输方便的场所,最好设置在现场内。

钢筋笼绑扎顺序应先在架立筋(加强箍筋)上将主筋等间距布置好,再按规定的间距绑扎箍筋。箍筋、架立筋和主筋之间的接点可用点焊焊接固定。直径大于 2m 的钢筋笼可用角钢或扁钢作架立筋,以增大钢筋笼刚度。钢筋笼长度一般在 8m 左右,当采取辅助措施后,可加长到 12m 左右。钢筋笼下端部的加工应适应钻孔情况。为确保桩身混凝土保护层的厚度,应在主筋外侧安设钢筋定位器或滚轴垫块。钢筋笼堆放应考虑安装顺序,防止钢筋笼变形,以堆放两层为好,采取措施可堆到三层。

② 安放钢筋笼

钢筋笼安放要对准孔位,扶稳、缓慢,避免碰撞孔壁,到位后立即固定。

若钢筋笼需要接长,要先将第一段钢筋笼放入孔中,利用其上部架立筋暂时固定在护筒上部,然后吊起第二段钢筋笼对准位置后用绑扎或焊接等方法接长后放入孔中,如此逐段接长后放入到预定位置。待钢筋笼安设完成后,要检查确认钢筋顶端的高度。

6)插入导管,进行第二次清孔。

7)灌注水下混凝土

① 混凝土的强度等级应符合设计要求,水泥用量不少于 $350kg/m^3$,掺减水剂时水泥用量不少于 $300kg/m^3$,水灰比宜为 0.5～0.6,扩展度宜为 340～380mm。

② 水下灌注混凝土必须使用导管,导管内径 200～300mm,每节长度为 2～2.5m,最下端一节导管长度应为 4～6m。导管在使用前应进行水密承压试验(禁用气压试验)。水密试验的压力不应小于孔内水深 1.3 倍的压力,也不应小于导管承受灌注混凝土时最大内压力的 1.3 倍。

③ 隔水塞可用混凝土制成也可使用球胆制作,其外形和尺寸要保证在灌注混凝土时顺畅下落和排出。

④ 首批混凝土灌注:在灌注首批混凝土之前,先配制 0.1～0.3m^3 水泥砂浆放入滑阀(隔水塞)以上的导管和漏斗中,然后再放入混凝土。确认初灌量备足后,即可剪断铁丝,借助混凝土重量排除导管内的水,使滑阀(隔水塞)留在孔底,灌入首批混凝土。灌注首批混凝土时,导管埋入混凝土内的深度不小于 1.0m。

⑤ 连续灌注混凝土:首批混凝土灌注正常后,应连续灌注混凝土,严禁中途停工。在灌注过程中,应经常探测混凝土面的上升高度,并适时提升拆卸导管,保持导管的合理埋深。探测次数一般不少于所使用的导管节数,并应在每次提升导管前,探测一次管内外混凝土高度。遇特殊情况(如局部严重超径、缩径和灌注量特别大的桩孔等)应增加探测次数,同时观察返水情况,以正确分析和判断孔内的情况。

⑥ 灌注混凝土过程中,应采取防止钢筋笼上浮的措施:

当灌注的混凝土顶面距钢筋骨架底部 1m 左右时应降低混凝土的灌注速度。

当混凝土拌合物上升到骨架底口 4m 以上时,提升导管,使其底口高于底部 2m 以上,即可恢复正常灌注速度。

⑦ 在水下灌注混凝土时,应根据实际情况严格控制导管的最小埋深,以保证混凝土的连续均匀,防止出现断桩现象。导管最大埋深不宜超过最下端一节导管的长度或 6m。

⑧ 混凝土灌注时间：混凝土灌注的上升速度不得小于 2m/h。混凝土的灌注时间必须控制在导管中的混凝土未丧失流动性以前，必要时可掺入缓凝剂。

⑨ 桩顶处理：混凝土灌注的高度，应超过桩顶设计标高约 500mm，以保证在剔除浮浆后，桩顶标高和桩顶混凝土质量符合设计要求。

8）拔出导管和护筒。

（3）人工挖孔灌注桩施工

人工挖孔灌注桩是桩孔采用人工挖掘的方法成孔，然后安放钢筋笼，浇筑混凝土而形成的桩基，其成孔直径大，单桩承载力高，受力性能好，既能承受竖向荷载，又能承受水平荷载，见图 4-2。

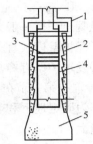

图 4-2 人工挖孔灌注桩构造示意图

1—承台；2—护壁；3—箍筋；4—主筋；5—桩端扩底

人工挖孔灌注桩为干作业成孔，具有机具设备简单、施工操作方便、占用施工场地小、可直接观察土层变化情况、可较清楚地确定持力层的承载力、便于清孔和检查孔底及孔壁、施工质量可靠、无噪声、无振动、无污染、对周围建筑物影响小、施工速度快及造价低等优点，因此得到广泛应用。

人工挖孔灌注桩施工的工艺流程为：

1）放线定桩位及高程

在场地三通一平的基础上，依据建筑物测量控制网的资料和基础平面布置图，测定桩位轴线方格控制网和高程基准点。确定好桩位中心，以中点为圆心，以桩身半径加护壁厚度为半径划出上部（即第一节）的圆周。撒石灰线作为桩孔开挖尺寸线。并沿桩中心位置向桩孔外引出四个桩中轴线控制点，用牢固木桩标定。桩位线定好之后，必须经有关部门复查，办好预验手续后开挖。

2）开挖第一节桩孔土方

由人工开挖从上到下逐层进行，先挖中间部分的土方，然后扩及周边，有效控制开挖截面尺寸。每节的高度应根据土质好坏及操作条件而定，一般以 0.9～1.2m 为宜。开孔完成后进行一次全面测量校核工作，对孔径、桩位中心检测无误后进行支护。

3）安放混凝土护壁的钢筋、支护壁模板

① 成孔后应设置井圈，宜优先采用现浇钢筋混凝土井圈护壁。当桩的直径不大，深度小、土质好、地下水位低的情况下也可以采用素混凝土护壁。护壁的厚度应根据井圈材料、性能、刚度、稳定性、操作方便、构造简单等要求，并按受力状况，以及所承受的土侧压力和地下水侧压力，通过计算来确定。

② 土质较好的小直径桩护壁可不放钢筋，但当设计要求放置钢筋或挖土遇软弱土层需加设钢筋时，桩孔挖土完毕并经验收合格后，安放钢筋，然后安装护壁模板。护壁中水平环向钢筋不宜太多，竖向钢筋端部宜弯成 U 形钩并打入挖土面以下 100～200mm，以便与下一节护壁中钢筋相连接。

③ 护壁模板用薄钢板，圆钢、角钢拼装焊接成弧形工具式内钢模每节分成 4 块，大直径桩也可分成 5～8 块，或用组合式钢模板预制拼装而成。采取拆上节、支下节的方式重复周转使用。模板之间用卡具、扣件连接固定，也可以在每节模板的上下端各设一道用槽钢或角钢做成的圆弧形内钢圈作为内侧支撑，防止内模变形。为方便操作不设水平支撑。

④ 第一节护壁以高出地坪 150～200mm 为宜，护壁厚度按设计计算确定，一般取 100～150mm。第一节护壁应比下面的护壁厚 50～100mm，一般取 150～250mm。护壁中心应与桩位中心重合，偏差不大于 20mm，且任何方向二正交直径偏差不大于 50mm，桩孔垂直度偏差不大于 0.5％。符合要求后可用木楔稳定模板。

4）浇灌第一节护壁混凝土

① 桩孔挖完第一节后应立即浇灌护壁混凝土，人工浇灌，人工捣实，不宜用振动棒。混凝土强度一般为 C20，坍落度控制在 70～100mm。

护壁模板宜 24h 后，强度＞5MPa 后拆除，通常在下节桩孔土方挖完后进行。拆模后若发现护壁有蜂窝、漏水现象，应加以堵塞或导流。

② 第一节护壁筑成后，将桩孔中轴线控制点引回到护壁上，并进一步复核无误后，作为确定地下各节护壁中心的基准点，同时用水准仪把相对水准标高标定在第一节孔圈护壁上。

5）检查桩位（中心）轴线及标高

每节的护壁做好以后，必须将桩位十字轴线和标高测设在护壁上口，然后用十字线对中，吊线坠向井底投设，以半径尺杆检查孔壁的垂直平整度，随之进行修整。井深必须以基准点为依据，逐根进行引测，保证桩孔轴线位置、标高、截面尺寸满足设计要求。

6）架设垂直运输架

第一节桩孔成孔以后，即着手在孔上口架设垂直运输支架，支架有三木搭、钢管吊架或木吊架、工字钢导轨支架，要求搭设稳定、牢固。

7）安装电动葫芦或卷扬机

浅桩和小型桩孔也可以用木吊架、木辘轳或人工直接借助粗麻绳作提升工具。地面运土用翻斗车、手推车。

8）安装吊桶、照明、活动安全盖板、水泵、通风机

① 在安装滑轮组及吊桶时，注意使吊桶与桩孔中心位置重合，挖土时直观上控制桩位中心和护壁支模中心线。

② 井底照明必须用低压电源（36V，100W）、防水带罩安全灯具。井上口设护栏。电缆分段与护壁固定，长度适中，防止与吊桶相碰。

③ 当井深大于 5m 时应有井下通风，加强井下空气对流，必要时送氧气，密切注视，防止有毒气体的危害。操作时上下人员轮换作业，互相呼应，井上人员随时观察井下人员情况，切实预防发生人身安全事故。

④ 当地下渗水量不大时，随挖随将泥水用吊桶运出，或在井底挖集水坑，用潜水泵抽水。并加强支护。当地下水位较高，排水沟难以解决时，可设置降水井降水。

⑤ 井口安装水平推移的活动安全盖板：井下有人操作时，掩好安全盖板，防止杂物掉入井内，无关人员不得靠近井口，确保井下人员安全施工。

9）开挖吊运第二节桩孔土方（修边）

从第二节开始，利用提升设备运土，井下人员应戴好安全帽，井上人员拴好安全带，井口架设护栏，吊桶离开井上口 1m 时推动活动盖板，掩蔽井口，防止卸土时土块、石块等杂物坠落井内伤人。吊桶在小推车内卸土后（也可以用工字钢导轨将吊桶移出向翻斗车内卸土）再打开井盖，下放吊桶装土。

桩孔挖至规定的深度后，用尺杆检查桩孔的直径及井壁圆弧度，上下应垂直平顺，修整孔壁。

10）第二节护壁支护模板

安放附加钢筋，并与上节预留的竖向钢筋连接，拆除第一节护壁模板，支护第二节。护壁模板采用拆上节支下节依次周转使用。使上节护壁的下部嵌入下节护壁的上部混凝土中，上下搭接 50～75mm。桩孔检测复核无误后浇灌护壁混凝土。

11）浇灌第二节护壁混凝土

混凝土用吊桶送来，人工浇灌、人工振捣密实，混凝土掺入早强剂由试验确定。

12）检查桩位（中心）轴线及标高

以井上口的定位线为依据，逐节投测、修整。

13）逐层往下循环作业

将桩孔挖至设计深度，清除虚土，检查土质情况，桩底应进入设计规定的持力层深度。

14）开挖扩底部分

桩底包括扩底和不扩底两种。挖扩底桩应先将扩底部位桩身的圆柱体挖好。再按照扩底部位的尺寸、形状，自上而下削土扩成扩底形状。扩底尺寸应符合设计要求，完成后清除护壁污泥、孔底残渣、浮土、杂物、积水等。

15）检查验收

成孔以后必须对桩身直径、扩大头尺寸、井底标高、桩位中心、井壁垂直度、虚土厚度、孔底岩（土）性质进行逐个全面综合测定。做好成孔施工验收记录，办理隐蔽验收手续。检验合格后迅速封底，安放钢筋笼，灌注桩身混凝土。

16）吊放钢筋笼

① 按设计要求对钢筋笼进行验收，检查钢筋种类、间距、焊接质量、钢筋笼直径、长度及保护块（卡）的安置情况，填写验收记录。

② 钢筋笼用起重机吊起，沉入桩孔就位。用挂钩钩住钢筋笼最上面的一根加强箍，用槽钢作横担，将钢筋笼吊挂在井壁上口，以自重保持骨架的垂直，控制好钢筋笼的标高及保护层的厚度。起吊时防止钢筋笼变形，注意不得碰撞孔壁。

③ 当钢筋笼太长时，可分段起吊，在孔口进行垂直焊接。大直径（>1.4m）桩钢筋笼也可在孔内安装绑扎。

④ 超声波等非破损检测桩身混凝土质量用的测管，也应在安放钢筋笼时同时按设计要求进行预埋。钢筋笼安放完毕后，必须验筋合格后方可浇灌桩身混凝土。

17）浇注桩身混凝土

① 桩身混凝土宜使用设计要求强度等级的预拌混凝土，浇灌前应检测其坍落度，并按规定每根桩至少留置一组试块。用溜槽加串桶向井内浇注，混凝土的落差不大于 2m，如用泵送混凝土，可直接将混凝土泵出料口移入孔内投料。桩孔深度超过 12m 时宜采用混凝土导管连续分层浇灌，振捣密实。一般浇灌到扩底部的顶面。振捣密实后继续浇注以上部分。

② 桩直径小于 1.2m、深度达 6m 以下部位的混凝土可利用混凝土自重下落的冲力，再适当辅以人工插捣使之密实。其余 6m 以上部分再分层浇灌振捣密实。大直径桩要认真

分层逐次浇灌捣实，振捣棒的长度不可及部分，采用人工铁管、钢筋棍插捣。浇灌直至桩顶。将表面压实、抹平。桩顶标高及浮浆处理应符合要求。

③ 当孔内渗水较大时，应预先采取降水、止水措施或采用导管法灌注水下混凝土。水下灌注时首次投料量必须有足以将导管底端一次性埋入水下混凝土中达 800mm 以上。

（4）旋挖成孔灌注桩施工

旋挖成孔施工具有低噪声、低振动、扭矩大、成孔速度快、自带动力、无泥浆循环等特点，适用于对噪声、振动、泥浆污染要求严的场地施工。除基岩、漂石等地层外，一般地层均可用旋挖方法成孔。成孔直径一般为 600～3000mm，一般最大孔深达 76m。多用于大型建（构）筑物基础桩、抗浮桩及用于基坑支护的护坡桩等。

旋挖成孔灌注桩施工的工艺流程为：

1）钻机安装就位

要求地耐力不小于 100kPa，履盘坐落的位置应平整，坡度不大于 3°，避免因场地不平整，产生功率损失及倾斜位移，重心高还易引发安全事故。

2）拴桩，对准桩位

桩位置确定后，用两根互相垂直的直线相交于桩点，并定出十字控制点，做好标识并妥加保护。调整旋挖钻机的桅杆，使之处于铅垂状态，让钻斗或螺旋钻头对正桩位。

3）钻斗或短螺旋钻开孔

定出十字控制桩后，可采用钻机进行开孔钻进取土。

4）埋设护筒

钻至设计深度，进行护筒埋设，护筒宜采用 10mm 以上厚钢板制作，护筒直径应大于孔径 200mm 左右，护筒的长度应视地层情况合理选择。护筒顶部应高出地面 200mm 左右，周围用黏土填埋并夯实，护筒底应坐落在稳定的土层上，中心偏差不得大于 50mm。测量孔深的水准点，用水准仪将高程引至护筒顶部，并做好记录。

5）泥浆制作

采用现场泥浆搅拌机制作，宜先加水并计算体积，在搅拌下加入规定的膨润土，纯碱以溶液的方式在搅拌下徐徐加入，搅拌时间一般不少于 3min，必要时还可加入其他外加剂如增粘降失水剂、重晶石粉增大泥浆比重，锯末、棉子等防止漏浆。

6）旋挖钻进成孔

① 钻头着地，旋转，钻进。以钻具钻头自重和加压油缸的压力作为钻进压力，每一回次的钻进量应以深度仪表为参考，以说明书钻速、钻压扭矩为指导，进尺量适当，不多钻，也不少钻。钻多，辅助时间加长，钻少，回次进尺小，效率降低。

② 当钻斗内装满土、砂后，将其提升上来，注意地下水位变化情况，并灌注泥浆。

③ 旋转钻机，将钻斗内的土卸出，用铲车及时运走，运至不影响施工作业为止。

④ 关闭钻斗活门，将钻机转回孔口，降落钻斗，继续钻进。

⑤ 为保证孔壁稳定，应视表土松散层厚度，孔口下入长度适当的护筒，并保持泥浆液面高度，随泥浆损耗及孔深增加，应及时向孔内补充泥浆，以维持孔内压力平衡。

⑥ 钻遇软层，特别是黏性土层，应选用较长斗齿及齿间距较大的钻斗以免糊钻，提钻后应经常检查底部切削齿，及时清理齿间粘泥，更换已磨钝的斗齿。

钻遇硬土层，若发现每回钻进深度太小，钻斗内碎渣量太少，可换一个较小直径钻斗，先钻小孔，然后再用直径适宜钻斗扩孔。

⑦ 钻砂卵砾石层，为加固孔壁和便于取出砂卵砾石，可事先向孔内投入适量黏土球，采用双层底板捞砂钻斗，以防提钻过程中砂卵砾石从底部漏掉。

⑧ 提升钻头过快，易产生负压，造成孔壁坍塌，一般钻斗提升速度可按表 4-1 推荐值使用。

钻斗升降速度推荐值   表 4-1

桩径 (mm)	装满渣土钻斗提升 (m/s)	空钻斗升降 (m/s)	桩径 (mm)	装满渣土钻斗提升 (m/s)	空钻斗升降 (m/s)
700	0.973	1.210	1300	0.628	0.830
1200	0.748	0.830	1500	0.575	0.830

⑨ 在桩端持力层钻进时，可能会由于钻斗的提升引起持力层的松弛，故在接近孔底标高时应注意减小钻斗的提升速度。

7）清孔

因旋挖钻用泥浆不循环，在保障泥浆稳定的情况下，清除孔底沉渣，通常用双层底捞砂钻斗，在不进尺的情况下，回转钻斗使沉渣尽可能地进入斗内，反转，封闭斗门，即可达到清孔的目的。

8）钢筋笼制作

钢筋笼制作，按设计图纸及规范要求制作。一般不超过 29m 长可在地表一次成型，超过 29m，宜在孔口焊接。

9）下钢筋笼

钢筋笼场内移运可用人工抬运或用平车加托架移运，不可使钢筋笼产生永久性变形；钢筋笼起吊要采用双点起吊，钢筋笼大时要用两个吊车同时多点起吊，对正孔位，徐徐下入，不准强行压入。

10）下导管

导管连接要密封、顺直，导管下口离孔底约 30cm 即可，导管平台应平整，夹板牢固可靠。

11）浇注混凝土

① 钢筋笼、导管下放完毕，作隐蔽检查，必要时进行二次清孔，验收合格后，立即浇注混凝土。

② 使用预拌混凝土应具备设计的强度等级，良好的和易性，坍落度宜为 180～220mm。

③ 初灌量应保证导管下端埋入混凝土面下不少于 0.8m。

④ 隔水塞应具有良好的隔水性能，并能顺利排出。

⑤ 导管埋深保证 2～6m，随着混凝土面上升，随时提升导管。

⑥ 混凝土灌至钢筋笼下端时，为防止钢筋笼上浮，应采取如下措施，在孔口固定钢筋笼上端；灌注时间尽量缩短，防止混凝土进入钢筋笼时流动性变差；当孔内混凝土面进入钢筋笼 1～2m 时，应适当提升导管，减小导管埋深，增大钢筋笼在下层混凝土中的埋置深度。

⑦ 灌注结束时，控制桩项标高，混凝土面应超过设计桩顶标高 300～500mm，保障

桩头质量。

（5）灌注桩施工质量要求及安全技术

1）施工中应对成孔、清查、放置钢筋笼、灌注混凝土等进行全过程检查，人工挖孔桩尚应复验孔底持力层土（岩）性。嵌岩桩必须有桩端持力层的岩性报告。

2）混凝土灌注桩的质量检验标准需符合表 4-2、表 4-3 的规定。

混凝土灌注桩质量检验标准 表 4-2

项	序	检查项目	允许偏差或允许值		检查方法
			单位	数值	
主控项目	1	桩位	见表 4-4		基坑开挖前量护筒，开挖后量桩中心
	2	孔深	mm	+300	只深不浅，用重锤测，可测钻杆、套管长度，嵌岩桩应确保进入设计要求的嵌岩深度
	3	桩体质量检验	按基桩检测技术规范。如钻芯取样，大直径嵌岩桩应钻至桩尖下 500mm		按基桩检测技术规范
	4	混凝土强度	设计要求		试件报告或钻芯取样送检
	5	承载力	按基桩检测技术规范		按基桩检测技术规范
一般项目	1	垂直度	见表 4-5		测套管或钻杆，或用超声波探测，干施工时吊垂球
	2	桩径	见表 4-5		井径仪或超声波检测，干施工时用钢尺量，人工挖孔桩不包括内衬厚度
	3	泥浆密度（黏土或砂性土中）	1.15～1.2		用比重计测，清孔后在距孔底 50cm 处取样
	4	泥浆面标高（高于地下水位）	m	0.5～1.0	目测
	5	沉渣厚度：端承桩 摩擦桩	mm	≤50 ≤150	用沉渣仪或重锤测量
	6	混凝土坍落度	mm	160～220	坍落度仪
	7	钢筋笼安装深度	mm	±100	用钢尺量
	8	混凝土充盈系数	>1		检查每根桩的实际灌注量
	9	桩顶标高	mm	+30，-50	水准仪，需扣除桩顶浮浆层及劣质桩体

混凝土灌注桩钢筋笼质量检验标准（mm） 表 4-3

项	序	检查项目	允许偏差或允许值	检查方法
主控项目	1	主筋间距	±10	用钢尺量
	2	钢筋骨架长度	±100	用钢尺量
一般项目	1	钢筋材质检验	设计要求	抽样送检
	2	箍筋间距	±20	用钢尺量
	3	直径	±10	用钢尺量

预制桩（钢桩）桩位的允许偏差（mm）　　　　　　　　　表 4-4

项	项　　　目	允许偏差
1	盖有基础梁的桩： （1）垂直基础梁的中心线 （2）沿基础梁的中心线	100+0.01H 150+0.01H
2	桩数为 1～3 根桩基中的桩	100
3	桩数为 4～16 根桩基中的桩	1/2 桩径或边长
4	桩数大于 16 根桩基中的桩： （1）最外边的桩 （2）中间桩	1/3 桩径或边长 1/2 桩径或边长

注：H 为施工现场地面标高与桩顶设计标高的距离。

灌注桩的平面位置和垂直度的允许偏差　　　　　　　　　表 4-5

序号	成孔方法		桩径允许偏差（mm）	垂直度允许偏差（%）	桩位允许偏差（mm）	
					1～3 根、单排桩垂直于中心线方向和群桩基础的边桩	条形桩基沿中心线方向和群桩基础的中间桩
1	泥浆护壁钻孔桩	$D{\leqslant}1000mm$	±50	<1	$D/6$，且不大于 100	$D/4$，且不大于 150
		$D{>}1000mm$	±50		100+0.01H	150+0.01H
2	套管成孔灌注桩	$D{\leqslant}500mm$	−20	<1	70	150
		$D{>}500mm$			100	150
3	干成孔灌注桩		−20	<1	70	150
4	人工挖孔桩	混凝土护壁	+50	<0.5	50	150
		钢套管护壁	+50	<1	100	200

注：1. 桩径允许偏差的负值是指个别断面。

　　2. 采用复打、反插法施工的桩，其桩径允许偏差不受上表限制。

　　3. H 为施工现场地面标高与桩顶设计标高的距离，D 为设计桩径。

3. 桩基础工程安全技术

（1）打（沉）桩

1）打桩前，应对邻近施工范围内的原有建筑物、地下管线等进行检查，对有影响的工程，应采取有效的加固防护措施或隔震措施，施工时加强观测，以确保施工安全。

2）打桩机行走道路必须平整、坚实，必要时铺设道渣，经压路机碾压密实。

3）打（沉）桩前应先全面检查机械各个部件及润滑情况，钢丝绳是否完好，发现问题及时解决。检查后要进行试运转，严禁带病工作。

4）打（沉）桩机架安设应铺垫平稳、牢固。吊桩就位时，桩必须达到 100% 强度，起吊点必须符合设计要求。

5）打桩时桩头垫料严禁用手拨正，不得在桩锤未打到桩顶就起锤或过早刹车，以免损坏桩机设备。

6）在夜间施工时，必须有足够的照明设施。

（2）灌注桩

1）施工前，应认真查清邻近建筑物情况，采取有效的防震措施。

2）灌注桩成孔机械操作时应保持垂直平稳，防止成孔时突然倾倒或冲（桩）锤突然下落，造成人员伤亡或设备损坏。

3）冲击锤（落锤）操作时，距锤6m范围内不得有人员行走或进行其他作业，非工作人员不得进入施工区域内。

4）灌注桩在已成孔尚未灌注混凝土前，应用盖板封严或设置护栏，以防掉土或人员坠入孔内，造成重大人身安全事故。

5）进行高空作业时，应系好安全带，混凝土灌注时，装、拆导管人员必须戴安全帽。

（3）人工挖孔桩

1）井口应有专人操作垂直运输设备，井内照明、通风、通信设施应齐全。

2）要随时与井底人员联系，不得任意离开岗位。

3）挖孔施工人员下入桩孔内须戴安全帽，连续工作不宜超过4h。

4）挖出的弃土应及时运至堆土场堆放。

4.2　主体结构施工

4.2.1　砌体结构工程施工

1. 砖基础砌筑施工

（1）确定组砌方法

砖基础由基础墙和大放脚组成，其组砌方法见图4-3～图4-5。

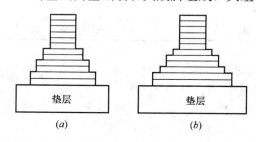

图4-3　砖基础
(a) 等高式；(b) 不等高式

组砌方法一般采用一顺一丁（满丁、满条）排砖法。砖砌体的转角处和内外墙体交接处应同时砌筑，当不能同时砌筑时，应按规定留槎，并做好接槎处理。基底标高不同时，应从低处砌起，并应由高处向低处搭接。

（2）砖浇水

砖应在砌筑前1～2d浇水湿润，烧结普通砖一般以水浸入砖四边15mm为宜，含水率10％～15％；煤矸石页岩实心砖含水率8％～12％，常温施工不得用干砖上墙，不得使用含水率达饱和状态的砖砌墙，冬期施工清除冰霜，砖可以不浇水，但应加大砂浆稠度。

（3）拌制砂浆

1）干拌砂浆的拌制

① 干拌砂浆的强度等级必须符合设计要求。施工人员应按使用说明书的要求操作。

② 干拌砂浆宜采用机械搅拌。如采用连续式搅拌器，应以产品使用说明书要求的加水量为基准，并根据现场施工稠度微调拌和加水量；如采用手持式电动搅拌器，应严格按照产品使用说明书规定的加水量进行搅拌，先在容器内放入规定量的拌和水，再在不断搅

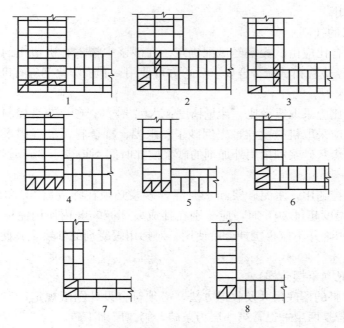

图 4-4 砖基础大放脚转角砌法

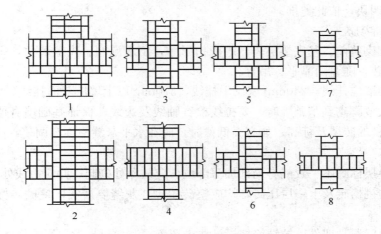

图 4-5 砖基础大放脚十字交接处砌法

拌的情况下陆续加入干拌砂浆，搅拌时间宜为 3～5min，静停 10min 后再搅拌不少于 0.5min。

③ 使用人不得自行添加某种成分来变更干拌砂浆的用途及等级。

④ 拌和好的砂浆拌合物应在使用说明书规定的时间内用完，在炎热或大风天气时应采取措施防止水分过快蒸发，超过初凝时间严禁二次加水搅拌使用。

⑤ 散装干拌砂浆应储存在专用储料罐内，储罐上应有标识。不同品种、强度等级的产品必须分别存放，不得混用。袋装干拌砂浆宜采用糊底袋，在施工现场储存应采取防雨、防潮措施，并按品种、强度等级分别堆放，严禁混堆混用。

⑥ 若在有效存放期内发现干拌砂浆有结块，应在过筛后取样检验，检验合格后全部

过筛方可继续使用。

2）普通砂浆的拌制

① 砂浆的配合比应由试验室经试配确定。在砂浆中掺入有机塑化剂、早强剂、缓凝剂、防冻剂等，经检验和试配符合要求后，方可使用。有机塑化剂应有砌体强度的形式检验报告。

② 砂浆配合比应采取重量比。计量精度：水泥±2%，砂、灰膏控制在±5%以内。

③ 水泥砂浆应采取机械搅拌，先倒砂子、水泥、掺合料，最后倒水。搅拌时间不少于 2min。水泥粉煤灰砂浆和掺用外加剂的砂浆搅拌时间不得少于 3min，掺用有机塑化剂的砂浆，应为 3～5min。

④ 砂浆应随拌随用，水泥砂浆和水泥混合砂浆必须在拌成后 3h 和 4h 内使用完毕。当施工期间最高温度超过 30℃时，应分别在拌成后 2h 和 3h 内使用完毕。超过上述时间的砂浆，不得使用，并不应再次拌合后使用。对掺用缓凝剂的砂浆，其使用时间可根据具体情况延长。

（4）排砖摞底（干摆砖样）

1）基础大放脚的摞底尺寸及收退方法，必须符合设计图纸规定，若是一层一退，里外均应砌丁砖；若是两层一退，第一层为条砖，第二层砌丁砖。

2）大放脚的转角处，应按规定放七分头，其数量为一砖墙放两块、一砖半厚墙放三块、二砖墙放四块，依此类推。

（5）砖基础砌筑

1）砖基础砌筑前，基底垫层表面应清扫干净，洒水湿润。先盘墙角，每次盘角高度不应超过五层砖，随盘随靠平、吊直。

2）砖基础墙应挂线，240mm 墙反手挂线，370mm 以上墙应双面挂线。

3）基础大放脚砌到基础墙时，要拉线检查轴线及边线，保证基础墙身位置正确。同时要对照皮数杆的砖层及标高；如有高低差时，应在水平灰缝中逐渐调整，使墙的层数与皮数杆相一致。

4）基础垫层标高不一致或有局部加深部位，应从深处砌起，并应由浅处向深处搭砌。

5）暖气沟挑檐砖及上一层压砖，均应整砖丁砌，灰缝要严实，挑檐砖标高必须符合设计要求。

6）各种预留洞、埋件、拉结筋按设计要求留置，避免后剔凿，影响砌体质量。

7）变形缝的墙角应按直角要求砌筑，先砌的墙要把舌头灰刮尽；后砌的墙可采用缩口灰，掉入缝内的杂物随时清理。

8）安装管沟和洞口过梁其型号、标高必须正确，底灰饱满；如坐灰超过 20mm 厚，应采用细石混凝土铺垫，两端搭墙长度应一致。

（6）抹防潮层

抹防潮层砂浆前，将墙顶活动砖重新砌好，清扫干净，浇水湿润，基础墙体应超出标高线（一般以外墙室外控制水平线为基准），墙上顶两侧用木八字尺杆卡牢，复核标高尺寸无误后，倒入防水砂浆，随即用木抹子搓平，设计无规定时，一般厚度为 20mm，防水粉掺量为水泥重量的 3%～5%。

（7）留槎

流水段分段位置应在变形缝或门窗口角处，隔墙与墙或柱不同时砌筑时，可留阳槎加预埋拉结筋。沿墙高每 500mm 预埋 $\phi6$ 钢筋 2 根，其埋入长度从墙的留槎计算起，一般每边均不小于 1000mm，末端应加 180°弯钩。

2. 砖砌体工程施工

（1）确定组砌方法

砖墙砌体一般采用一顺一丁（满丁、满条）、梅花丁或三顺一丁砌法，砖柱不得采用先砌四周后填心的包心砌法。砖砌体的组砌形式具体见图 4-6～图 4-11 和表 4-6。

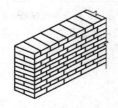

图 4-6 一顺一丁（240墙）

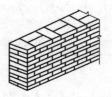

图 4-7 梅花丁（240墙）

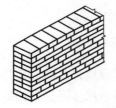

图 4-8 三顺一丁（240墙）

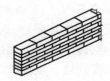

图 4-9 全顺（60墙）

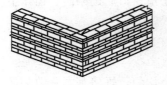

图 4-10 两平一顺（180墙）

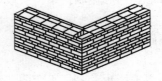

图 4-11 两平一顺（300墙）

砖砌体的组砌形式 表 4-6

组砌形式	组 砌 特 点
满丁满条组砌	最常见的组砌方法。它以上下皮竖缝错开1/4砖进行咬合。这种砌法在墙面上又分为十字缝及骑马缝两种形式
梅花丁组砌	这种砌法是在同一皮砖上采用一块顺砖一块丁砖相互交接砌筑，上下皮砖的竖缝也错开1/4砖。梅花丁砌法可使内外竖向灰缝每皮都能错开，竖向灰缝容易对齐，墙面平整容易控制。适合于清水墙面的砌筑，但工效相对低
三顺一丁	即砌三皮顺砖后砌一皮丁砖，上下皮顺砖的竖缝错开1/2砖，顺砖与丁砖上下竖缝则错开1/4砖。它的优点是墙面容易平整，适用清水墙
条砌法	每皮砖都是顺砖，砖的竖缝错开1/2砖长。适用于半砖厚的隔断墙砌筑

组砌形式	组砌特点
丁砌法	它是墙面均是丁砖头，主要用于圆形、弧形墙面和砖砌圆烟囱的砌筑
空斗墙的组砌	空斗墙是由普通实心砖侧砌和丁砌组成的。分为一斗一眠和多斗一眠的两种形式。它适用于填充墙，比实心墙自重轻。作承重墙体时，在墙的转角交接处、基础、地坪及楼面以上三皮砖、楼板、圈梁下三皮砖、门窗洞口的两侧24cm范围内、作填充墙时其与柱的拉结筋处都要砌筑实心砖墙
砖柱的组砌方法	砖柱一般分为方形、矩形、圆形、正多角形等形式。砖柱一般都是承重的，目前已较少采用，而改为钢筋混凝土柱。要求柱面上下各皮砖的竖缝至少错开1/4砖长，柱心不得有通缝，不得采用包心砌法

（2）砖浇水

砖应在砌筑前1～2d浇水湿润，烧结普通砖一般以水浸入砖四边15mm为宜，含水率10％～15％；煤矸石页岩实心砖含水率8％～12％，常温施工不得用干砖上墙，不得使用含水率达饱和状态的砖砌墙，冬期施工清除冰霜，砖可以不浇水，但应加大砂浆稠度。

（3）拌制砂浆

同砖基础砌筑施工的（3）拌制砂浆的内容。

（4）排砖撂底（干摆砖样）

通常外墙第一层砖撂底时，两山墙排丁砖，前后檐纵墙排条砖。根据弹好的门窗洞口位置线，认真核对窗间墙、垛尺寸，按其长度排砖。窗口尺寸不符合排砖好活的时候，可以将门窗洞口的位置在60mm范围内左右移动。破活应排在窗口中间、附墙垛或其他不明显的部位。移动门窗洞口位置时，应注意暖卫立管安装及门窗开启时不受影响。排砖时必须做全盘考虑，前后檐墙排第一皮砖时，要考虑甩窗口后砌条砖，窗角上应砌七分头砖才是好活。

（5）砖墙砌筑

1）选砖

砌清水墙应选棱角整齐，无弯曲、裂纹，颜色均匀，规格基本一致的砖。敲击时声音响亮，焙烧过火变色，变形的砖可用在不影响外观的内墙上。灰砂砖不宜与其他品种砖混合砌筑。

2）盘角

砌砖前应先盘角，每次盘角不应超过五皮，新盘的大角，及时进行吊、靠。若有偏差要及时修整。盘角时应仔细对照皮数杆的砖层和标高，控制好灰缝大小，使水平灰缝均匀一致。大角盘好后再复查一次，平整和垂直完全符合要求后，再挂线砌墙。

3）挂线

砌筑砖墙厚度超过一砖半厚时，应双面挂线。超过10m的长墙，中间应设支线点，小线要拉紧，每皮砖都要穿线看平，使水平缝均匀一致，平直通顺；砌一砖厚混水墙时宜采用外手挂线，可照顾砖墙两面平整，为下道工序控制抹灰厚度奠定基础。

4）砌砖

砌砖时砖要放平，里手高，墙面就要张；里手低，墙面就要背。砌砖应跟线，"上跟线，下跟棱，左右相邻要对平"。

① 烧结普通砖水平灰缝厚度和竖向灰缝宽度一般为 10mm，但不应小于 8mm，也不应大于 12mm；蒸压（养）砖水平灰缝厚度和竖向灰缝宽度一般为 10mm，但不应小于 9mm，也不应大于 12mm。

② 为保证清水墙面立缝垂直，不游丁走缝，当砌完一步架高时，宜每隔 2m 水平间距，在丁砖立棱位置弹两道垂直立线，以分段控制游丁走缝。

③ 清水墙不允许有三分头，保证破活上下留在同一位置，不得在上部随意变活、乱缝。

④ 砌筑砂浆应随搅拌随使用，一般水泥砂浆应在 3h 内用完，水泥混合砂浆应在 4h 内用完，不得使用过夜砂浆。

⑤ 砌清水墙应随砌，随划缝，划缝深度为 8～10mm，深浅一致，墙面应清扫干净。混水墙应随砌随将舌头灰刮尽。

⑥ 在操作过程中，要认真进行自检，若有偏差，应随时纠正，严禁事后砸墙。

⑦ 清水墙留施工洞部位应留置足够数量的同期进场的砖备用，以达到施工洞后堵的墙体色泽与先砌墙体基本一致。

5）整砖丁砌

240mm 厚承重墙的每层墙的最上一皮砖，砖砌体的台阶水平面上及挑出层，应整砖丁砌。

6）留槎

① 除构造柱外，砖砌体的转角处和交接处应同时砌筑，严禁无可靠措施的内外墙分砌施工。对不能同时砌筑而又必须留置的临时间断处应砌成斜槎，斜槎水平投影长度不应小于高度的 2/3。槎子必须平直、通顺。

② 施工洞口也应按以上要求留水平拉结筋。隔墙顶应用立砖斜砌挤紧。其他要求同砖基础砌筑施工的（7）留槎的内容。

7）施工洞口留设

洞口侧边离交接处外墙面不应小于 500mm，洞口净宽度不应超过 1m。施工洞口可留直槎。

8）预埋混凝土砖、木砖

户门框、外窗框处采用预埋混凝土砖，室内门框采用木砖或混凝土砖。混凝土砖采用 C15 混凝土现场制作而成，和砖尺寸大小相同；木砖预埋时应小头在外，大头在内，数量按洞口高度确定。洞口高在 1.2m 以内，每边放 2 块；高 1.2～2m，每边放 3 块；高 2～3m，每边放 4 块。预埋砖的部位一般在洞口上边或下边四皮砖，中间均匀分布。木砖要提前做好防腐处理。

9）预留孔

钢门窗安装、硬架支撑、暖卫管道的预留孔，均应按设计要求留置，不得事后剔凿。

10）墙体拉结筋

墙体拉结筋的位置、规格、数量、间距均应按设计要求留置，不应错放、漏放。

11）过梁、梁垫的安装

安装过梁、梁垫时，其标高、位置及型号必须准确，坐灰饱满。如坐灰厚度超过

20mm，要用细石混凝土铺垫。过梁安装时，两端支承点的长度应一致。

12）构造柱做法

凡是设有构造柱的工程，在砌砖前，先根据设计图纸将构造柱位置进行弹线，并把构造柱插筋处理顺直。砌砖墙时，与构造柱连接处砌成马牙搓。每一个马牙搓沿高度方向的尺寸不应超过 300mm。马牙搓应先退后进。拉结筋按设计要求放置，设计无要求时，一般沿墙高 500mm 设置 2 根 φ6 水平拉结筋，每边深入墙内不应小于 1m。

13）有防水要求做法

有防水要求的房间楼板四周，除门洞口外，必须浇筑不低于 120mm 高的混凝土坎台，混凝土强度等级不小于 C20。

（6）不设置脚手眼的墙体或部位

1）120mm 厚墙和独立柱。

2）过梁上与过梁成 60°角的三角形范围及过梁净跨度 1/2 的高度范围内。

3）宽度小于 1m 的窗间墙。

4）砌体门窗洞口两侧 200mm 和转角处 450mm 范围内。

5）梁或梁垫下及其左右 500mm 范围内。

6）设计上不允许设置脚手眼的部位。

3. 砖砌体工程施工质量检验

（1）主控项目

1）砖和砂浆的强度等级必须符合设计要求。

检查数量：每一生产厂家的砖到现场后，按烧结砖 15 万块、多孔砖 5 万块、灰砂砖及粉煤灰砖 10 万块各为一验收批，检验数量为 1 组。砂浆试块：每一检验批且不超过 250m3 砌体的各种类型及强度等级的砌筑砂浆，每台搅拌机应至少抽检一次。

检验方法：检查砖和砂浆试块试验报告。

2）砌体水平灰缝的砂浆饱满度不得小于 80％。

检查数量：每检验批抽查应不少于 5 处。

检验方法：用百格网检查砖底面与砂浆的粘结痕迹面积。每处检测 3 块砖，取其平均值。

3）砖砌体的转角处和交接处应同时砌筑，严禁无可靠措施的内外墙分砌施工。对不能同时砌筑而又必须留置的临时间断处应砌成斜搓，斜搓水平投影长度应不小于高度的 2/3。

检查数量：每检验批抽 20％接搓，且应不少于 5 处。

检验方法：观察检查。

4）非抗震设防及抗震设防烈度为 6 度、7 度地区的临时间断处，当不能留斜搓时，除转角处外，可留直搓，但直搓必须做成凸搓。留直搓处应加设拉结钢筋，拉结钢筋的数量为每 120mm 墙厚放置 1φ6 拉结钢筋，120mm 厚墙放置 2φ6 拉结钢筋，间距沿墙高不应超过 500mm；埋入长度从留搓处算起每边均应不小于 500mm，对抗震设防烈度 6 度、7 度的地区，应不小于 1000mm；末端应有 90°弯钩（见图 4-12）。

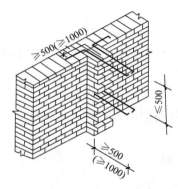

图 4-12 拉接钢筋埋设

检查数量：每检验批抽 20％接槎，且应不少于 5 处。

检验方法：观察和尺量检查。

合格标准：留槎正确，拉结钢筋设置数量、直径正确，竖向间距偏差不超过 100mm，留置长度基本符合规定。

5）砖砌体的位置及垂直度允许偏差应符合表 4-7 的规定。

砖砌体的位置及垂直度允许偏差   表 4-7

项　　目			允许偏差（mm）	检 验 方 法
轴线位置偏移			10	用经纬仪和尺检查或用其他测量仪器检查
垂直度	每层		5	用 2m 托线板检查
	全高	≤10m	10	用经纬仪、吊线和尺检查，或用其他测量仪器检查
		>10m	20	

检查数量：轴线查全部承重墙柱；外墙垂直度全高查阳角，应不少于 4 处，每层每 20m 查一处；内墙按有代表性的自然间抽 10％，但应不少于 3 间，每间应不少于 2 处，柱不少于 5 根。

（2）一般项目

1）砖砌体组砌方法应正确，上、下错缝，内外搭砌，砖柱不得采用包心砌法。

检查数量：外墙每 20m 抽查一处，每处 3～5m，且应不少于 3 处；内墙按有代表性的自然间抽 10％，且应不少于 3 间。

检验方法：观察检查。

合格标准：除符合本条要求外，清水墙、窗间墙无通缝；混水墙中长度大于或等于 300mm 的通缝每间不超过 3 处，且不得位于同一面墙体上。

2）砖砌体的灰缝应横平竖直，厚薄均匀。水平灰缝厚度宜为 10mm，但应不小于 8mm，也应不大于 12mm。

检查数量：每步脚手架施工的砌体，每 20m 抽查 1 处。

检验方法：用尺量 10 皮砖砌体高度折算。

3）砖砌体的一般尺寸允许偏差应符合表 4-8 的规定。

砖砌体一般尺寸允许偏差   表 4-8

项目		允许偏差（mm）	检验方法	检验数量
基础顶面和楼面标高		±15	用水平仪和尺检查	不应少于 5 处
表面平整度	清水墙、柱	5	用 2m 靠尺和楔形塞尺检查	有代表性自然间 10％，但不应少于 3 间，每间不应少于 2 处
	混水墙、柱	8		
门窗洞口高、宽（后塞口）		±5	用尺检查	检验批洞口的 10％，且不应少于 5 处
外墙上下窗口偏移		20	以底层窗口为准，用经纬仪或吊线检查	检验批的 10％，且不应少于 5 处

续表

项目		允许偏差（mm）	检验方法	检验数量
水平灰缝平直度	清水墙	7	拉 10m 线和尺检查	有代表性自然间 10%，但不应少于 3 间，每间不应少于 2 处
	混水墙	10		
清水墙游丁走缝		20	吊线和尺检查，以每层第一皮砖为准	有代表性自然间 10%，但不应少于 3 间，每间不应少于 2 处

4. 砌筑工程的安全技术

（1）砌筑操作前必须检查操作环境是否符合安全要求，道路是否畅通，机具是否完好牢固，安全设施和防护用品是否齐全，经检查符合要求后方可施工。

（2）砌基础时，应检查和经常注意基槽（坑）土质的变化情况。

（3）不准站在墙顶做画线、刮缝及清扫墙面或检查大角垂直等工作。

（4）砍砖时应面向墙体，避免碎砖飞出伤人。

（5）不准在超过胸部的墙上进行砌筑，以免将墙体碰撞倒塌造成安全事故。

（6）不准在墙顶或架子上整修石材，以免振动墙体影响质量或石片掉下伤人。

（7）不准起吊有部分破裂和脱落危险的砌块。

4.2.2 混凝土结构工程施工

1. 模板工程

（1）模板分类

1）按材料性质分类

模板是混凝土浇筑成型的模壳和支架。按材料的性质可分为木模板、钢模板、塑料模板和其他模板等。

① 木模板

混凝土工程刚出现时，都是使用木材来做模板。木材被加工成木板、木方，然后组合成构件所需的模板。

近些年，出现了用多层胶合板做模板料进行施工的方法。国家专门制定了《混凝土模板用胶合板》GB/T 17656—2008，对模板的尺寸、材质、加工做出了规定。用胶合板制作模板，加工成型比较省力，材质坚韧，不透水，自重轻，浇筑出的混凝土外观比较清晰美观。

② 钢模板

钢模板大致可分为两类。一类为小块钢模，是以一定尺寸模数做成不同大小的单块钢模，最大尺寸是 300mm×1500mm×50mm，在施工时拼装成构件所需的尺寸，也叫小块组合钢模，组合拼装时采用 U 形卡将板缝卡紧形成一体。另一类是大模板，用于墙体的支模，多用在剪力墙结构中，模板的大小按设计的墙身大小而定型制作，其形式见图 4-13。

③ 塑料模板

塑料模板是随着钢筋混凝土预应力现浇密肋楼盖的出现，而创制出来的。其形状像一

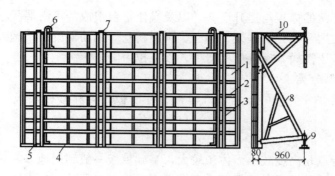

图 4-13　大模板构造图

1—面板；2—横肋；3—竖肋；4—小肋；5—穿墙螺栓；6—吊环；

7—上口卡座；8—支撑架；9—地脚螺钉；10—操作平台

个方的大盆，支模时倒扣在支架上，底面朝上，称为塑壳定型模板。在壳模四侧形成十字交叉的楼盖肋梁。这种模板拆模快，容易周转，但是仅能用在钢筋混凝土结构的楼盖施工中。

④ 其他模板

主要有玻璃钢模板、压型钢模、钢木（竹）组合模板、装饰混凝土模板以及复合材料模板等。

2）按施工工艺条件分类

模板按施工工艺条件可分为现浇混凝土模板、预组装模板、大模板、跃升模板、水平滑动的隧道工模板和垂直滑动的模板等。

① 现浇混凝土模板

根据混凝土结构形状不同就地形成的模板，多用于基础、梁、板等现浇混凝土工程。模板支撑系多通过支于地面或基坑侧壁以及对拉的螺栓承受混凝土的竖向和侧向压力。这种模板适应性强，但周转较慢。

② 预组装模板

由定型模板分段预组成较大面积的模板及其支撑体系，用起重设备吊运到混凝土浇筑位置。多用于大体积混凝土工程。

③ 大模板

由固定单元形成的固定标准系列的模板，多用于高层建筑的墙板体系。用于平面楼板的大模板也叫飞模。

④ 跃升模板

由两段以上固定形状的模板，通过埋设于混凝土中的固定件，形成模板支撑条件承受混凝土施工荷载，当混凝土达到一定强度时，拆模上翻，形成新的模板体系。多用于变直径的双曲线冷却塔、水工结构以及设有滑升设备的高耸混凝土结构工程。

⑤ 水平滑动的隧道工模板

由短段标准模板组成的整体模板，通过滑道或轨道支于地面、沿结构纵向平行移动的模板体系。多用于地下直行结构，如隧道、地沟、封闭顶面的混凝土结构。

⑥ 垂直滑动的模板

由小段固定形状的模板与提升设备，以及操作平台组成的可沿混凝土成型方向平行移动的模板体系。适用于高耸的框架、烟囱、圆形料仓等钢筋混凝土结构。根据提升设备的不同，又可分为液压滑模、螺旋丝杠滑模，以及拉力滑模等。

3）按结构类型分类

模板按结构类型分类，可分为基础模板、柱模板、梁和楼板模板、墙模板、楼梯模板等。

① 基础模板

基础模板的特点是高度较小而体积较大，基础模板一般利用地基或基槽（基坑）进行支撑。安装阶梯形基础模板时要保证上下模板不发生相对位移。如土质良好，基础也可进行原槽浇筑。基础支模方法和构造如图4-14、图4-15所示。

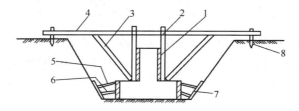

图 4-14　组合条形基础模板常用构件

1—上阶侧板；2—上阶吊木；3—上阶斜撑；4—轿杠；
5—下阶斜撑；6—水平撑；7—垫木；8—木桩

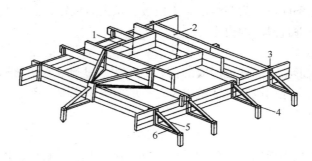

图 4-15　阶形基础模板

1—中线；2—侧板；3—木档；4—木桩；5—斜撑；6—平撑

② 柱模板

柱模板的特点是断面尺寸不大，但比较高。因此，柱模板的构造和安装主要考虑保证垂直度及抵抗新浇混凝土的侧压力，同时，也要便于浇筑混凝土、清理垃圾与钢筋绑扎等。图4-16所示为矩形柱模板，由内、外拼板和柱箍组成。柱模板顶部开有与梁模板连接的梁缺口，底部开有清理孔。高度超过3m时，应沿高度方向每隔2m左右开设混凝土浇筑孔，以防混凝土产生分层离析。安装时应校正其相邻两个侧面的垂直度，检查无误后，即用斜撑支牢固定。

③ 梁模板

梁模板的特点是跨度较大而宽度不大。梁模板主要由底模、侧模、夹木及其支架系统组成，见图4-17。为承受垂直荷载，在梁底模板下每隔一定间距（800～1200mm）用顶撑顶住。为使顶撑传下来的集中荷载均匀地传给地面,在顶撑底加铺垫板。多层建筑施工中,应使上、下层的顶撑在同一条竖向直线上。侧模板用长板条加拼条制成,以承受混凝土的侧压力,底部用夹木固定,上部由斜撑和水平拉条固定。

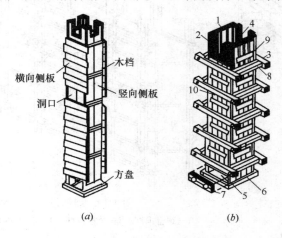 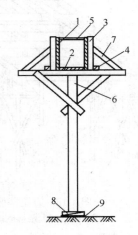

图 4-16 柱模板

(a) 矩形柱模板;(b) 方形柱模板

1—内拼板;2—外拼板;3—柱箍;4—梁缺口;5—清理孔;
6—木框;7—盖板;8—拉紧螺栓;9—拼条;10—三角木条

图 4-17 单梁模板

1—侧模板;2—底模板;3—侧模拼条;
4—夹木;5—水平拉条;6—顶撑;
7—斜撑;8—木楔;9—木垫板

单梁的侧模板一般拆除得较早,因此,侧模板包在底模板的外面。柱的模板与梁的侧模板一样,较早拆除,梁的模板也不应伸到柱模板的开口内,同样次梁模板也不应伸到主梁侧板的开口内。

梁跨度等于或大于 4m 时,模板应起拱,如设计无要求时,钢模的起拱高度为全跨长度的 1‰~2‰,木模的起拱高度为 2‰~3‰。

④ 楼板模板

楼板模板的特点是面积大而厚度不大,侧压力较小,楼板模板及支撑系统主要是承受混凝土的垂直荷载和施工荷载,保证模板不变形下垂;楼板模板是由底模和横楞组成,横楞下方由支柱承担上部荷载,如图 4-18 所示。

梁与楼板支模,一般先支梁模板后支楼板的横楞,再依次支设下面的横杠和支柱,楼板底模板铺在横楞上。

⑤ 墙体模板

墙体模板具有高度大而厚度小的特点,模板主要承受混凝土的侧压力,因此,必须加强面板刚度并设置足够的支撑,以确保模板不变形和不发生位移,如图 4-19 所示。

⑥ 楼梯模板

图 4-20 所示是一种楼梯模板,它由平台梁、平台板、梯段板的模板组成。梯段板的模板由底模板、踏步侧板、边板、横挡板和反三角板等组成,在斜楞上面铺钉楼梯底模。

(2)模板的技术要求

模板结构材料必须满足以下要求:

1)具有足够的强度,保证模板结构具有足够的承载能力。

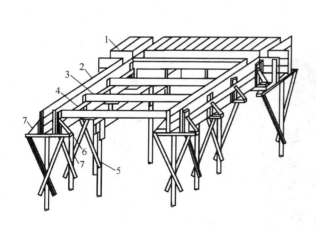

图 4-18　有梁楼板模板

1—楼板模板；2—梁侧模板；3—搁栅；

4—横档支撑；5—支撑；6—夹条；7—斜撑

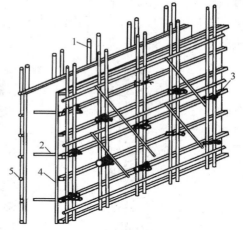

图 4-19　墙模板

1—钢管围檩；2—螺栓拉杆；3—定位配件；

4—墙模板；5—木搁栅

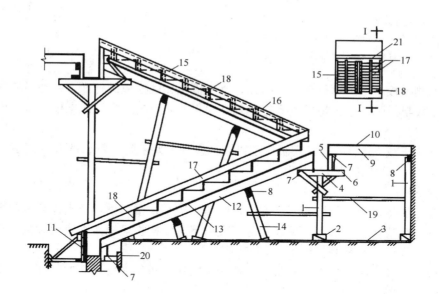

图 4-20　楼梯模板

1—支柱；2—木楔；3—垫板；4—平台梁底板；5—梁侧板；6—夹板；7—托木；8—杠
木；9—木楞；10—平台底板；11—梯基侧板；12—斜木楞；13—楼梯底板；14—斜向顶
撑；15—边板；16—横挡板；17—反三角板；18—踏步侧板；19—拉杆；20—木桩；

21—平台梁模

2）保证模板结构具有足够的刚度，确保在使用过程中结构的稳定性。

3）必须确保新浇筑混凝土的表面质量。

4）坚持因地制宜、就地取材的原则，做到支拆简便，周转次数多。

5）保证工程结构和构件各部分形状尺寸和相互位置正确。

6）能可靠地承受新浇筑混凝土的自重和侧压力，以及在施工过程中所产生的荷载。

7）构造简单，装拆方便，并便于钢筋的绑扎、安装和混凝土的浇筑、养护等要求。

8）模板的接缝不应漏浆。

（3）模板拆除

1）模板拆除程序

① 模板拆除一般是先支的后拆，后支的先拆，先拆除非承重部位，后拆除承重部位，并做到不损伤构件或模板。重大复杂模板的拆除，事先应制定拆模方案。

② 肋形楼盖应先拆柱模板，再拆楼板底模，梁侧模板，最后拆梁底模板。拆除跨度较大的梁下支柱时，应先从跨中开始分别拆向两端。侧立模的拆除应按自上而下的原则进行。

③ 工具式支模的梁、板模板的拆除，应先拆卡具，顺口方木、侧板，再松动木楔，使支柱、桁架等平稳下降，逐段抽出底模板和横档木，最后取下桁架、支柱、托具。

④ 多层楼板支柱的拆除，应按下列要求进行：上层楼板正在浇筑混凝土时，下一层楼板的模板支柱不得拆除，再下一层楼板模板的支柱，仅可拆除一部分。跨度 4m 及 4m 以上的梁下均应保留支柱，其间距不大于 3m；其余再下一层楼的模板支柱，当楼板混凝土达到设计强度时，方可全部拆除。

2）拆模过程中应注意的问题

① 拆除时不要用力过猛，拆下来的模板要及时运走、整理、堆放以便再用。

② 在拆模过程中，如发现实际结构混凝土强度并未达到要求，有影响结构安全的质量问题时，应暂停拆除。待实际强度达到要求后，方可继续拆除。

③ 拆除跨度较大的梁下支柱时，应先从跨中开始，分别拆向两端。

④ 多层楼板模板支柱的拆除，其上层楼板正在浇灌混凝土时，下一层楼板模板的支柱不得拆除，再下一层楼板的支柱，仅可拆除一部分。

⑤ 拆模间歇时，应将已活动的模板、牵杆、支撑等运走或妥善堆放，防止因扶空、踏空而坠落。

⑥ 模板上有预留孔洞者，应在安装后将洞口盖好。混凝土板上的预留孔洞，应在模板拆除后随即将洞口盖好。

⑦ 模板上架设的电线和使用的电动工具，应用 36V 的低压电源或采用其他有效的安全措施。

⑧ 拆除模板一般用长撬棍。人不许站在正在拆除的模板下。在拆除模板时，要防止整块模板掉下，拆模人员要站在门窗洞口外拉支撑，防止模板突然全部掉落伤人。

⑨ 高空拆模时，应有专人指挥，并在下面标明工作区，暂停人员过往。

⑩ 定型模板要加强保护，拆除后即清理干净，堆放整齐，以利再用。

⑪ 已拆除模板及其支架的结构，应在混凝土强度达到设计的混凝土强度标准值后才允许承受全部使用荷载。当承受施工荷载产生的效应比使用荷载更为不利时，必须经过核算，加设临时支撑。

2. 钢筋工程

（1）钢筋绑扎连接

1）钢筋搭接处，应在中心和两端用镀锌钢丝扎牢，如图 4-21 所示。

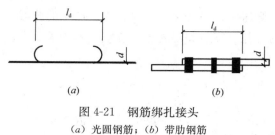

图 4-21　钢筋绑扎接头

（a）光圆钢筋；（b）带肋钢筋

2）钢筋的交叉点都应采用镀锌钢丝扎牢。

3）焊接骨架和焊接网采用绑扎连接时，应符合以下规定：

① 焊接骨架的焊接网的搭接接头，不宜位于构件的最大弯矩处。

② 焊接网在非受力方向的搭接长度，不宜小于 100mm。

③ 受拉焊接骨架和焊接网在受力钢筋方向的搭接长度，应符合设计规定；受压焊接骨架和焊接网在受力钢筋方向的搭接长度，可取受拉焊接骨架和焊接网在受力钢筋方向的搭接长度的 0.7 倍。

4）在绑扎骨架中非焊接的搭接接头长度范围内，当搭接钢筋为受拉时，其箍筋的间距不应大于 5d，且不应大于 100mm。当搭接钢筋为受压时，其箍筋间距不应大于 10d，且不应大于 200mm（d 为受力钢筋中的最小直径）。

5）钢筋绑扎用的镀锌钢丝，可采用 20～22 号镀锌钢丝，其中 22 号镀锌钢丝只用于绑扎直径 12mm 以下的钢筋。

6）控制混凝土保护层应采用水泥砂浆垫块或塑料卡。

水泥砂浆垫块的厚度应等于保护层厚度。垫块的平面尺寸：当保护层厚度等于或小于 20mm 时为 30mm×30mm；大于 20mm 时为 50mm×50mm。当在垂直方向使用垫块时，可在垫块中埋入 20 号镀锌钢丝。

塑料卡的形状有两种，塑料垫块和塑料环圈，如图 4-22 所示。塑料垫块用于水平构件（如梁、板），在两个方向均有凹槽，以便适应两种保护层厚度。塑料环圈用于垂直构件（如柱、墙），使用时钢筋从卡嘴进入卡腔；由于塑料环圈有弹性，可使卡腔的大小能适应钢筋直径的变化。

（2）钢筋焊接连接

1）钢筋手工电弧焊连接

① 平焊。平焊时要注意熔渣和铁水混合不清

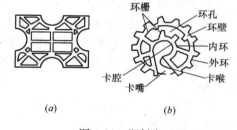

图 4-22　塑料卡

（a）塑料垫块；（b）塑料环圈

的现象，防止熔渣流到铁水前面。熔池也应控制成椭圆形，一般采用右焊法，焊条与工作表面成 70°。

② 立焊。立焊时，铁水与熔渣易分离。要防止熔池温度过高，铁水下坠形成焊瘤，操作时焊条与垂直面形成 60°～80°角使电弧略向上，吹向熔池中心。焊第一道时，应压住电弧向上运条，同时作较小的横向摆动，其余各层用半圆形横向摆动加挑弧法向上焊接。

③ 横焊。焊条倾斜 70°～80°，防止铁水受自重作用坠到下坡口上。运条到上坡口处不作运弧停顿，迅速带到下坡口根部，作微小横拉稳弧动作，依次匀速进行焊接。

④ 仰焊。仰焊时宜用小电流短弧焊接，熔池宜薄，且应确保与母材熔合良好。第一层焊缝用短电弧作前后推拉动作，焊条与焊接方向成 80°～90°角。其余各层焊条横摆，并在坡口侧略停顿稳弧，保证两侧熔合。

⑤ 钢筋帮条焊。

帮条焊适用于直径为 10～40mm 的 HPB300 级、HRB335 级、HRB400 级钢筋。

帮条焊宜采用双面焊，如图 4-23 (a) 所示。若条件有限，不能进行双面焊时，也可采用单面焊，如图 4-23 (b) 所示。

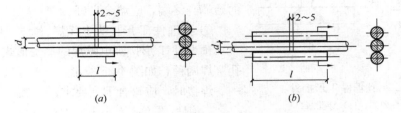

图 4-23　钢筋帮条焊接头

(a) 双面焊；(b) 单面焊

d—钢筋直径；l—帮条长度

帮条宜采用与主筋同级别、同直径的钢筋制作，其帮条长度 l，见表 4-9。如帮条直径与主筋相同时，帮条钢筋的级别可比主筋低一个级别；当帮条级别与主筋相同时，帮条直径可比主筋小一个规格。

钢筋帮条接头的焊缝厚度及宽度要求同搭接焊。帮条焊时，两主筋端面的间隙应为 2～5mm；帮条与主筋之间应用四点定位焊固定，定位焊缝与帮条端部的距离应大于或等于 20mm。

⑥ 钢筋搭接焊。

钢筋搭接焊适用于 HPB300、HRB335、HRB400、RRB400 钢筋。焊接时，宜采用双面焊，如图 4-24 (a) 所示。不能进行双面焊时，也可采用单面焊，如图 4-24 (b) 所示。搭接长度 l 应与帮条长度相同，见表 4-9。

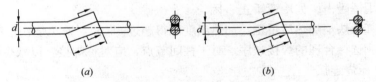

图 4-24　钢筋搭接焊接头

钢筋帮条长度　　　　　　　　　　　　　表 4-9

项次	钢筋牌号	焊缝形式	帮条长度 l
1	HPB300	单面焊	≥8d
		双面焊	≥4d
2	HRB335 HRB400 RRB400	单面焊	≥10d
		双面焊	≥5d

注：d 为钢筋直径。

搭接接头的焊缝厚度 s 应不小于 0.3d，焊缝宽度 b 不小于 0.8d。

搭接焊时，钢筋的装配和焊接应符合下列要求：

a. 搭接焊时，钢筋应预弯，以保证两钢筋同轴。在现场预制构件安装条件下，节点处钢筋进行搭接焊时，如钢筋预弯确有困难，可适当预弯。

b. 搭接焊时，用两点固定，定位焊缝应离搭接端部 20mm 以上。

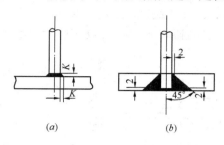

图 4-25　预埋件 T 形接头
(a) 贴角焊；(b) 穿孔塞焊

c. 焊接时，应在帮条焊或搭接焊形成焊缝中引弧，在端头收弧前应填满弧坑。第一层焊缝应有足够的熔深，主焊缝与定位焊缝，特别是在定位焊缝的始端与终端，应熔合良好。

⑦ 预埋件 T 形接头电弧焊。

预埋件 T 形接头电弧焊的接头形式分角焊和穿孔塞焊两种，如图 4-25 所示。

焊接时，应符合下列要求：

a. 钢板厚度 δ 不小于 0.6d，并不宜小于 6mm。

b. 当采用 HPB300 钢筋时，角焊缝焊脚 k 不得小于钢筋直径的 0.5 倍；采用 HRB335 和 HRB400 钢筋时，焊脚 k 不得小于钢筋直径的 0.6 倍。

c. 施焊中，不得使钢筋咬边和烧伤。

⑧ 钢筋与钢板搭接焊。

钢筋与钢板搭接焊时，接头形式如图 4-26 所示。HPB300 钢筋的搭接长度 l 不得小于 4 倍钢筋直径。HRB335 和 HRB400 钢筋的搭接长度 l 不得小于 5 倍钢筋直径，焊缝宽度 b 不得小于钢筋直径的 0.6 倍，焊缝厚度 s 不得小于钢筋直径的 0.35 倍。

⑨ 装配式框架结构安装时，钢筋焊接应符合以下要求：

两钢筋轴线偏移较大时，宜采用冷弯矫正，但不得用锤敲击。如冷弯矫正有困难，可采用氧气乙炔焰加热后矫正，加热温度不得超过 850℃，避免烧伤钢筋。

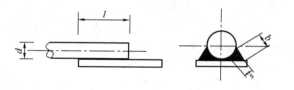

图 4-26　钢筋与钢板搭接接头
d—钢筋直径；l—搭接长度；b—焊缝宽度；s—焊缝厚度

焊接时，应选择合理的焊接顺序，对于柱间节点，应对称焊接，以减少结构的变形。

2）钢筋气压焊连接

① 固态气压焊

a. 钢筋采用固态气压焊时，应根据钢筋直径和焊接设备等具体条件选用等压法、二次加压法或三次加压法焊接工艺。在两钢筋缝隙密合和镦粗过程中，对钢筋施加的轴向压力，按钢筋横截面积计，应为 30～40MPa。为保证对钢筋施加的轴向压力值，应根据加压器的型号，按钢筋直径大小事先换算成油压表读数，并写好标牌，以便准确控制。

b. 钢筋固态气压焊从开始加热至钢筋端面密合前，应采用炭化焰对准两钢筋接缝处集中加热，并使其内焰包住缝隙，防止钢筋端面产生氧化。

在确认两钢筋缝隙完全密合后，应改用中性焰，以压焊面为中心，在两侧各一倍钢筋直径长度范围内往复宽幅加热。

钢筋端面的合适加热温度应为 1150～1250℃；钢筋镦粗区表面的加热温度应稍高于该温度，并随钢筋直径大小而产生的温度梯差而定。焊接全过程不得使用氧化焰。

c. 气压焊中，通过最终的加热加压，应使接头的镦粗区形成规定的合适形状，然后停止加热，略为延时，卸除压力，拆下焊接夹具。

② 熔态气压焊

a. 当采用一次加压顶锻成型法时，先使用中性火焰以钢筋接口为中心沿钢筋轴向宽幅加热，加热宽幅约为钢筋直径的1.5倍加上约10mm的烧化间隙，待加热部位达到塑化状态（1100℃左右）时，加热器摆幅逐渐减小，然后集中加热焊口处，在清除接头端面上附着物的同时将钢筋端面熔化，此时迅速把加热焰调成碳化焰继续加热焊口处，待钢筋端面形成均匀连续的金属熔化层，端头烧成平滑的弧凸状时，再继续加热，并用还原焰保护下迅速加压顶锻，钢筋截面压力应在40MPa以上，挤出接口处液态金属，使接口密合，并在近缝区产生塑性变形，形成接头镦粗。如在现场作业，焊接钢筋直径应在25mm以下。

b. 当采用两次加压顶锻成型法时，先使用中性火焰对接口处集中加热，直至金属表面开始熔化时，迅速把加热焰调成碳化焰继续加热并保护锻面免受氧化，待钢筋端面形成均匀连续的金属熔化层，并成弧凸状时，迅速加压顶锻，钢筋截面压力约为40MPa，挤出接口处液态金属，并在近缝区形成不大的塑性变形，使接口密合，完成第一次顶锻；然后把火焰调成中性焰，在1.5倍钢筋直径范围内沿钢筋轴向均匀加热至塑化状态时，再次施加顶锻压力（钢筋截面压力应在35MPa以上），使其接头镦粗，完成第二次加压。适合焊接直径在25mm以上的钢筋。

c. 在加热过程中，如果在钢筋端面缝隙完全密合之前发生灭火中断现象，应将钢筋取下重新打磨、安装，然后点燃火焰进行焊接。如果发生在钢筋端面缝隙完全密合之后，可继续加热加压，完成焊接作业。

3）钢筋闪光对焊连接

① 焊接前和施焊过程中，应检查和调整电极位置，拧紧夹具丝杆。钢筋在电极内必须夹紧、电极钳口变形应立即调换和修理。

② 钢筋端头如有起弯或成"马蹄"形时不得进行焊接，必须调直或切除。

③ 钢筋端头120mm范围内的铁锈、油污必须清除干净。

④ 焊接过程中粘附在电极上的氧化铁要随时清除干净。

⑤ 封闭环式箍筋采用闪光对焊时，钢筋端料宜采用无齿锯切割，断面应平整。

⑥ 当螺丝端杆与预应力钢筋对焊时，宜事先对螺丝端杆进行预热，并减小调伸长度；钢筋一侧的电极应垫高，确保两者轴线一致。

⑦ 连续闪光对焊。

通电后，应借助操作杆使两钢筋端面轻微接触，使其产生电阻热，并使钢筋端面的凸出部分互相熔化，并将熔化的金属微粒向外喷射形成火光闪光，再徐徐不断地移动钢筋形成连续闪光，待预定的烧化留量消失后，以适当压力迅速进行顶锻，即完成整个连续闪光焊接。

⑧ 预热闪光对焊。

通电后，应使两根钢筋端面交替接触和分开，使钢筋端面之间发生断续闪光，形成烧化预热过程。当预热过程完成，应立即转入连续闪光和顶锻。

⑨ 闪光—预热闪光对焊。

通电后，应首先进行闪光，当钢筋端面已平整时，应立即进行预热、闪光及顶锻过程。

⑩ 接近焊接接头区段应有适当均匀的镦粗塑性变形，端面不应氧化。

⑪ 焊接后须经稍微冷却才能松开电极钳口，取出钢筋时必须平稳，以免接头弯折。

⑫ Ⅳ级钢筋焊接时，应采用预热闪光焊或闪光—预热闪光焊工艺，余热处理Ⅳ级钢筋。闪光对焊时，与普通热轧钢筋比较，应减小调伸长度，提高焊接变压器级数，缩短加热时间，快速顶锻，形成快热快冷条件，使热影响区长度控制在钢筋直径 0.6 倍范围之内。

4）钢筋电渣压力焊连接

① 闭合电路、引弧。通过操作杆或操纵盒上的开关，先后接通焊机的焊接电流回路和电源的输入回路，在钢筋端面之间引燃电弧，开始焊接。

② 电弧过程。引燃电弧后，应控制电压值。借助操纵杆使上下钢筋端面之间保持一定的间距，进行电弧过程的延时，使焊剂不断熔化而形成必要深度的渣池。

③ 电渣过程。随后逐渐下送钢筋，使上钢筋端部插入渣池，电弧熄灭，进入电渣过程的延时，使钢筋全断面加速熔化。

④ 挤压断电。电渣过程结束，迅速下送上钢筋，使其断面与下钢筋端面相互接触，趁热排出熔渣和熔化金属。同时切断焊接电源。

（3）钢筋机械连接

1）钢筋镦粗直螺纹连接的工艺流程为：

① 钢筋下料。钢筋下料时，应采用砂轮切割机，切口的端面应与轴线垂直，不得有马蹄形或挠曲。

② 冷镦扩粗。钢筋下料后在钢筋镦粗机上将钢筋镦粗，按不同规格检验冷镦后的尺寸。

③ 切削螺纹。钢筋冷镦后，在钢筋套丝机上切削加工螺纹。钢筋端头螺纹规格应与连接套筒的型号匹配。

④ 丝头检查带塑料保护帽。钢筋螺纹加工后，随即用配置的量规逐根检测，合格后，再由专职质检员按一个工作班 10% 的比例抽样校验。如发现有不合格螺纹，应全部逐个检查，并切除所有不合格的螺纹，重新镦粗和加工螺纹。对检验合格的丝头加塑料帽进行保护。

⑤ 运送至现场。运送过程中注意丝头的保护，虽然已经戴上塑料帽，但由于塑料帽的保护有限，所以仍要注意丝头的保护，不得与其他物体发生撞击，造成丝头的损伤。

⑥ 钢筋接头工艺检验。钢筋连接工程开始前及施工过程中，应对每批进场钢筋进行接头工艺检验，工艺检验应符合下列要求。

a. 每种规格钢筋的接头试件不应少于 3 根；

b. 对接头试件的钢筋母材应进行抗拉强度试验；

c. 3 根接头试件的抗拉强度均应符合《钢筋机械连接技术规程》JGJ 107—2010 的规定。

⑦ 连接施工：

a. 钢筋连接时连接套规格与钢筋规格必须一致，连接之前应检查钢筋螺纹及连接套螺纹是否完好无损，钢筋螺纹丝头上如发现杂物或锈蚀，可用钢丝刷清除。

b. 标准型和异型接头连接。首先用工作扳手将连接套与一端的钢筋拧到位，然后再将另一端的钢筋拧到位，其操作方法如图 4-27（a）所示。

活连接型接头连接。先对两端钢筋向连接套方向加力，使连接套与两端钢筋丝头挂上扣，然后用工作扳手旋转连接套，并拧紧到位，其操作如图 4-27（b）所示。在水平钢筋连接时，一定要将钢筋托平对正后，再用工作扳手拧紧。

c. 被连接的两钢筋端面应处于连接套的中间位置，偏差不大于一个螺距，并用工作扳手拧紧，使两钢筋端面顶紧。

d. 每连接完 1 个接头必须立即用油漆作上标记，防止漏拧。

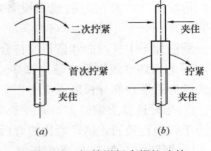

图 4-27　钢筋镦粗直螺纹连接
（a）标准型和异型接头连接；
（b）活连接型接头连接

2）钢筋滚轧直螺纹连接的工艺流程为：

① 钢筋下料

钢筋应先调直后下料，应采用切割机下料，不得用气割下料。钢筋下料时，要求钢筋端面与钢筋轴线垂直，端头不得弯曲，不得出现马蹄形。

② 钢筋套丝

a. 套丝机必须用水溶性切削冷却润滑液，不得用机油润滑。

b. 钢筋丝头的牙形、螺距必须与连接套的牙形、螺距规相吻合，有效丝扣内的秃牙部分累计长度小于一扣周长的 1/2。

c. 检查合格的丝头，应立即将其一端拧上塑料保护帽，另一端拧上连接套，并按规格分类堆放整齐待用。

③ 接头工艺检验

同钢筋镦粗直螺纹连接的钢筋接头工艺检验。

④ 钢筋连接

同钢筋镦粗直螺纹连接的连接施工。钢筋滚轧直螺纹连接的标准型和异型接头连接、活连接型接头连接如图 4-28 所示。

（4）钢筋加工

钢筋加工的形式主要有除锈、调直、切断、弯曲成形、绑扎成形等。

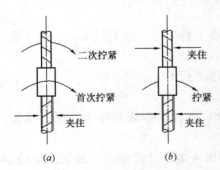

图 4-28　钢筋滚轧直螺纹连接
（a）标准型和异型接头连接；
（b）活连接型接头连接

1）钢筋除锈。施工现场的钢筋容易生锈，应除去钢筋表面可能产生的颗粒状或片状老锈。钢筋除锈可用人工除锈、钢筋除锈机除锈和酸洗除锈。

2）钢筋调直。钢筋调直是指将钢筋调整成为使用时的直线状态。钢筋调直有手工调直和机械调直。细钢筋可采用调直机调直，粗钢筋可以采用锤直或扳直的方法。钢筋的调直还可采用冷拉方法，其冷拉率 HPB300 级钢筋不大于 4％，HRB335 级、HRB400 级和 RRB400 级钢筋的冷拉率不宜大于 1％。一般拉至钢筋表面氧化皮开始脱落为止。

3）钢筋切断。钢筋切断主要采用钢筋切断机机械切断。

4）钢筋弯曲成型。弯曲成型是将已切断、配好的钢筋按照施工图纸的要求加工成规定的形状尺寸。常用弯曲成型设备是钢筋弯曲成型机，也有的采用简易钢筋弯曲成型装置。

钢筋加工中其弯曲和弯折应符合以下规定：

① HPB300 级钢筋末端应做 180°弯钩，其弯弧内直径不应小于钢筋直径的 2.5 倍，弯钩的弯后平直部分长度不应小于钢筋直径的 3 倍。

② 当设计要求钢筋末端需做 135°弯钩时，HRB335、HRB400 级钢筋的弯弧内直径不应小于钢筋直径的 4 倍，弯钩的弯后平直部分长度应符合设计要求。

③ 钢筋作不大于 90°的弯折时，弯折处的弯弧内直径不应小于钢筋直径的 5 倍。

5）绑扎成型。绑扎是指在钢筋的交叉点用细铁丝将其扎牢使其成为钢筋骨架或钢筋网片，也可以使两段钢筋连接起来（绑扎连接）。

3. 混凝土工程

（1）混凝土的拌制

1）普通混凝土现场拌制工艺流程如下：

① 计量

a. 每台班开始前，对搅拌机及上料设备进行检查并试运转；对所用的计量器具进行检查并定磅；校对施工配合比；对所用原材料的规格、品种、产地、牌号及质量进行检查，并与施工配合比进行核对；对砂、石的含水率进行检查，如有变化，及时通知试验人员调整用水量。一切检查符合要求后，方可开盘拌制混凝土。

b. 砂、石计量。用手推车上料时，必须车车计量，卸多补少，有贮料斗及配料的计量设备，采用自动或半自动上料时，需调整好斗门及配料关闭的提前量，以保证计量准确。砂、石计量的允许偏差应≤±3%。

c. 水泥计量。搅拌时采用袋装水泥时，对每批进场的水泥应抽查 10 袋的重量，并计量每袋的平均实际重量。小于标定重量的要开袋补足，或以每袋的实际水泥重量为准，调整砂、石、水及其他材料用量，按配合比的比例重新确定每盘混凝土的施工配合比。搅拌时采用散装水泥的，应每盘精确计量。水泥计量的允许偏差应≤±2%。

d. 水计量。水必须盘盘计量，其允许偏差应≤±2%。

② 上料

现场拌制混凝土，一般是计量好的原材料先汇集在上料斗中，经上料斗进入搅拌筒。原材料汇集入上料斗的顺序如下：

a. 当无外加剂、混合料时，依次进入上料斗的顺序为石子、水泥、砂；

b. 当掺混合料时，其顺序为石子、水泥、混合料、砂；

c. 当掺干粉状外加剂时，其顺序为石子、外加剂、水泥、砂或顺序为石子、水泥、砂子、外加剂；

d. 当掺液态外加剂时，将外加剂溶液预加入搅拌用水中。经常检查外加剂溶液的浓度，并经常搅拌外加剂溶液，使溶液浓度均匀一致，防止沉淀。溶液中的水量，包括在拌和用水量内。

③ 混凝土搅拌

a. 第一盘混凝土拌制的操作。

（a）每班拌制第一盘混凝土时，先加水使搅拌筒空转数分钟，搅拌筒被充分湿润后，将剩余积水倒净。

（b）搅拌第一盘时，由于砂浆粘筒壁而损失，因此，石子的用量应按配合比减量。

（c）从第二盘开始，按给定的配合比投料。

b. 搅拌时间控制。混凝土搅拌的最短时间应按表 4-10 控制。

混凝土搅拌的最短时间（s） 表 4-10

混凝土坍落度 （mm）	搅拌机机型	搅拌机的出料量（L）		
		<250	250~500	>500
≤30	强制式	60	90	120
>30		60	60	90

注：1. 混凝土搅拌的最短时间系指自全部材料装入搅拌筒中起，到开始卸料止的时间；

2. 当掺有外加剂时，搅拌时间应适当延长；

3. 冬期施工时搅拌时间应取常温搅拌时间的 1.5 倍。

④ 出料

出料时，先少许出料，目测拌合物的外观质量，如目测合格方可出料。每盘混凝土拌合物必须出净。

⑤ 混凝土拌制的质量检查

a. 检查拌制混凝土所用原材料的品种、规格和用量，每一个工作班至少两次。

b. 检查混凝土的坍落度及和易性，每一工作班至少两次。混凝土拌合物搅拌均匀、颜色一致，具有良好的流动性、黏聚性和保水性，不泌水、不离析。不符合要求时，应查找原因，及时调整。混凝土稠度的分级及其允许偏差、混凝土的含气量及其允许偏差分别见表 4-11、表 4-12。

混凝土稠度的分级及其允许偏差 表 4-11

稠度分类	级别名称	级别符号	测值范围	允许偏差
坍落度 （mm）	低塑性混凝土	T_1	10~40	±10
	塑性混凝土	T_2	50~90	±20
	流动性混凝土	T_3	100~150	±30
	大流动性混凝土	T_4	≥160	±30
维勃稠度 （s）	超干硬性混凝土	V_0	≥31	±6
	特干硬性混凝土	V_1	30~21	±6
	干硬性混凝土	V_2	20~11	±4
	半干硬性混凝土	V_3	10~5	±3

混凝土的含气量及其允许偏差　　　　　　　表 4-12

粗骨料最大粒径（mm）	混凝土含气量最大限值（%）	粗骨料最大粒径（mm）	混凝土含气量最大限值（%）
10	7.0	40	4.5
15	6.0	50	4
20	5.5	80	3.5
25	5	150	3

c. 在每一工作班内，当混凝土配合比由于外界影响有变动时，应及时检查。

d. 混凝土的搅拌时间应随时检查。

e. 按以下规定留置试块：

（a）每拌制 100 盘且不超过 100m³ 的同配合比的混凝土其取样不得少于一次。

（b）每工作班拌制的同配合比的混凝土不足 100 盘时，其取样不得少于一次。

（c）每一楼层、同一配合比的混凝土，取样不得少于一次。

（d）有抗渗要求的混凝土，应按规定留置抗渗试块。

每次取样应至少留置一组标准试件，同条件养护试件的留置组数，可根据不同项目监理或业主的具体要求及施工需要确定。为保证留置的试块有代表性，应在第三盘以后至搅拌结束前 30min 之间取样。

2）投料方法

① 一次投料法

一次投料法是在料斗中先装入石子，再加入水泥和砂子，然后一次投入搅拌机。

这种投料顺序是把水泥夹在石子和砂子之间，上料时水泥不致飞扬，而且水泥也不致粘在料斗底和鼓筒上。上料时水泥和砂先进入筒内形成水泥浆，缩短了包裹石子的过程，能提高搅拌机生产率。

② 二次投料法

二次投料法分为预拌水泥砂浆法和预拌水泥净浆法。

预拌水泥砂浆法是先将水泥、砂和水加入搅拌筒内进行充分搅拌，成为均匀的水泥砂浆后，再加入石子搅拌成均匀的混凝土。

预拌水泥净浆法是将水泥和水充分搅拌成均匀的水泥净浆后，再加入砂和石子搅拌成混凝土。

二次投料法搅拌的混凝土与一次投料法相比较，混凝土强度可提高约 15%，在强度等级相同的情况下，可节约水泥 15%～20%。

③ 水泥裹砂法

水泥裹砂法也叫 SEC 法。是先将砂子表面进行湿度处理，控制在一定范围内，然后将处理过的砂子、水泥和部分水进行搅拌，使砂子周围形成黏着性很强的水泥糊包裹层。加入第二次水和石子，经搅拌，部分水泥浆便均匀地分散在已经被造壳的砂子及石子周围，最后形成混凝土。

采用该法制备的混凝土与一次投料法相比较，强度可提高 20%～30%，混凝土不易产生离析现象，泌水少，工作性好。

（2）混凝土的运输

1）搅拌运输车运送混凝土

混凝土搅拌输送车是一种用于长距离输送混凝土的高效能机械。它是将运送混凝土的搅拌筒安装在汽车底盘上,将混凝土搅拌站生产的混凝土拌合物装入搅拌筒内,直接运至施工现场的大型混凝土运输工具。

采用混凝土搅拌输送车应符合以下规定:

① 混凝土必须能在最短的时间内均匀无离析地排出。出料干净、方便,能满足施工的要求。如与混凝土泵联合输送时,其排料速度应相匹配。

② 从搅拌输送车运卸的混凝土中分别取 1/4 和 3/4 处试样进行坍落度试验,两个试样的坍落度值之差不得超过 30mm。

③ 混凝土搅拌输送车在运送混凝土时通常的搅动转速为 2~4r/min;整个输送过程中拌筒的总转数应控制在 300 转以内。

④ 若采用干料由搅拌输送车途中加水自行搅拌时,搅拌速度一般应为 6~18r/min;搅拌转数应以混合料加水入搅拌筒起直至搅拌结束控制在 70~100r/min。

⑤ 混凝土搅拌输送车因途中失水,到工地需加水调整混凝土的坍落度时,搅拌筒应以 6~8r/min 搅拌速度搅拌,并另外再转动至少 30r/min。

2) 泵送混凝土

① 混凝土泵是通过输送管将混凝土送到浇筑地点适用于以下工程:

a. 大体积混凝土:大型基础、满堂基础、设备基础、机场跑道、水工建筑等。

b. 连续性强和浇筑效率要求高的混凝土:高层建筑、贮罐、塔形构筑物、整体性强的结构等。

混凝土输送管道一般是用钢管制成。管径通常有 100mm、125mm、150mm 几种,标准管管长 3m,配套管有 1m 和 2m 两种,另配有 90°、45°、30°、15°等不同角度的弯管,以供管道转折处使用。

输送管的管径选择主要根据混凝土骨料的最大粒径以及管道的输送距离、输送高度和其他工程条件决定。

② 采用泵送混凝土应符合下列规定:

a. 混凝土泵与输送管连通后,应按所用混凝土泵使用说明书的规定进行全面检查,符合要求后方能开机进行空运转。

b. 混凝土泵启动后,应先泵送适量水以湿润混凝土泵的料斗、活塞及输送管内壁等直接与混凝土接触部位。

c. 确认混凝土泵和输送管中无异物后,应采取下列方法润滑混凝土泵和输送管内壁。

(a) 泵送水泥浆。

(b) 泵送 1:2 水泥砂浆。

(c) 泵送与混凝土内除粗骨料外的其他成分相同配合比的水泥砂浆。

d. 开始泵送时,混凝土泵应处于慢速、匀速并随时可反泵的状态。泵送速度。应先慢后快,逐步加速。待各系统运转顺利后,方可以正常速度进行泵送。

e. 混凝土泵送应连续进行。如必须中断时,其中断时间不得超过混凝土从搅拌至浇筑完毕所允许的延续时间。

f. 泵送混凝土时,活塞应保持最大行程运转。

g. 泵送完毕时,应将混凝土泵和输送管清洗干净。

（3）混凝土的浇筑

1）多层钢筋混凝土框架结构的浇筑

① 浇筑多层框架结构首先要划分施工层和施工段，施工层一般按结构层划分，而每一施工层的施工段划分，则要考虑工序数量、技术要求、结构特点等，多以结构平面的伸缩缝分段。

② 混凝土的浇筑顺序：在每层中先浇捣柱子，在柱子浇捣完毕后，停歇 1～1.5h，使混凝土达到一定强度后，再浇捣梁和板。

③ 混凝土浇筑过程中，要保证混凝土保护层厚度及钢筋位置的正确性。不得踩踏钢筋，不得移动预埋件和预留孔洞的原来位置，如发现偏差和位移，应及时校正。特别要重视竖向结构的保护层和板、雨篷结构负弯矩钢筋的位置。

④ 在竖向结构中浇筑混凝土时，应遵守以下规定：

a. 柱子浇筑宜在梁、板模板安装后，钢筋未绑扎前进行，以便利用梁板模板稳定柱模和作为浇筑柱混凝土操作平台之用。柱子应分段浇筑，边长大于 40cm 且无交叉箍筋时，每段的高度不应大于 3.5m；凡柱断面在 40cm×40cm 以内，并有交叉箍筋时，应在柱模侧面开不小于 30cm 高的门洞，装上斜溜槽分段浇筑，每段高度不得超过 2m。

b. 墙与隔墙应分段浇筑，每段的高度不应大于 3m。剪力墙浇筑还应注意门窗洞口应从两侧同时下料，浇筑高差不能太大，以免门窗洞口发生位移或变形。应先浇筑窗台下部，后浇筑窗间墙，以防窗台出现蜂窝孔洞。

c. 采用竖向窜筒导送混凝土时，对竖向结构的浇筑高度可不加限制。

d. 在浇筑薄墙、立柱等狭深结构时，为避免混凝土浇筑至一定高度后，由于积聚大量浆水而可能造成混凝土强度不匀的现象，宜在浇筑到适当的高度时，适量减少混凝土的配合比用水量。

e. 肋形楼板的梁、板应同时浇筑，浇筑方法应先将梁根据高度分层浇捣成阶梯形，当达到板底位置时即与板的混凝土一起浇捣，随着阶梯形的不断延长，则可连续向前推进。倾倒混凝土的方向应与浇筑方向相反。浇筑无梁楼盖时，在离柱帽下 5cm 处暂停，然后分层浇筑柱帽，下料必须倒在柱帽中心，待混凝土接近楼板底面时，即可连同楼板一起浇筑。

2）大体积钢筋混凝土结构的浇筑

大体积混凝土是指混凝土结构物实体最小几何尺寸不小于 1m 的大体量混凝土，或预计会因混凝土中胶凝材料水化引起的温度变化和收缩而导致有害裂缝产生的混凝土。一般多为工业建筑中的设备基础及高层建筑中厚大的桩基承台或基础底板等。

大体积混凝土结构的特点是混凝土浇筑面和浇筑量大，浇筑后水泥的水化热量大且聚集在构件内部，形成较大的内、外温差，当形成的温度应力大于混凝土抗拉强度时，在受到基岩或硬化混凝土垫层约束的情况下，易造成混凝土表面产生收缩裂缝。这类结构整体性要求较高，通常不允许留施工缝，应在下一层混凝土初凝之前，将上一层混凝土浇筑完毕。因此必须保证混凝土搅拌、运输、浇筑、振捣各工序协调配合，使浇筑工作连续进行。

① 浇筑方案

根据结构大小、钢筋疏密、捣实方法和混凝土供应能力等具体情况，大体积混凝土施工可选用全面分层、分段分层和斜面分层三种浇筑方案，如图 4-29 所示。

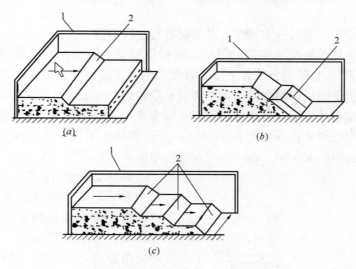

图 4-29 大体积混凝土浇筑方案
(*a*) 全面分层；(*b*) 分段分层；(*c*) 斜面分层
1—模板；2—新浇筑的混凝土

a. 全面分层：即在第一层浇筑完毕后，再回头浇筑第二层，如此逐层浇筑，直至完工为止。全面分层法要求的混凝土浇筑强度较高。

b. 分段分层：混凝土从底层开始浇筑，进行 2～3m 后再回头浇第二层，同样依次浇筑各层。

c. 斜面分层：斜面分层法要求斜坡坡度不大于 1/3，适用于结构长度大大超过厚度 3 倍的情况。

② 质量保证措施

a. 宜优先选用水化热较低的水泥，如矿渣硅酸盐水泥。

b. 掺缓凝剂或缓凝型减水剂，也可掺入适量粉煤灰、磨细矿渣粉等掺和料，适当控制混凝土的浇筑速度和每个浇筑层的厚度，以便在混凝土浇筑过程中释放部分水化热。

c. 宜采用中粗砂和大粒径、级配良好的石子，也可适当掺加一定的毛石块。

d. 在保证混凝土基本性能要求的前提下，尽量减少水泥用量和每立方米混凝土的用水量。

e. 尽量降低混凝土入模温度，一般不宜超过 28℃，可在砂、石堆场和运输设备上搭设简易遮阳装置或覆盖草包等隔热材料，采用低温水或冰水拌制混凝土或在气温较低时浇筑混凝土。

f. 尽量扩大浇筑面和散热面，减少浇筑层厚度和浇筑速度，必要时在结构内部埋设管道或预留孔道（如混凝土大坝内）；混凝土养护期间采取灌水（水冷）或通风（风冷）排出内部热量，降低混凝土温度。

g. 在冬期施工时，混凝土表面要采取保温措施，减缓混凝土表面热量的散失，减小混凝土内外温差。可采用草包、炉渣、砂、锯末、油布等不易透风的保温材料或蓄水养护，以减少混凝土表面的热扩散和延缓混凝土内部水化热的降温速度。

h. 尽量减小混凝土所受的外部约束力，如模板、地基面要平整，或在地基面设置可以滑动的附加层。

i. 浇筑完毕后，应及时排除泌水，必要时进行二次振捣。

j. 为了控制大体积混凝土裂缝的开展，在特殊情况下，可在施工期间设置作为临时伸缩缝的"后浇带"，将结构分成若干段，以有效削减温度收缩应力；待所浇筑的混凝土经一段时间的养护干缩后，再在后浇带中浇筑补偿收缩混凝土，使分块的混凝土连成一个整体。在正常的施工条件下，后浇带的间距一般为 20～30m，带宽 1.0m 左右，混凝土浇筑 30～40d 后，用比原结构强度高 5～10N/mm² 的混凝土填筑，并保持不少于 15d 的潮湿养护。为减少边界约束作用，还可适当设置滑动层等。

（4）混凝土的振捣

混凝土振动机械按其工作方式分为内部振动器、表面振动器、外部振动器和振动台等，见图 4-30。这些振动机械的构造原理，主要是利用偏心轴或偏心块的高速旋转，使振动器因离心力的作用而振动。

1）内部振动器

内部振动器（插入式振动器）操作要点：

① 插入式振动器的振捣方法有两种：一是垂直振捣，即振动棒与混凝土表面垂直；二是斜向振捣，即振动棒与混凝土表面成 40°～45°。

② 振捣器各插点的间距应均匀，不要忽远忽近，不得遗漏，以达到均匀振

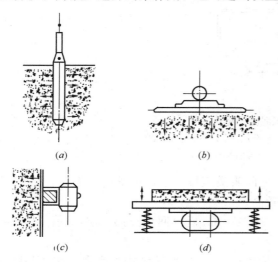

图 4-30　振动机械示意图
(a) 内部振动器；(b) 表面振动器；
(c) 外部振动器；(d) 振动台

实的目的。振捣操作要注意快插慢拔，逐点移动，顺序进行。插点间距一般不要超过振动棒有效作用半径 R 的 1.5 倍，振动器与模板的距离不应大于其有效作用半径 R 的 1/2。插点的布置方式有行列式与交错式两种，如图 4-31 所示，其中交错式重叠、搭接较多，能更好地防止漏振，以保证混凝土的密实性。振动棒在各插点的振动时间，以见到混凝土表面基本平坦，泛出水泥浆，混凝土不再显著下沉，无气泡排出为止。

③ 使用插入式振动器时，要使振动棒自然地垂直沉入混凝土中。为使上、下层混凝土结合成整体，振动棒应插入下一层混凝土中 50mm。振动棒不能插入太深，最好应使棒的尾部留露 1/3～1/4，软轴部分不要插入混凝土中。振捣时，应将棒上下抽动 50～100mm，以保证上、下部分的混凝土振捣均匀，如图 4-32 所示。

④ 每一振捣点的振捣时间一般为 20～30s。

⑤ 使用振动器时，不允许将其支承在结构钢筋上，振动棒应避免碰撞钢筋、模板、芯管、吊环和预埋件等。

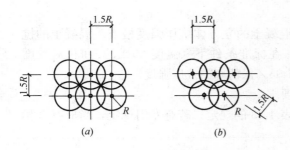

图 4-31　振捣点的布置

（a）行列式；（b）交错式

R—振动棒有效作用半径

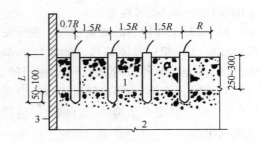

图 4-32　插入式振动器的插入深度

1—新浇筑的混凝土；2—下层已振捣但尚
未初凝的混凝土；3—模板

R—有效作用半径；L—振动棒长度

2）表面振动器

表面振动器使用时振动器的底部应与混凝土面保持接触，在一个位置振动捣实到混凝土不再下沉、表面出浆时，即可移至下一位置继续进行振动捣实。每次移动的间距应保证底板能覆盖已被振捣完毕区段边缘 50mm 左右，以保证衔接处混凝土的密实性。

3）外部振动器

对于小截面直立构件，插入式振动器的振动棒很难插入，可使用外部振动器，其设置间距，应通过试验确定，一般情况下，可每隔 1～1.5m 设置一个。

4）振动台

振动台一般采用加压振动的方法，加压力为 1～3kN/m^2。

（5）混凝土的养护

1）混凝土浇捣后能逐渐凝结硬化，主要是水泥水化作用的结果，而水化作用需要适当的湿度和温度。

2）在混凝土浇筑完毕后，应在 12h 以内加覆盖和浇水；干硬性混凝土应于浇筑完毕后立即进行养护。

3）常用的混凝土的养护方法是自然养护法。

4）自然养护又可分为洒水养护和喷洒塑料薄膜养护两种。

5）洒水养护是用吸水保温能力较强的材料（如草帘、麻袋、锯末等）将混凝土覆盖，经常洒水使其保持湿润。

6）喷洒塑料薄膜养护适用于不易洒水养护的高耸构筑物和大面积混凝土结构及缺水地区。它是将过氯乙烯树脂塑料溶液用喷枪喷洒在混凝土表面上，溶液挥发后在混凝土表面形成一层塑料薄膜，使混凝土与空气隔绝，阻止其中水分的蒸发，以保证水化作用的正常进行。

7）混凝土必须养护至其强度达到 1.2N/mm^2 以上，才允许在上面行人和架设支架、安装模板，但不得冲击混凝土。

（6）混凝土的质量检验

1）混凝土的质量检查包括施工过程中的质量检查和养护后的质量检查。

2）施工过程中的质量检查，是指在混凝土制备和浇筑过程中对原材料的质量、配合比、坍落度等的检查，每一工作班至少检查两次，若有特殊情况还应及时进行抽查。混凝土的搅拌时间应随时检查。

3）混凝土养护后的质量检查，主要是指混凝土的立方体抗压强度检查。混凝土的抗压强度应以标准立方体试件（边长 150mm），在标准条件下（温度 20±3℃ 和相对湿度 90％以上的湿润环境）养护 28d 后测得的具有 95％保证率的抗压强度。

4）结构混凝土的强度等级必须符合设计要求。

5）现浇混凝土结构的允许偏差，应符合表 4-13 的规定；若有专门规定，尚应符合相应的规定。

6）混凝土表面外观质量要求：不应有蜂窝、麻面、孔洞、露筋、缝隙及夹层、缺棱掉角和裂缝等。

现浇混凝土结构的尺寸允许偏差和检验方法　　　　　　　　表 4-13

项　　目			允许偏差（mm）	抽验方法
轴线位置	基础		15	钢尺检查
	独立基础		10	
	墙、柱、梁		8	
	剪力墙		5	
垂直度	层高	≤5m	8	经纬仪或吊线、钢尺检查
		>5m	10	经纬仪或吊线、钢尺检查
	全高 H		H/1000 且≤30	经纬仪、钢尺检查
标高	层高		±10	水准仪或拉线、钢尺检查
	全高		±30	
截面尺寸			+8 −5	钢尺检查
电梯井	井筒长、宽对定位中心线		+25 0	钢尺检查
	井筒全高		H/1000 且≤30	经纬仪或吊线、钢尺检查
表面平整度			8	2m靠尺和塞尺检查
预埋设施中心线位置	预埋件		10	钢尺检查
	预埋螺栓		5	
	预埋管		5	
预留洞中心线位置			15	钢尺检查

（7）混凝土工程的安全技术

1）采用手推车运输混凝土时，不得争先抢道，装车不应过满；卸车时应有挡车措施，不得用力过猛或撒把，以防车把伤人。

2）使用井架提升混凝土时，应设制动装置，升降应有明确信号，操作人员未离开提升台时，不得发升降信号。提升台内停放手推车要平衡，车把不得伸出台外，车轮前后应挡牢。

3）混凝土浇筑前，应对振动器进行试运转，振动器操作人员应穿绝缘靴、戴绝缘手套；振动器不能挂在钢筋上，湿手不能接触电源开关。

4）混凝土运输、浇筑部位应有职业健康安全防护栏杆、操作平台。

5）现场施工负责人应为机械作业提供道路、水电、机棚或停机场地等必备的条件，并消除对机械作业有妨碍或不安全的因素。夜间作业应设置充足的照明。

6）机械进入作业地点后，施工技术人员应向操作人员进行施工任务和职业健康安全技术措施交底。操作人员应熟悉作业环境和工作条件，听从指挥，遵守现场职业健康安全规则。

4.3 防水工程施工

4.3.1 屋面防水工程

建筑工程防水按其部位可分为屋面防水、地下防水、卫生间防水等；按其构造做法可分为结构构件的刚性自防水和用各种防水卷材、防水涂料作为防水层的柔性防水。

1. 卷材屋面防水

卷材防水屋面是指用胶结材料或热熔法逐层粘贴卷材进行防水的屋面。卷材防水屋面的构造如图 4-33 所示，施工时以设计图纸为施工依据。

（1）结构层、找平层施工

1）结构层要求：屋面结构层通常采用钢筋混凝土结构，包括装配式钢筋混凝土板和整体现浇细石混凝土板；基层采用装配式钢筋混凝土板时，要求板安置平稳，板端缝要密封处理，板端、板的侧缝应用细石混凝土灌缝密实，其强度等级不应低于 C20，板缝经调节后宽度仍大于40mm 以上时，应在板下设吊模补放构造钢筋后，再浇细石混凝土。

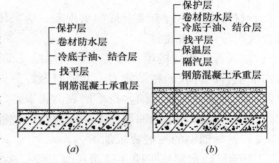

图 4-33　卷材屋面构造层次示意
（a）不保温卷材屋面；（b）保温卷材屋面

2）找平层施工：屋面（含天沟、檐沟）找平层的排水坡度必须符合设计要求。

找平层的作用是确保卷材铺贴平整、牢固，其必须清洁、干燥。

常用的找平层有：水泥砂浆、细石混凝土、沥青砂浆找平层。找平层的排水坡度应符合设计要求。

① 水泥砂浆找平层和细石混凝土找平层：

厚度要求：与基层结构形式有关。水泥砂浆找平层，基层是整体混凝土时，找平层的厚度为 15～20mm；基层是整体或板状材料保温层时，找平层的厚度为 20～25mm；基层是装配式混凝土板，松散材料作保温层时，找平层的厚度为 20～30mm；细石混凝土找平层，基层是松散材料保温层时，找平层的厚度为 30～35mm。

技术要求：屋面板等基层应安装牢固，不得有松动现象。

② 沥青砂浆找平层：

厚度要求：与基层结构形式有关。基层是整体混凝土时，找平层的厚度为 15～

20mm；基层是装配式混凝土板，整体或板状材料保温层时，找平层的厚度为 20～25mm。

技术要求：屋面板等基层应安装牢固，不得有松动之处，屋面应平整，清扫干净，沥青和砂的质量比为 1：8。沥青砂浆施工时要严格控制温度。

（2）保温层施工

保温层的含水率必须符合设计要求。

保温层包括松散材料保温层、板状保温层及整体现浇保温层。

1）松散材料保温层：基层应平整、干燥、干净；含水率应符合设计的要求；松散保温材料应分层铺设并压实，压实的程度与厚度应经试验确定；保温层材料施工完毕后，应及时进行找平层和防水层的施工；雨季施工时，保温层应采取遮盖措施。

2）板状保温层：基层应平整、干燥、干净；板状保温材料应紧靠在需保温的基层表面上，并应铺平垫稳；分层铺设的板块上下层接缝应相互错开，板间缝隙应采用同类材料填密实；粘贴的板状保温材料应贴严、粘牢。

3）整体现浇保温层：沥青膨胀蛭石、沥青膨胀珍珠岩宜用机械搅拌，并应色泽一致无沥青团；压实程度根据试验确定，其厚度应符合设计要求，表面应平整；硬质聚氨酯泡沫塑料应按配合比准确计量，发泡厚度均匀一致。

（3）防水层的施工

卷材防水层不得有渗漏或积水现象，应采用沥青防水卷材、高聚物改性沥青防水卷材或合成高分子防水卷材。

1）沥青防水层的铺设准备：防水层施工前，应将油毡上滑石粉或云母粉刷干净，以增加油毡与沥青胶的粘结能力，并随时做好防火安全工作；沥青冷底子油配制；沥青胶结材料准备；涂刷冷底子油，找平层表面要平整、干净，涂刷要薄而均匀，不得有空白、麻点、气泡，涂刷宜在铺油毡前 1～2h 进行，使油层干燥而不沾灰尘。

2）卷材铺贴的一般要求如下：

① 卷材防水层施工应在屋面其他工程全部完工后进行。

② 铺贴多跨和有高低跨的房屋时，应按先高后低、先远后近的顺序进行。

③ 在一个单跨房屋铺贴时，先铺贴排水比较集中的部位，按标高由低到高铺贴，坡与立面的卷材应由下向上铺贴，使卷材按流水方向搭接。

④ 铺贴方向一般视屋面坡度而定，当坡度在 3％以内时，卷材宜平行于屋脊方向铺贴；坡度在 3％～15％时，卷材可依据当地情况决定平行或垂直于屋脊方向铺贴，以免卷材溜滑。

⑤ 卷材平行于屋脊方向铺贴时，长边搭接不小于 70mm；短边搭接，平屋面不应小于 100mm，坡屋面不小于 150mm，相邻两幅卷材短边接缝应错开不小于 500mm；上下两层卷材应错开 1/3 或 1/2 幅度。

⑥ 平行于屋脊的搭接缝，应顺流水方向搭接；垂直屋脊的搭接缝应顺主导风向搭接。

⑦ 上下两层卷材不得相互垂直铺贴。

⑧ 坡度超过 25％的拱形屋面和天窗下的坡面上，应尽量避免短边搭接，如必须短边搭接时，搭接处应采取防止卷材下滑的措施。

3）沥青胶的浇涂：

① 沥青胶可用浇油法或涂刷法施工，浇涂的宽度应略大于油毡宽度，厚度控制在 1～1.5mm。为确保油毡不歪斜，可先弹出墨线，按墨线推滚油毡。油毡一定要铺平压实，粘结紧密，赶出气泡后将边缘封严；若发现气泡、空鼓，应当场割开放气，补胶修理。压贴油毡时沥青胶应挤出，并随时刮去。

② 空铺法铺贴油毡，是在找平层干燥有困难时或排气屋面的做法。空铺法贴第一层油毡时，不满涂沥青胶，如图 4-34 所示花撒法做法。

4）排气槽与出气孔做法：

排气槽与出气孔主要是使基层中多余的水分通过排气孔排除，避免影响油毡质量。在预制隔热层中做排气槽、孔，排气槽孔一定要畅通，施工时注意不要将槽孔堵塞；填大孔径炉渣松散材料时，不宜太

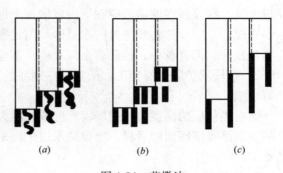

图 4-34 花撒法
(a) 花铺；(b) 条铺；(c) 中空铺

紧；砌砖出气孔时，灰浆不能堵住洞，出气口不能进水和漏水。

5）防水层卷材铺贴方法有冷粘法铺贴卷材、热熔法铺贴卷材和自粘法铺贴卷材三种。

① 冷粘法铺贴卷材。胶粘剂涂刷应均匀，不露底，不堆积。根据胶粘剂的性能，应控制胶粘剂涂刷与卷材铺贴的间隔时间。铺贴的卷材下面的空气应排尽，并辊压粘结牢固。铺贴卷材应平整顺直，搭接尺寸准确，不得扭曲、皱折。接缝口应用密封材料封严，宽度不应小于 10mm。

施工要点：在构造节点部位及周边 200mm 范围内，均匀涂刷一层不小于 1mm 厚度的弹性沥青胶粘剂，随即粘贴一层聚酯纤维无纺布，并在布上涂一层 1mm 厚度的胶粘剂。基层胶粘剂的涂刷可用胶皮刮板进行，要求涂刷均匀，不漏底、不堆积，厚度约为 0.5mm。胶粘剂涂刷后，掌握好时间，由两人操作，其中一人推赶卷材，确保卷材下无空气，粘贴牢固。卷材铺贴应平整顺直，搭接尺寸准确，不得扭曲、皱折。搭接部位的接缝应涂满胶粘剂，用溢出的胶粘剂刮平封口。接缝口应用密封材料封严。宽度不小于 10mm。

② 热熔法铺贴卷材。火焰加热器加热卷材应均匀，不得过分加热或烧穿卷材，厚度小于 3mm 的高聚物改性沥青防水卷材严禁采用热熔法施工；卷材表面热熔后应立即滚铺卷材，卷材下面的空气应排尽，并辊压粘结牢固，不得空鼓；卷材接缝部位必须溢出热熔的改性沥青胶；铺贴的卷材应平整顺直，搭接尺寸准确，不得扭曲、皱折。

施工要点：清理基层上的杂质，涂刷基层处理剂，要求涂刷均匀，厚薄一致，待干燥后，按设计节点构造做好处理，按规范要求排布卷材定位、画线，弹出基线；热熔时，应将卷材沥青膜底面向下，对正粉线，用火焰喷枪对准卷材与基层的结合面，同时加热卷材与基层，喷枪距加热面 50～100mm，当烘烤到沥青熔化，卷材表面熔融至光亮黑色，应立即滚铺卷材，并用胶皮压辊辊压密实。排除卷材下的空气，粘贴牢固。

③ 高聚物改性沥青卷材热熔法施工：热熔法施工是指高聚物改性沥青热熔卷材的铺贴方法。热熔卷材是一种在工厂生产过程中底面即涂有一层软化点较高的改性沥青热熔胶的卷材。其铺贴时不需涂刷胶粘剂，而用火焰烘烤热熔胶后直接于基层粘贴。该方法施工

时受气候影响小，对基层表面干燥程度要求相对较宽松，但烘烤时对火候的掌握要求适度。热熔卷材可采用满粘法或条粘法铺贴，铺贴时要稍紧一些，不能太松弛。

（4）保护层、隔热层施工

1）绿豆砂保护层施工：绿豆砂粒径 3～5mm，呈圆形的均匀颗粒，色浅，耐风化，经过筛洗。绿豆砂在铺撒前应在锅内或钢板上加热至 100℃。在油毡面上涂 2～3mm 厚的热沥青胶，立即趁热将预热过的绿豆砂均匀地撒在沥青胶上，边撒边推铺绿豆砂，使一半左右粒径嵌入沥青胶中，扫除多余绿豆砂，不应露底油毡、沥青胶。

2）板块保护隔热层施工：架空隔热制品的质量必须符合设计要求，严禁有断裂的露筋等缺陷。

架空隔热层的高度应根据屋面宽度或坡度大小的变化确定，通常为 100～300mm。架空隔热制品支座底面的卷材、涂膜防水层上应采取加强措施，操作时不得损坏已经完工的防水层。

2. 刚性防水屋面

刚性防水屋面是用细石混凝土、块体材料或补偿收缩混凝土等材料作屋面防水层。

（1）细石混凝土防水层施工

1）分格缝留置：分格缝也叫分仓缝，应按设计要求设置，若设计无明确规定，应按下列原则留设：分格缝应设在屋面板的支承端、屋面转折处、防水层与突出层面结构的交接处，其纵横间距不宜大于 6m。一般为一间一分格，分格面积不超过 20m³；分格缝上口宽为 30mm，下口宽为 20mm，应嵌填密封材料。

2）防水层细石混凝土浇捣：

① 在混凝土浇捣前，应清除隔离层表面浮渣、杂物，先在隔离层上刷水泥浆一道，使防水层与隔离层紧密结合，随即浇筑细石混凝土。

② 混凝土的浇捣按先远后近、先高后低的原则进行。

③ 施工时，一个分格缝范围内的混凝土必须一次浇完，不得留施工缝；分格缝做成直立反边，并与板一次浇筑成型。

3）分格缝及其他细部做法：分格缝的盖缝式做法及贴缝式。

4）密封材料嵌缝：密封材料嵌缝必须密实、连续、饱满、粘结牢固，无气泡、开裂、脱落等缺陷。

① 密封防水部位的基层应牢固，表面应平整、密实，不得有蜂窝、麻面、起皮和起砂现象；嵌填密封材料的基层应干净、干燥。

② 密封防水处理的基层，应涂刷与密封材料相配套的基层处理剂，处理剂应配比准确，搅拌均匀。

（2）隔离层施工

为了减小结构变形对防水层的不利影响，可将防水层和结构层完全脱离，在结构层和防水层之间增加一层厚度为 10～20mm 的黏土砂浆，或铺贴卷材隔离层。

1）黏土砂浆隔离层施工：将石灰膏：砂：黏土＝1：2.4：3.6 材料均匀拌和，铺抹厚度为 10～20mm，压平抹光，待砂浆基本干燥后，进行防水层施工。

2）卷材隔离层施工：用 1：3 水泥砂浆找平结构层，在干燥的找平层上铺一层干细砂，然后在其上铺一层卷材隔离层，搭接缝用热沥青玛琋脂。

3. 屋面防水工程质量要求

（1）防水层不得有渗漏或积水现象。

（2）使用的材料应符合设计要求和质量标准的规定。

（3）找平层表面应平整，不得有疏松、起砂、起皮现象。

（4）保温层的厚度、含水量和表观密度应符合设计要求。

（5）天沟、檐沟、泛水和变形缝等构造，应符合设计要求。

（6）卷材表贴方法和搭接顺序应符合设计要求，搭接宽度正确，接缝严密，不得有折皱、鼓泡和翘边现象。

（7）涂膜防水层的厚度应符合设计要求，涂层无裂纹、皱折、流淌、鼓泡和露胎体现象。

（8）刚性防水层表面应平整、压光，不起砂，不起皮，不开裂。分格缝应平直，位置正确。

（9）嵌缝密封材料应与两侧基层粘牢，密封部位光滑、平直，不得有开裂、鼓泡、下塌现象。

检查屋面有无渗漏、积水和排水系统是否畅通，应在雨后或持续淋水 2h 后进行。屋面验收后，应填写分部工程质量验收记录，交建设单位和施工单位存档。

4.3.2 地下防水工程

地下防水工程所使用的防水材料，应有产品的合格证书和性能检测报告，材料的品种、规格、性能等应符合现行的国家产品标准和设计要求。不合格材料禁止在工程中使用。

1. 防水混凝土结构施工

防水混凝土结构是依靠混凝土材料本身的密实性而具有防水能力的整体式混凝土或钢筋混凝土结构。它既是承重结构、围护结构，又能满足抗渗、耐腐和耐侵蚀结构要求。

防水混凝土的抗压强度和抗渗压力必须符合设计要求。防水混凝土的变形缝、施工缝、后浇带、穿墙管道、埋设件等设置和构造，均须符合设计要求，严禁有渗漏。

浇筑防水混凝土结构常采用普通防水混凝土和外加剂防水混凝土。

普通防水混凝土是在普通混凝土骨料级配的基础上，调整配合比，控制水灰比、水泥用量、灰砂比和坍落度来提高混凝土的密实性，从而抑制混凝土中的孔隙，达到防水的目的。

外加剂防水混凝土是加入适量外加剂（减水剂、防水剂），改善混凝土内部组织结构，增加混凝土的密实性，提高混凝土的抗渗能力。

防水混凝土的施工要点如下：

（1）支模模板严密不漏浆，有足够的刚度、强度和稳定性，固定模板的铁件不能穿过防水混凝土，结构用钢筋不得触击模板，避免形成渗水路径。

（2）搅拌符合一般普通混凝土搅拌原则。防水混凝土必须用机械充分均匀拌和，不得用人工搅拌，搅拌时间比普通混凝土搅拌时间略长，一般为 120s。

（3）运输中防止漏浆和离析泌水现象，若发生泌水离析，应在浇筑前进行二次拌和。

（4）浇筑、振捣浇筑前应清理模板内的杂质、积水，模板应湿水。

（5）施工缝是防水较薄弱的部位，应不留或少留施工缝。

（6）养护与拆模养护对防水混凝土的抗渗性能影响很大，尤其是早期湿润养护更为重要，如果早期失水，将导致防水混凝土的抗渗性大幅度降低。

2. 水泥砂浆防水层施工

水泥砂浆防水层是在混凝土或砌砖的基层上用多层抹面的水泥砂浆等构成的防水层，它是利用抹压均匀、密实，并交替施工构成坚硬封闭的整体，具有较高的抗渗能力，以达到阻止压力水的渗透作用。

水泥砂浆防水层各层之间必须结合牢固，无空鼓现象。

其适用于承受一定静水压力的地下和地上钢筋混凝土、混凝土和砖石砌体等防水工程。

（1）水泥砂浆防水层基层要求

水泥砂浆铺抹前，基层的混凝土和砌筑砂浆强度不应低于设计值 80％；基层表面应坚实、平整、粗糙、洁净，并充分湿润，无积水；基层表面的孔洞、缝隙应用与防水层相同的砂浆填塞抹平。

（2）水泥砂浆防水层施工要点

1）基层的处理：包括清理、浇水、刷洗、补平等工序，应使基层表面保持湿润、清洁、平整、坚实、粗糙。

2）灰浆的配合比和拌制：与基层结合的第一层水泥浆是用水泥和水拌和而成，水灰比 0.55～0.60；其他层水泥浆的水灰比为 0.37～0.40；水泥砂浆由水泥、砂、水拌和而成，水灰比为 0.40～0.50，灰砂比为 1.5～2.0。

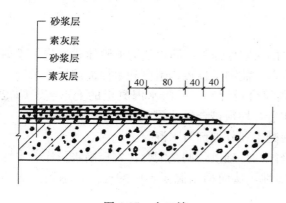

图 4-35 企口缝

3）防水层施工：水泥砂浆防水层，在迎水面基层的防水层通常采用"五层抹面法"；背水面基层的防水层通常采用"四层抹面法"。防水层的施工缝需留斜坡阶梯形槎，一般留在地面上，见图 4-35。

4）防水层的养护：

水泥砂浆防水层施工完毕后应立即进行养护，对于地上防水部分应浇水养护，地下潮湿部位不必浇水养护。

3. 卷材防水层施工

卷材防水层应采用高聚物改性沥青防水卷材和合成高分子防水卷材。所选用的基层处理剂、胶粘剂、密封材料等配套材料，均应与铺贴卷材性相容。卷材防水层应在地下工程主体迎水面铺贴。

卷材防水层是依靠结构的刚度由多层卷材铺贴而成的，要求结构层坚固、形式简单，粘贴卷材的基层面要平整干燥。

（1）地下结构卷材防水层的铺贴方式

地下防水工程一般把卷材防水层设在建筑结构的外侧，叫做外防水；受压力水的作用紧压在结构上，防水效果好。

外防水有外防外贴法和外防内贴法两种施工方法。

1）外防外贴法施工：外贴法是将立面卷材防水层直接铺设在需防水结构的外墙外表面。适用于防水结构层高大于3m的地下结构防水工程。

2）外防内贴法施工：外防内贴法是浇筑混凝土垫层后，在垫层上将永久保护墙全部砌好，将卷材防水层铺贴在永久保护墙和垫层上。适用于防水结构层高小于3m的地下结构防水工程。

（2）卷材防水层的铺设工艺

1）墙上卷材应垂直方向铺贴，相邻卷材搭接宽度应不小于100mm，上下层卷材的接缝应相互错开1/3～1/2卷材宽度。

2）墙面上铺贴的卷材如需接长时，应用阶梯形接缝相连接，上层卷材盖过下层卷材不应少于150mm。

3）卷材防水层粘贴工艺分冷粘法铺贴卷材和热熔法铺贴卷材。

4. 地下防水工程质量要求

（1）防水混凝土的抗压强度和抗渗压力必须符合设计要求。

（2）防水混凝土应密实，表面应平整，不得有露筋、蜂窝等缺陷；裂缝宽度应符合设计要求。

（3）水泥砂浆防水层应密实、平整、粘结牢固，不得有空鼓、裂纹、起砂、麻面等缺陷；防水层厚度应符合设计要求。

（4）卷材接缝应粘结牢固、封闭严密，防水层不得有损伤、空鼓、皱折等缺陷。

（5）涂层应粘结牢固，不得有脱皮、流淌、鼓泡、露胎、皱折等缺陷；涂层厚度应符合设计要求。

（6）塑料板防水层铺设牢固、平整，搭接焊缝严密，不得有焊穿、下垂、绷紧现象。

（7）金属板防水层焊缝不得有裂纹、未熔合、夹渣、焊瘤、咬边、弧穿、针状气孔等缺陷；保护涂层应符合设计要求。

（8）变形缝、施工缝、后浇带、穿墙管道等防水构造应符合设计要求。

4.3.3 屋面及地下防水工程的安全技术

1. 一般要求

（1）施工前应进行安全技术交底工作。

（2）对沥青过敏的人不得参加操作。

（3）沥青操作人员不得赤脚、穿短衣服进行作业；手不得直接接触沥青，并应戴口罩，加强通风。

（4）注意风向，防止在下风操作人员中毒。

（5）严禁烟火、防止火灾。

（6）运输线路应畅通，运输设施可靠，屋面洞口应设有安全措施。

（7）高空作业人员身体应健康，无心脏病、恐高症。

（8）屋面施工时不准穿带钉鞋入内。

2. 熬油

（1）熬油锅灶必须距建筑物10m以上，距易燃仓库25m以上；锅灶上空不得有电线，地下5m以内不得有电缆；锅灶宜设在下风口。

（2）锅口应稍高，炉口处应砌筑高度不小于500mm的隔火墙。

（3）锅灶附近严禁放置煤油等易燃、易爆物品。

（4）沥青锅内不得有水，装入锅内沥青不应超过锅容量的2/3。

（5）熬制时，应随时注意沥青温度的变化，当石油沥青熬到由白烟转为很浓的红黄烟时，有着火的危险，应立即停火。

（6）锅灶附近应备有锅盖，如果着火用锅盖或铁板封盖油锅。

（7）配冷底子油时，禁止用铁棒搅拌，要严格掌握沥青温度，当发现冒大量蓝烟时应立即停止加热。

3. 运油

（1）装油的桶应用铁皮咬口制成，不得用锡焊，最好要加盖。

（2）防止提升油桶摆动；吊运时，桶下10m半径范围内禁止站人。

（3）运送热沥青时。不允许两人抬，装油不超过桶高的2/3。

（4）屋面运油时，油桶下应加垫，要放置平稳。

4. 铺毡

（1）浇油者与铺毡者保持一定距离，避免热沥青伤人。

（2）浇油时，檐口下方不得有人行走、停留，以免热沥青流下伤人。

（3）大风雨天，应停止铺毡。

（4）经常从事沥青工作的工人，应定期检查身体。

4.4　装饰和节能工程施工

4.4.1　抹灰工程

抹灰是将各种砂浆、装饰性石屑浆、石子浆涂抹在建筑物的墙面、顶棚、地面等表面，除了保护建筑物外，还可作为饰面层起装饰作用。

1. 抹灰工程的分类

抹灰工程按材料和装饰效果分为一般抹灰和装饰抹灰。一般抹灰指石灰砂浆、水泥砂浆、混合砂浆、聚合物水泥砂浆、膨胀珍珠岩水泥砂浆、麻刀灰、纸筋灰、石膏灰等抹灰工程。装饰抹灰的底层和中层与一般抹灰做法基本相同，其面层主要有水刷石、水磨石、斩假石、干粘石、喷涂、滚涂、弹涂、仿石和彩色抹灰等。

2. 一般抹灰施工

抹灰一般分三层，即底层、中层和面层（或罩面），见图4-36。

底层主要起与基层粘结的作用，厚度一般为5～9mm。底层砂浆的强度不能高于基层强度，以免抹灰砂浆在凝结过程中产生较强的收缩应力，破坏强度较低的基层，从而产生空鼓、裂缝、脱落等质量问题；中层起找平的作用，中层应分层施工，每层厚度应控制在5～9mm；

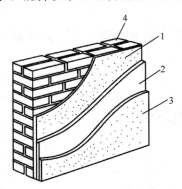

图4-36　抹灰层的组成
1—底层；2—中层；3—面层；4—基层

面层起装饰作用，要求涂抹光滑、洁净。

一般抹灰的施工程序为：

（1）基层处理：表面污物的清除，各种孔洞、剔槽的墙砌修补，凹凸处的剔平或补齐，墙体的浇水湿润等。对于光滑的混凝土墙，顶棚应凿毛，以增加粘结力，对不同用料的基层交接处应加铺金属网以防抹灰因基层吸湿程度和温度变化引起膨胀不同而产生裂缝。

（2）找规矩：包括贴灰饼、标筋（冲筋）、阴阳角找方等工作。中级抹灰可不做阴角找方；高级抹灰应全部做好；普通抹灰不必做这道工序。

贴灰饼和标筋是为了满足墙面抹灰后垂直度、平整度要求，在墙面距阴角 100～200mm 处的上下四角用砂浆各做一个标志块。然后在上下两标志块之间分几遍抹出若干条灰埂，使其通长上下标志块相平，作为控制抹灰层垂直、平整的依据（冲筋）。

阴阳角找方是指在待抹灰的房间内的阴角和阳角处，用方尺规找方，并贴灰饼控制。同时对门窗洞口应做水泥砂浆护角，护角每边宽度不小于 50mm，高度距地面不低于 2m。

顶棚抹灰无须贴饼、冲筋。抹灰前应在四周墙上弹出水平线，以控制顶棚抹灰层平整。

（3）底层抹灰：底层抹灰也叫"刮糙"。方法是将砂浆抹于墙面两标筋之间，厚度应低于标筋，务必与基层紧密结合。对混凝土基层，抹底层前应先刮素水泥浆一遍。

（4）中层抹灰：中层抹灰视抹灰等级分一遍或几遍成活。待底层灰凝结后抹中层灰，中层灰每层厚度一般为 5～7mm，中层砂浆同底层砂浆。抹中层灰时，以灰筋为准满铺砂浆，然后用大木杠紧贴灰筋，将中层灰刮平，最后用木抹子搓平。

（5）面层抹灰：当中层灰干后，普通抹灰可用麻刀灰罩面，高级抹灰应用纸筋灰罩面，用铁抹子抹平，并分两遍连续适时压实收光，如中层灰已干透发白，应先适度洒水湿润后，再抹罩面灰，一般采用钢皮抹子，两遍成活。

4.4.2 门窗工程

1. 铝合金门窗

铝合金门窗是用经过表面处理的型材，通过下料、打孔、铣槽、攻丝和制窗等加工过程而制成的门窗框料构件，再与连接件、密封件和五金配件一起组装而成。

铝合金门窗安装的工艺流程如下：

（1）弹线定位

1）沿建筑物全高用大线坠（高层建筑宜采用经纬仪或全站仪找垂直线）引测门洞边线，在每层门窗口处划线标记。

2）逐层抄测门窗洞口距门窗边线实际距离，需要进行处理的应做记录和标识。

3）门窗的水平位置应以楼层室内＋500mm 线为准向上反量出窗下皮标高，弹线找直。每一层窗下皮必须保持标高一致。

4）墙厚方向的安装位置应按设计要求和窗台板的宽度确定。原则上以同一房间窗台板外露尺寸一致为准。

（2）门窗洞口处理

1）门窗洞口偏位、不垂直、不方正的要进行剔凿或抹灰处理。

2）洞口尺寸偏差应符合表 4-14 规定。

门窗洞口尺寸允许偏差 表 4-14

项　　目	允许偏差（mm）
洞口高度、宽度	±5
洞口对角线长度差	≤5
洞口侧边垂直度	1.5/1000 且不大于 2
洞口中心线与基准线偏差	≤5
洞口下平面标高	±5

（3）防腐处理

1）对于门框四周的外表面的防腐处理，设计有要求时按设计要求处理。若设计没有要求，可涂刷防腐涂料或粘贴塑料薄膜进行保护，以免水泥砂浆直接与铝合金门窗表面接触，腐蚀铝合金门窗。

2）安装铝合金门窗时，如果采用金属连接件固定，则连接件、固定件宜采用不锈钢件。否则必须进行防腐处理，以免产生电化学反应，腐蚀铝合金门窗。

（4）铝合金门窗框就位和临时固定

1）根据划好的门窗定位线，安装铝合金门窗框。

2）当门窗框装入洞口时，其上、下框中线与洞口中线对齐。

3）门窗框的水平、垂直及对角线长度等符合质量标准，然后用木模板临时固定。

（5）铝合金门窗框安装固定

1）铝合金门窗框与墙体的固定一般采用固定片连接，固定片多以 1.5mm 厚的镀锌板裁制，长度根据现场需要进行加工。

2）与墙体固定的方法主要有：

① 当墙体上有预埋铁件时，可把铝合金门窗的固定片直接与墙体上的预埋铁件焊牢，焊接处需做防锈处理。

② 用膨胀螺栓将铝合金门窗的固定片固定到墙上。

③ 当洞口为混凝土墙体时，也可用 φ4mm 或 φ5mm 射钉将铝合金门窗的固定片固定到墙上（砖砌墙不得用射钉固定）。

3）铝合金窗框与墙体洞口的连接要牢固、可靠，固定点的间距应不大于 600mm，固定片距窗角距离不应大于 200mm（以 150～200mm 为宜）。

4）铝合金门的上边框与侧边框的固定按上述方法进行。下边框的固定方法按照铝合金门的形式、种类而有所不同：

① 平开门可采用预埋件连接、膨胀螺丝连接、射钉连接或预埋钢筋焊接等方式。

② 推拉门下边框可直接埋入地面混凝土中。

③ 地弹簧门等无下框的，边框可直接固定于地面中，地弹簧也埋入地面中，并用水泥浆固定。

（6）门窗框与墙体间隙间的处理

1）铝合金门窗框安装固定后，进行隐蔽工程验收。

2）验收合格后，及时按设计要求处理门窗框与墙体之间的间隙。若设计未要求，可选用发泡胶、弹性聚苯保温材料及玻璃岩棉条进行分层填塞。外表留 5～8mm 深槽口填嵌嵌缝油膏或密封胶。严禁用水泥砂浆填镶。

3）铝合金窗应在窗台板安装后将上缝、下缝同时填嵌，填嵌时不可用力过大，防止窗框受力变形。

（7）门窗扇安装

1）门窗扇应在墙体表面装饰工程完工验收后安装。

2）推拉门窗在门窗框安装固定后，将配好玻璃的门窗扇整体安入框内滑槽。调整好扇的缝隙即可。

3）平开门窗在框与扇格架组装上墙、安装固定好后再安装玻璃，即先调整好框与扇的缝隙，再将玻璃安入扇并调整好位置，最后镶嵌密封条及密封胶。

4）地弹簧门应在门框及地弹簧主机入地安装固定后再安门扇。先将玻璃嵌入门扇格架并一起入框就位，调整好框扇缝隙，最后填嵌门扇玻璃的密封条及密封胶。

（8）五金配件安装

五金配件与门窗连接用镀锌或不锈钢螺钉。安装的五金配件应结实牢固，使用灵活。

（9）清理及清洗

1）在安装过程中铝合金门框表面应有保护塑料胶纸，并要及时清理门窗框、扇及玻璃上的水泥砂浆、灰水、打胶材料及喷涂材料等，以免对铝合金门窗造成污染及腐蚀。

2）在粉刷等装修工程全部完成准备交工前，将保护胶纸撕去，需进行以下清洗工作：

① 如果塑料胶纸在型材表面留有胶痕，宜用香蕉水清洗干净。

② 铝合金门窗框扇，可用水或浓度为 1％～5％ 的中性洗涤剂充分清洗，再用布擦干。不应用酸性或碱性制剂清洗，也不能用钢刷刷洗。

③ 玻璃应用清水擦洗干净，对浮灰或其他杂物，要全部清除干净。

2. 塑料门窗

塑料门窗的保温性能和密闭性能与其他门窗相比明显优越，其耐久性能随着塑料材质的不断改进也有显著提高。塑料门窗及其附件应符合国家标准，按设计选用。

塑料门窗安装的工艺流程如下：

（1）弹线定位

1）沿建筑物全高用大线坠（高层建筑宜采用经纬仪或全站仪找垂直线）引测门洞边线，在每层门窗口处划线标记。

2）逐层抄测门窗洞口距门窗边线实际距离，需要进行处理的应做记录和标识。

3）门窗的水平位置应以楼层室内 +500mm 线为准向上反量出窗下皮标高，弹线找直。每一层窗下皮必须保持标高一致。

4）墙厚方向的安装位置应按设计要求和窗台板的宽度确定。原则上以同一房间窗台板外露尺寸一致为准。

（2）门窗洞口处理

1）门窗洞口偏位、不垂直、不方正的要进行剔凿或抹灰处理。

2）洞口尺寸偏差应符合表 4-15 规定。

（3）安装固定片

1）固定片采用厚度大于等于 1.5mm、宽度大于等于 15mm 的镀锌钢板。安装时应采用直径为 3.2mm 的钻头钻孔，然后将十字盘头自攻螺丝 M4×20mm 拧入，不得直接锤击钉入。

2）固定片的位置应距窗角、中竖框、中横框 150～200mn。固定片之间的间距不大于 600mm，不得将固定片直接装在中横框、中竖框的档头上。

洞口尺寸允许偏差 表 4-15

项　　目	允许偏差（mm）
洞口高度、宽度	±5
洞口对角线长度差	±5
洞口侧边垂直度	1.5/1000 且不大于 2
洞口中心线与基准线偏差	±5
洞口下平面标高	±5

（4）门窗框就位和临时固定

1）根据划好的门窗定位线，安装门窗框。

2）当门窗框装入洞口时，其上、下框中线与洞口中线对齐。

3）门窗框的水平、垂直及对角线长度等符合质量标准，然后用木楔临时固定。

（5）门窗框安装固定

1）窗框与墙体洞口的连接要牢固、可靠，固定点的间距应不大于 600mm，距窗角距离不应大于 200mn（以 150～200mm 为宜）。

2）门窗框与墙体固定应按对称顺序，将已安装好的固定片与洞口四周固定，先固定上下框，然后固定边框，固定方法应符合以下要求：

① 混凝土墙洞口应采用射钉或塑料膨胀螺钉固定。

② 砖墙洞口应采用塑料膨胀螺钉或水泥钉固定，并不得固定在砖缝上。

③ 加气混凝土洞口应采用木螺钉将固定片固定在预埋胶粘圆木上。

④ 设有预埋铁件的洞口应采用焊接方法固定，也可先在预埋件上按紧固件规格打基孔，然后用紧固件固定。

3）门窗框与墙体无论采取哪种方法固定，均需结合牢固，每个连接件的伸出端不得少于两只螺钉固定。同时，还应使门窗框与洞口墙之间的缝隙均等。

4）也可采用膨胀螺钉直接固定法。用膨胀螺钉直接穿过门窗框将框固定在墙体或地面上。该方法主要适用于阳台封闭窗框及墙体厚度小于 120mm 安装门窗框时使用。

（6）门窗框与墙体间隙间的处理

1）塑料门窗框安装固定后，进行隐蔽工程验收。

2）验收合格后，及时按设计要求处理门窗框与墙体之间的间隙。如果设计未要求时，可选用发泡胶、弹性聚苯保温材料及玻璃岩棉条进行分层填塞。外表留 5～8mm 深槽口填嵌嵌缝油膏或密封胶。

3）塑料窗应在窗台板安装后将上缝、下缝同时填嵌，填嵌时不可用力过大，防止窗框受力变形。

（7）门窗扇安装

1）平开门窗扇安装：应先在厂内剔好框上的铰链槽，到现场再将门窗扇装入框中，调整扇与框的配合位置，并用铰链将其固定，然后复查开关是否灵活自如。

2）推拉门窗扇安装：由于推拉门窗扇与框不连接，因此对可拆卸的推拉扇，应先安装好玻璃后再安装门窗扇。

3）对出厂时框、扇就连在一起的平开塑料门窗，则可将其直接安装，然后再检查开启是否灵活自如，若有问题，则应进行必要的调整。

（8）五金配件安装

1）安装五金配件时，应先在框扇杆件上用手电钻打出略小于螺钉直径的孔眼，然后用配套的自攻螺钉拧入，严禁用锤直接打入。

2）塑料门窗的五金配件应安装牢固，位置端正，使用灵活。

（9）清理及清洗

1）在安装过程中塑料门框表面应有保护塑料胶纸，并要及时清理门窗框、扇及玻璃上的水泥砂浆、灰水、打胶材料及喷涂材料等，以免对铝合金门窗造成污染。

2）在粉刷等装修工程全部完成准备交工前，将保护胶纸撕去，并对门窗进行清洗。

3）在塑料门窗上一旦沾有污物时，要立即用软布擦拭干净，切记用硬物刮除。

4.4.3 饰面工程

饰面工程是指把块料面层镶贴（或安装）在墙柱表面以形成装饰层。块料面层可分为饰面砖和饰面板两大类。饰面砖又分为釉和无釉两种，包括：釉面瓷砖、外墙面砖、陶瓷锦砖（马赛克）、劈离砖，以及耐酸砖等；饰面板包括：天然石饰面板（如大理石、花岗石和青石板等）、人造石饰面板（如预制水磨石板等）、金属饰面等。

1. 饰面砖镶贴

（1）施工准备

饰面砖的基层处理和找平层砂浆的涂抹方法与装饰抹灰基本相同。饰面砖在镶贴前，应按设计对釉面砖和外墙面砖进行选择，要求挑选规格一致，形状平整方正，不缺棱掉角，不开裂和脱釉，无凹凸扭曲，颜色均匀的面砖及各种配件。按标准尺寸检查饰面砖，分出符合标准尺寸和大于或小于标准尺寸三种规格的饰面砖，同一类尺寸应用于同一层间或同一面墙上，以做到接缝均匀一致。陶瓷锦砖应根据设计要求选择好色彩和图案，统一编号，便于镶贴时依号施工。

釉面砖和外墙面砖镶贴前应先清扫干净。然后放在清水中浸泡。釉面砖浸泡到不冒气泡为止，一般约2～3h。外墙面砖则需隔夜浸泡、取出晾干。以饰面砖表面有潮湿感，但手按无水迹为准。

饰面砖镶贴前应进行预排，预排时应注意同一墙面的横竖排列，均不得有一行以上的非整砖。非整砖应排在最不醒目的部位或阴角处，用接缝宽度调整。

外墙面砖预排时应根据设计图纸尺寸，进行排砖分格并绘制大样图。一般要求水平缝应与旋脸、窗台齐平，竖向要求阴角及窗口处均为整砖，分格按整块分均，并按已确定的缝子大小做分格条和划出皮数杆。对墙、墙垛等处要求先测好中心线、水平分格线和阴阳角垂直线。

（2）釉面砖镶贴

1）墙面镶贴方法。釉面砖的排列有"对缝排列"和"错缝排列"两种方法。

在清理干净的找平层上，根据室内标准水平线，校核地面标高和分格线。以所弹地平线为依据，设置支撑釉面砖的地面木托板，加木托板的目的是为防止釉面砖因自重向下滑移，木托板表面应加工平整，其高度为非整砖的调节尺寸。整砖的镶贴，就从木托板开始、自下而上进行。每行的镶贴宜以阳角开始，把非整砖留在阴角。

调制糊状的水泥浆，其配合比为水泥∶砂＝1∶2（体积比）另掺水泥重量3%～4%的107胶水；掺时先将107胶用两倍的水稀释，然后加在搅拌均匀的水泥砂浆中，继续搅拌至混合为止。也可按水泥∶107胶水∶水＝100∶5∶26的比例配制纯水泥浆进行镶贴。镶贴时，用铲刀将水泥砂浆或水泥浆均匀涂抹在釉面砖背面（水泥砂浆厚度6～10mm，水泥浆厚度2～3mm为宜），四周刮成斜面，按线就位后，用手轻压，然后用橡皮锤或小铲把轻轻敲击，使其与中层贴紧，确保釉面砖四周砂浆饱满，并用靠尺找平。镶贴釉面砖宜先沿底尺横向贴10行，再沿垂直线竖向贴几行，然后从下往上从第二横行开始，在已贴的釉面砖口间拉上准线（用细铁丝），横向各行釉面砖依准线镶贴。

釉面砖镶贴完毕后，用清水或棉纱，将釉面砖表面擦洗干净。室外接缝应用水泥浆或水泥砂浆勾缝，室内接缝宜用与釉面砖相同颜色的石灰膏或白水泥色浆擦嵌密实，并将釉面砖表面擦净。全部完工后，按照污染的不同程度，用棉纱或稀盐酸擦洗并及时用清水冲净。

镶贴墙面时，应先贴大面，后贴阴阳角、凹槽等难度较大、耗工较多的部位。

2）顶棚镶贴方法。镶贴前，应把墙上的水平线翻到墙顶交接处（四边均弹水平线），校核顶棚方正情况，阴阳角应找直，并按水平线将顶棚找平；若墙与顶棚均贴釉面砖，则房间要求规方，阴阳角都须方正，墙与顶棚成90°，排砖时，非整砖应留在同一方向，使墙顶砖缝交圈矿；镶贴时应先贴标志块，间距一般为1.2m，其他操作与墙面镶贴相同。

（3）外墙釉面砖镶贴

外墙釉面砖的镶贴形式由设计定。矩形釉面砖宜竖向镶贴；釉面砖的接缝宜采用离缝，缝宽不大于10mm；釉面砖一般应对缝排列，不宜采用错缝排列。

1）外墙面贴釉面砖应从上而下分段，每段内应由下而上镶贴。

2）在整个墙面两头各弹一条垂直线，如墙面较长，在墙面中间部位再增弹几条垂直线，垂直线之间距离应为釉面砖宽的整倍数（包括接缝宽），墙面两头垂直线应距墙阳角（或阴角）为一块釉面砖的宽度。垂直线作为竖行标准。

3）在各分段分界处各弹一条水平线，作为贴釉面砖横行标准。各水平线的距离应为釉面砖高度（包括接缝）的整倍数。

4）清理底层灰面，并浇水湿润，刷一道素水泥浆，紧接着抹上水泥石灰砂浆，随即将釉面砖对准位置镶贴上去，用橡胶锤轻敲，使其贴实平整。

5）每个分段中宜先沿水平线贴横向一行砖，再沿垂直线贴竖向几行砖，从下往上第二横行开始，应在垂直线处已贴的釉面砖上口间拉上准线，横向各行釉面砖依准线镶贴。

6）阳角处正面的釉面砖应盖住侧面的釉面砖端边，即将接缝留在侧面，或在阳角处留成方口，以后用水泥砂浆勾缝。阴角处应使釉面砖的接缝正对着阴角线。

7）镶贴完一段后，即把釉面砖的表面擦洗干净，用水泥细砂浆勾缝，待其干硬后，再擦洗一遍釉面砖面。

8）墙面上如有突出的预埋件时，此处釉面砖的镶贴；应根据具体尺寸用整砖裁割后贴上去。不得用碎块砖拼贴。

9）同一墙面应用同一品种、同一色彩、同一批号的釉面砖；注意花纹倒顺。

（4）外墙锦砖（马赛克）镶贴

外墙贴锦砖可采用陶瓷锦砖或玻璃锦砖。锦砖镶贴由底层灰、中层灰、结合层及面层等组成。

锦砖的品种、颜色及图案选择由设计定。锦砖是成联供货的，所镶贴墙面的尺寸最好是砖联尺寸的整倍数，尽量避免将联拆散。

外墙镶贴锦砖施工要点如下：

1）外墙镶贴锦砖应自上而下进行分段，每段内从下而上镶贴。

2）底层灰凝固后，清理墙面使其干净。按砖联排列位置，在墙面上弹出砖联分格线；根据图案形式，在各分格内写上砖联编号杠、相应在砖联纸背上也写上砖联、编号，以便对号镶贴。

3）清理各砖联的粘贴面（锦砖背面），按编号顺序预排就位。

4）在底层灰面上洒水湿润，刷上素水泥浆一道（中层灰），接着涂抹纸筋石灰膏水泥混合灰结合层，紧跟着将砖联对准位置镶贴上去并用木垫板压住，再用橡胶锤全面轻轻敲打一遍，使砖联贴实平整。砖联可预先放在木垫板上，连同木垫板户齐贴上去，敲打木垫板即可。砖联平整后即取下木垫板。

5）待结合层的混合灰能粘住砖联后，即洒水湿润砖联的背纸，轻轻将其揭掉。要将背纸撕揭干净，不留残纸。

6）在混合灰初凝前，修整各锦砖间的接缝，若接缝不正、宽窄不一，应予拨正。如有锦砖掉粒，应予补贴。

7）在混合灰终凝后，用同色水泥擦缝（略洒些水）。白色为主的锦砖应用白水泥擦缝；深色为主的锦砖应用普通水泥擦缝。

8）擦缝水泥干硬后，用清水擦洗锦砖面。

9）非整砖联处，应根据所镶贴的尺寸，预先将砖联裁割，去掉不需要的部分（连同背纸），再镶贴上去，不可将锦砖块从背纸上剥下来，一块一块地贴上去。

10）如结合层所用的混合灰中未掺入107胶，应在砖联的粘贴面随贴随刷一道混凝土界面处理剂，以增强砖联与结合层的粘结力。

11）每个分段内的锦砖宜连续贴完。

12）墙及柱的阳角处，不宜将一面锦砖边凸出去盖住另一面锦砖接缝，而应各自贴到阳角线处，缺口处用水泥细砂浆勾缝。

2. 大理石板、花岗石板、青石板、预制水磨石板等饰面板的安装

（1）小规格饰面板的安装

小规格大理石板、花岗石板、青石板、预制水磨石板，板材尺寸小于 300mm× 300mm，板厚 8～12mm，粘贴高度低于 3m，用以装饰踢脚线板、勒脚、窗台板等，可采用水泥砂浆粘贴的方法安装。

1）踢脚线粘贴

用 1∶3 水泥砂浆打底，找规矩，厚约 12mm，用刮尺刮平，划毛。待底子灰凝固后，将经过湿润的饰面板背面均匀地抹上厚 2～3mm 的素水泥浆，随即将其贴于墙面，用木槌轻敲，使其与基层粘结紧密。随后用靠尺找平，使相邻各块饰面板接缝齐平，高差不超过 0.5mm，并将边口和挤出拼缝的水泥擦净。

2）窗台板安装

安装窗台板时，先校正窗台的水平，确定窗台的找平层厚度，在窗口两边按图纸要求的尺寸在墙上剔槽。多窗口的房屋剔槽时要拉通线，并将窗口找平。

清除窗台上的垃圾杂物，洒水润湿。用 1：3 干硬性水泥砂浆或细石混凝土抹找平层，用刮尺刮平，均匀地撒上干水泥，待水泥充分吸水呈水泥浆状态，再将湿润后的板材平稳地安上，用木锤轻轻敲击，使其平整并与找平层有良好粘结。在窗口两侧墙上的剔槽处要先浇水润湿，板材伸入墙面的尺寸（进深与左右）要相等。板材放稳后，应用水泥砂浆或细石混凝土将嵌入墙的部分塞密堵严。窗台板接槎处注意平整，并与窗下槛同一水平。

若有暗炉片槽，且窗台板长向由几块拼成，在横向挑出墙面尺寸较大时，应先在窗台板下预埋角铁，要求角铁埋置的高度、进出尺寸一致，其表面应平整，并用较高标号的细石混凝土灌注后再安装窗台板。

3）碎拼大理石

大理石厂裁割的边角废料，经过适当的分类加工，可作为墙面的饰面材料。如矩形块料、冰裂状块料、毛边碎块等各种形体通过不同的拼法和嵌缝处理，能获得一定的饰面效果。

① 矩形块料：对于锯割整齐而大小不等的正方形大理石边角块料，以大小搭配的形式镶拼在墙面上，缝隙间距 1～1.5mm，镶贴后用同色水泥色浆嵌缝，可嵌平缝，也可嵌凸缝，擦净后上蜡打光。

② 冰状块料：将锯割整齐的各种多边形大理石板碎料；搭配成各种图案。缝隙可做成凹凸缝，也可做成平缝，用同色水泥色浆嵌抹，擦净后上蜡打光。平缝的间隙可以稍小，凹凸缝的间隙可在 10～12mm，凹凸约 2～4mm。

③ 毛边碎料：选取不规则的毛边碎块，因不能密切吻合，故镶拼的接缝比以上两种块料大，应注意大小搭配，乱中有序，生动自然。

（2）湿法铺贴工艺

湿法铺贴工艺适用于板材厚为 20～30mm 的大理石、花岗石或预制水磨石板，墙体为砖墙或混凝土墙。

湿法铺贴工艺是传统的铺贴方法，即在竖向基体上预挂钢筋网，用铜丝或镀锌铁丝绑扎板材并灌水泥砂浆粘牢。优点是牢固可靠，缺点是工序烦琐，卡箍多样，板材上钻孔易损坏，特别是灌注砂浆易污染板面和使板材移位。

采用湿法铺贴工艺，墙体应设置锚固体。砖墙体应在灰缝中预埋舶钢筋钩，钢筋钩中距为 500mm 或按板材尺寸，当挂贴高度大于 3m 时，钢筋钩改用批 $\phi 10$ 钢筋，钢筋钩埋入墙体内深度应不小于 120mm，伸出墙面 30mm，混凝土墙体可射入 $\phi 3.7 \times 62$ 的射钉，中距为：500mm 或按板材尺寸，射钉打入墙体内 30mm，伸出墙面 32mm。

挂贴饰面板之前，将 $\phi 6$ 钢筋网焊接或绑扎于锚固件上。钢筋网向中距为 500mm 或按板材尺寸。

在饰面板上下两边各钻不少于两个 $\phi 5$ 的孔。孔深 15mm，清理饰面板的背面占用双股 18 号铜丝穿过钻孔，把饰面板绑牢于钢筋网上。饰面板的背面距墙面应不小于 50mm。

饰面板的接缝宽度可垫木楔调整，应确保饰面板外表面平整、垂直及板的上沿平顺。

每安装好一行横向饰面板后，即进行灌浆。灌浆前，应浇水将饰面板背面及墙体表面湿润，在饰面板的竖向接缝内填塞 15～20mm 深的麻丝或泡沫塑料条以防漏浆（光面、镜面和水磨石饰面板的竖缝，可用石膏灰临时封闭，并在缝内填塞泡沫塑料条）。

拌和好 1：2.5 水泥砂浆，将砂浆分层灌注到饰面板背面与墙面之间的空隙内，每层灌注高度为 150～200mm，且不得大于板高的 1/3；并插捣密实。待砂浆初凝后，应检查板面位置，若有移动错位应拆除重新安装；若无移位，方可安装上一行板。施工缝应留在饰面板水平接缝以下 50～100mm 处。

突出墙面的勒脚饰面板安装，应待墙面饰面板安装完工后进行。

待水泥砂浆硬化后，将填缝材料清除。饰面板表面清洗干净。光面和镜面的饰面经清洗晾干后，方可打蜡擦亮。

（3）干法铺贴工艺

干法铺贴工艺，也叫干挂法施工，即在饰面板材上直接打孔或开槽，用各种形式的连接件与结构基体用膨胀螺栓或其他架设金属连接而不需要灌注砂浆或细石混凝土。饰面板与塘体之间留出 40～50mm 的空腔。这种方法适用于 30m 以下的钢筋混凝土结构基体上，不适用于砖墙和加气混凝土墙。

干法铺贴工艺的主要优点是：

1）在风力和地震作用时，允许产生适量的变位，而不致出现裂缝和脱落。

2）冬季照常施工，不受季节限制。

3）没有湿作业的施工条件，既改善了施工环境，也避免了浅色板材透底污染的问题以及空鼓、脱落等问题的发生。

4）可以采用大规格的饰面石材铺贴，从而提高了施工效率。

5）可自上而下拆换、维修，无损于板材和连接件，使饰面工程拆改翻修方便。

干法铺贴工艺主要采用扣件固定法。扣件固定法的安装施工步骤如下：

1）板材切割。根据设计图图纸要求在施工现场进行切割，由于板块规格较大，宜采用石材切割机切割，注意保持板块边角的挺直和规矩。

2）磨边。板材切割后，为使其边角光滑，再采用手提式磨光机进行打磨。

3）钻孔。相邻板块采用不锈钢销钉连接固定，销钉插在板材侧面孔内。孔径 $\phi 5mm$，深度 12mm，用电钻打孔。由于它关系到板材的安装精度，因而要求钻孔位置准确。

4）开槽。由于大规格石板的自重大，除了由钢扣件将板块下口托牢以外，还需在板块中部开槽设置承托扣件以支承板材的自重。

5）涂防水剂。在板材背面涂刷一层丙烯酸防水涂料，以增强外饰面的防水性能。

6）墙面修整。如果混凝土外墙表面有局部凸出处会向扣件安装时，须进行凿平修整。

7）弹线。从结构中引出楼面标高和轴线位置，在墙面上弹出安装板材的水平和垂直控制线，并做出灰饼以控制板材安装的平整度。

8）墙面涂刷防水剂。由于板材与混凝土墙身之间不填充砂浆，为了防止因材料性能或施工质量可能造成的渗漏，在外墙面上涂刷一层防水剂，以加强外墙的防水性能。

9）板材安装。安装板块的顺序是自下而上进行，在墙面最下一排板材安装位置的上下口拉两条水平控制线，板材从中间或墙面阳角开始就位安装。先安装好第一块作为基准，其平整度以事先设置的灰饼为依据，用线坠吊直，经校准后加以固定。一排板材安装完毕，再进行上一排扣件固定和安装。板材安装要求四角平整，纵横对缝。

10）板材固定。钢扣件和墙身用胀铆螺栓固定，扣件为一块钻有螺栓安装孔和销钉孔的平钢板，按照墙面与板材之间的安装距离，在现场用手提式折压机将其加工成角型钢。扣件上的孔洞均呈椭圆形，以便安装时调节位置。

11）板材接缝的防水处理。石板饰面接缝处的防水处理采用密封硅胶嵌缝。嵌缝之前先在缝隙内嵌入柔性条状泡沫聚乙烯材料作为衬底，以控制接缝的密封深度和加强密封胶的粘接力。

3. 金属面板施工工艺

（1）金属板材

常用的金属饰面板包括不锈钢板、铝合金板、铜板、薄钢板等。

不锈钢材料耐腐蚀、耐气候、防火、耐磨性均良好，具有较高的强度，抗拉能力强，并且具有质软、韧性强、便于加工的特点，是建筑物室内、室外墙体和柱面常用的装饰材料。

铝合金耐腐蚀、耐气候、防火，具有可进行轧花，涂不同色彩，压制成不同波纹、花纹和平板冲孔的加工特性，适用于中、高级室内装修。

铜板具有不锈钢板的特点，其装饰效果金碧辉煌，多用于高级装修的柱、门厅入口、大堂等建筑局部。

（2）不锈钢板、铜板施工工艺

不锈钢、铜板比较薄，不能直接固定在柱、墙面上，为了保证安装后表面平整、光洁无钉孔，需用木方、胶合板做好胎模，组合固定于墙、柱面上。

4. 饰面工程的质量要求

饰面所用材料的品种、规格、颜色、图案以及镶贴方法应符合设计要求；饰面工程的表面不得有变色、起碱、污点、砂浆流痕和显著的光泽受损处；突出的管线、支承物等部位镶贴的饰面砖，应套割吻合；饰面板和饰面砖不得有歪斜、翘曲、空鼓、缺楞、掉角、裂缝等缺陷；镶贴墙裙、门窗贴脸的饰面板、饰面砖，其突出墙面的厚度应一致。

4.4.4 涂饰工程

建筑装饰涂料一般适用于混凝土基层、水泥砂浆或混合砂浆抹面、水泥石棉板、加气混凝土、石膏板砖墙等各种基层面。通常采用刷、喷、滚、弹涂施工。

1. 基层处理和要求

（1）新抹砂浆常温要求 7d 以上，现浇混凝土常温要求 28d 以上，方可涂饰建筑涂料，否则会出现粉化或色泽不均匀等现象。

（2）基层要求平整，但又不应太光滑。孔洞和不必要的沟槽应提前进行修补，修补材料可采用 108 胶加水泥和适量水调成的腻子。太光滑的表面对涂料粘结性能有影响；太粗糙的表面，涂料消耗量大。

（3）在喷、刷涂料前，一般要先喷、刷一道与涂料体系相适应的冲稀了的乳液，稀释了的乳液渗透能力强，可使基层坚实、干净，粘结性好并节省涂料。如果在旧涂层上刷新涂料，应除去粉化、破碎、生锈、变脆、起鼓等部分，否则刷上的新涂料就不会牢固。

2. 涂饰程序

外墙面涂饰时，不论采取何种工艺，一般均应由上而下，分段分部进行涂饰，分段分片的部位应选择在门、窗、拐角、水落管等处，因为这些部位易于掩盖。内墙面涂饰时，应在顶棚涂饰完毕后进行，由上而下分段涂饰；涂饰分段的宽度要根据刷具的宽度以及涂料稠度决定；快干涂料慢涂宽度 15～25cm，慢干涂料快涂宽度为 45cm 左右。

3. 刷、喷、滚、弹涂施工要点

（1）刷涂

涂刷时，其涂刷方向和行程长短均应一致。涂刷层次，一般不少于两度，在前一度涂层表干后才能进行后一度涂刷。前后两次涂刷的相隔时间与施工现场的温度、湿度有密切关系，通常不少于 2～4h。

（2）喷涂

1）在喷涂施工中，涂料稠度、空气压力、喷射距离、喷枪运行中的角度和速度等方面均有一定要求。

2）施工时，应连续作业，一气呵成，争取到分格缝处再停歇。室内喷涂一般先喷顶后喷墙，两遍成活，间隔时间为 2h；外墙喷涂一般为两遍，较好的饰面为三遍。罩面喷涂时，喷离脚手架 10～20cm 处，往下另行再喷。作业段分割线应设在水落管、接缝、雨罩等处。

3）灰浆管道产生堵塞而又不能马上排除故障时，要迅速改用喷斗上料继续喷涂，不留接搓，直到喷完为止，以免影响质量。

4）要注意基层干湿度，尽量使其干湿度一致。

5）颜料一次不要拌的太多，避免变稠再加水。

（3）滚涂施工

1）施工时在辊子上蘸少量涂料后再在被滚墙面上轻缓平稳地来回滚动，直上直下，避免歪扭蛇行，以保证涂层厚度一致、色泽一致、质感一致。

2）滚涂包括干滚法和湿滚法。干滚法辊子上下一个来回，再向下走一遍，表面均匀拉毛即可；湿滚法要求辊子蘸水上墙，或向墙面洒少量的水，滚到花纹均匀为止。

3）横滚的花纹容易积尘污染，不宜采用。

4）若产生翻砂现象，应再薄抹一层砂浆重新滚涂，不得事后修补。

5）因罩面层较薄，因此要求底层顺直平整，避免面层做后产生露底现象。

6）滚涂应按分格缝或分段进行，不得任意甩搓。

（4）弹涂施工（宜用云母片状和细料状涂料）

1）彩弹饰面施工的全过程都必须根据事先所设计的样板上的色泽和涂层表面形状的要求进行。

2）在基层表面先刷 1～2 度涂料，作为底色涂层。待底色涂层干燥后，才能进行弹涂。门窗等不必进行弹涂的部位应予遮挡。

3）弹涂时，手提彩弹机，先调整和控制好浆门、浆量和弹棒，然后开动电机，使机口垂直对准墙面，保持适当距离（一般为 $30\sim50cm$），按一定手势和速度，自上而下，自右（左）至左（右），循序渐进，要注意弹点密度均匀适当，上下左右接头不明显。

4）大面积弹涂后，如出现局部弹点不均匀或压花不合要求影响装饰效果时，应进行修补，修补方法有补弹和笔绘两种。修补所用的涂料，应该与刷底或弹涂同一颜色的涂料。

5 施工企业标准体系

5.1 施工企业工程建设标准体系表及编制

1. 施工企业工程建设标准体系表的层次结构通用图

企业工程建设标准体系包括技术标准体系、管理标准体系和工作标准体系，其中工作标准体系是在技术和管理标准体系指导制约下的下层次标准，见图 5-1。

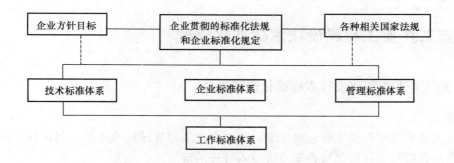

图 5-1　企业工程建设标准体系层次结构通用图

2. 施工企业工程建设技术标准体系层次结构基本图

如图 5-2 所示，技术标准强制性条文及全文强制性标准是第一级的，属于"技术法规"，应根据应用情况逐条列出和落实。技术标准应列出明细表，见表 5-1。体系表的编码，在企业内应统一。

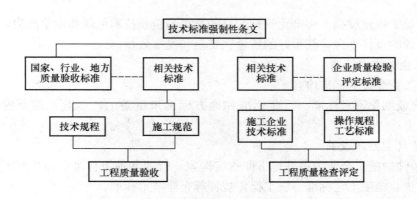

图 5-2　施工企业工程建设技术标准体系层次结构基本图

××层次工程建设技术标准名称表　　　　　　表 5-1

序号	编码	标准代号和编号		标准名称	实施日期	被替代标准号	备注
		国标、行标、地标	企标				

3. 施工企业工程建设标准体系表编制的基本要求

（1）符合企业方针目标，贯彻国家现行有关标准化的法律法规和企业标准化规定。

（2）国标、行标、地标和企标都应为现行的有效版本，并实施动态管理，及时更新。

（3）积极补充和完善国标、行标、地标的相关内容，做到全覆盖。

（4）与企业质量、安全管理体系相配套和协调。

（5）体系表编制后，应进行符合性和有效性评价，以求不断改进。

5.2　施工企业工程建设技术标准化管理

5.2.1　施工企业工程建设技术标准化管理概念

1. 定义

指施工企业贯彻有关工程建设标准，建立企业工程建设标准体系，制定和实施企业标准，以及对其实施进行监督检查等有关技术管理的活动。

2. 基本任务

（1）执行国家现行有关标准化法律法规和规范性文件，以及工程建设技术标准。

（2）实施现行的国家标准、行业标准和地方标准。

（3）建立和实施企业工程建设技术标准体系表。

（4）制定和实施企业技术标准。

（5）对国家标准、行业标准、地方标准和企业技术标准实施的监督检查。

3. 目的

施工企业工程建设技术标准化管理的目的是提高企业技术创新和竞争能力，建立企业施工技术管理的最佳秩序，获得好的质量、安全和经济效益。

4. 施工企业技术标准

（1）施工企业技术标准内容

1）补充或细化国家标准、行业标准和地方标准未覆盖的，企业又需要的一些技术要求。

2）企业自主创新成果。

3）有条件的施工企业为更好地贯彻落实国家、行业和地方标准，也可将其制定成严于该标准的企业施工工艺标准、施工操作规程等企业技术标准。

施工企业技术标准主要包括：企业施工技术标准、工艺标准或操作规程和相应的质量检验评定标准等。

（2）施工工艺标准

为有序完成工程的施工任务，并满足安全和规定的质量要求，工程项目施工作业层需要统一的操作程序、方法、要求和工具等事项所制定的方法标准。

（3）施工操作规程

对施工过程中为满足安全和质量要求需要统一的技术实施程序、技能要求等事项所制定的有关操作要求。

（4）工法

工法是以工程为对象、工艺为核心，运用系统工程原理，结合先进技术和科学管理，经过工程实践并证明是属于技术先进有创新、效益显著、经济适用、符合节能环保要求的施工方法。工法分为企业级、省级和国家级。

5.2.2 施工企业工程建设标准化工作机构

（1）施工企业工程建设标准化工作机构层次，如图 5-3 所示。

图 5-3 施工企业工程建设标准化工作机构层次

（2）施工企业标准化管理层次的主要工作职责：

1）工程建设标准化委员会

① 统一领导和协调企业的工程建设标准化工作；贯彻国家现行有关标准化法律法规、规范性文件，以及工程建设标准。

② 确定与本企业方针目标相适应的工程建设标准化工作任务和目标。

③ 审批企业工程建设标准化工作的长远规划、年度计划和标准化活动经费。

④ 审批工程建设标准体系表和企业技术标准。

⑤ 确定企业工程建设标准化工作管理部门、人员和职责。

⑥ 审批企业工程建设标准化工作的管理制度和奖惩办法。

⑦ 负责国家、行业、地方和企业技术标准的实施，以及企业技术标准化工作的监督检查。

2）工程建设标准化工作管理部门

① 贯彻国家现行有关标准化法律法规、规范性文件，以及工程建设标准。

② 组织制定和落实企业工程建设标准化工作任务和目标。

③ 组织编制和执行企业工程建设标准化工作的长远规划、年度计划和标准化活动经费计划等。

④ 组织编制和执行企业工程建设标准体系表，负责企业技术标准的编制及管理。

⑤ 负责组织协调本企业工程建设标准化工作，以及专、兼职标准化工作人员的业务管理。

⑥ 组织编制企业工程建设标准化工作管理制度和奖惩办法，并贯彻执行。

⑦ 负责组织国家标准、行业标准、地方标准和企业技术标准执行情况的监督检查。

⑧ 贯彻落实企业工程建设标准化委员会对工程建设标准化工作的决定。

⑨ 参加国家、行业有关标准化工作活动等。

3）企业各职能部门

① 组织实施企业标准化工作管理部门下达的标准化工作任务。

② 组织实施与本部门相关的技术标准。

③ 确定本部门负责标准化工作的人员。

④ 按技术标准化工作要求对员工进行培训、考核和奖惩。

4）工程项目经理部（标准员主要职责）

① 负责确定建筑工程项目应执行的工程建设标准，并配置有效版本和组织学习。

② 制定工程建设标准实施计划和措施，并组织交底。

③ 负责施工作业过程中对工程建设标准实施进行监督，对执行不到位的应向项目部提出纠正措施。

④ 协助质量和生产安全事故调查、分析，找出标准及措施中的不足。

⑤ 负责收集工程建设标准执行记录，对实施效果进行评价。

5.2.3 施工企业技术标准的编制

1. 施工企业技术标准的编制的基本要求

（1）应贯彻执行现行国家有关标准化法律、法规，符合国家有关技术标准的要求。

（2）应积极采用新技术、新工艺、新设备、新材料，合理利用资源、节约能源，符合环境保护政策的要求；纳入标准的技术应成熟、先进，并且针对性强、有可操作性。

（3）应符合工程建设标准编写的有关规定。

（4）总包企业除满足指导本企业施工外，还应对相应专业分包单位的施工具有可控性和指导性。

2. 施工企业技术标准的编制程序

施工企业技术标准的编制程序包括：准备阶段、征求意见阶段、审查阶段和报批阶段。各阶段主要工作内容为：

（1）准备阶段

1）依据企业年度企标制（修）计划，组成编制组。

2）召开编制组会议，确定编写提纲、进度和分工等。

3）展开编制工作。

（2）征求意见阶段

1）编制调研及调研报告。

2）测试验证及结果专家鉴定。

3）根据需要召开专题会议，解决标准编制中的重大问题。

4）分别形成企标的初稿、讨论稿及征求意见稿。

5）搜集意见，分析研究并提出处理意见，修改征求意见稿，形成送审稿。

（3）审查阶段

1）企标送审文件。

2）召开审查会议，形成会议纪要和修改意见汇总表。

（4）报批阶段

1）修改送审稿，形成报批稿。

2）企业标准化工作管理部门审核。

3）企业工程建设标准化委员会批准。

5.2.4　施工企业工程建设标准的组织实施

1. 施工企业工程建设标准化工作计划

包括标准化工作长远规划、年度工作计划、人员培训计划、企业标准的编制计划、经费计划，以及年度和阶段标准实施的监督检查计划等。计划的主要内容为：

（1）长远规划

1）本企业标准化工作任务目标。

2）标准化领导机构和管理部门的不断健全和完善。

3）标准化人员的配置。

4）标准体系表的完善。

5）标准化工作经费的保证。

6）贯彻落实国标、行标和地标的措施、细则的不断改进和完善。

7）企标的编制、实施。

8）国标、行标、地标和企标实施情况的监督检查等。

（2）年度计划

长远规划工作项目的分解和落实。

1）年度人员培训计划

不同工作岗位人员培训目标、学时、内容和方式等。

2）年度企标的编制计划

包括标准名称、技术要求、负责编制部门、编制组组成、时间要求和经费。

3）年度和阶段标准实施的监督检查计划

包括检查的重点标准、重点问题，检查要达到的目的，检查组织、人员、时间和次数等。

2. 工程建设标准的实施

施工企业工程建设标准化工作中，强制性条文和全文强制性标准的贯彻落实是管理的重点，贯彻落实国家标准、行业标准和地方标准是主要任务。

工程建设标准的实施基本要求：

（1）强制性条文及全文强制性标准

1）相关人员逐条学习和领会。

2）单独建立强条表和逐条的落实措施。

3）明确强条检查项目及要求，规定合格判定条件。

4）施工组织设计和施工技术方案审批的重点，技术交底的主要内容。

5）其他要求同国标、行标和地标的管理要求。

（2）国家标准、行业标准和地方标准

1) 学习标准，对关键技术和控制重点进行专题研究。

2) 应用标准，编制标准的落实措施或实施细则。

3) 工程项目技术交底，将标准落实到项目管理层。

4) 施工操作技术交底，将标准落实到项目操作层。

5) 检查落实措施的有效性和效果，不断完善落实标准的措施。

（3）企业标准

与国标、行标、地标实施管理协调一致。

3. 工程建设标准实施的监督检查

（1）监督检查的基本要求

1) 以工程项目为基础，分层次进行。工程项目经理部以工程项目为重点检查。企业工程建设标准化管理部门组织有关职能部门以工程项目和技术标准为重点进行检查。

2) 明确重点。对技术标准检查重点为控制措施和实施结果。施工前，应检查相关技术标准的配备和落实措施或实施细则等落实技术标准措施文件的编制情况；施工中，应检查有关落实技术标准及措施文件的执行情况；在每道工序及工程项目完工后，应检查有关技术标准的实施结果情况。

（2）工程项目监督检查的主要指标

工程项目各项技术标准的落实监督检查的主要指标，具体反映在标准落实的有效性和标准的覆盖率上。

标准的覆盖率，检查项目施工中有没有无标准施工的工序；标准的有效性，反映标准有效版本的配置及落实措施的效果。根据这两个指标的统计，并结合工程项目工程建设标准化工作情况进行评估。

6 施工项目的质量和安全控制

6.1 施工项目的质量控制

6.1.1 施工项目质量计划的编制和实施要求

1. 施工项目质量管理基本概念

（1）工程质量

指建设工程满足相关标准规定和合同约定要求的程度，包括其在安全、使用功能及其在耐久性能、环境保护等方面所有明示和隐含能力的固有特性。

（2）项目质量管理

指为确保工程项目的质量特性满足要求而进行的计划、组织、指挥、协调和控制等活动。

（3）项目质量管理的基本要求

1）建立持续改进质量管理体系，设立专职管理部门或专职人员。

2）坚持预防为主的原则，按照策划、实施、检查、处置的循环方式（PDCA循环）进行系统运作。

3）质量管理应满足发包人及其他相关方的要求以及建设工程技术标准和产品的质量要求。

4）通过对人员、机具、设备、材料、方法、环境等要素的过程管理，实现过程、产品和服务的质量目标。

5）质量管理实施程序：

① 进行质量策划，确定质量目标。

② 编制质量计划。

③ 实施质量计划。

④ 总结项目质量管理工作，提出持续改进的要求。

（4）质量管理八项原则

1）以顾客为中心。

2）领导作用。

3）全员参与。

4）过程方法。

5）管理的系统方法。

6）持续改进。

7）基于事实的决策方法。

8）互利的供方关系。

（5）质量管理体系文件

1）质量方针和质量目标。

2）质量手册（方针、目标、机构、职责、手册管理办法等）。

3）程序文件（文件控制、质量记录管理、内部审核、不合格控制、纠正及预防控制程序等）。

4）质量记录。

（6）质量计划

1）质量目标和要求。

2）质量管理组织和职责。

3）所需的过程、文件和资源。

4）产品（或过程）所要求的评审、验证、确认、监视、检验和试验活动，以及接收准则。

5）记录的要求。

6）所采取的措施。

（7）项目管理规划

项目管理规划作为指导项目管理工作的纲领性文件，对项目管理的目标、内容、组织、资源、方法、程序和控制措施进行确定。

项目管理规划包括项目管理规划大纲和项目管理实施规划两类文件。项目管理规划大纲应由组织的管理层或组织委托的项目管理单位编制。项目管理实施规划由项目经理组织编制。大中型项目应单独编制项目管理实施规划；承包人的项目管理实施规划可以用施工组织设计或质量计划代替，但应能够满足项目管理实施规划的要求。

项目管理规划大纲包括以下内容：

1）项目概况。

2）项目范围管理规划。

3）项目管理目标规划。

4）项目管理组织规划。

5）项目成本管理规划。

6）项目进度管理规划。

7）项目质量管理规划。

8）项目职业健康安全与环境管理规划。

9）项目采购与资源管理规划。

10）项目信息管理规划。

11）项目沟通管理规划。

12）项目风险管理规划。

13）项目收尾管理规划。

项目管理实施规划是对项目管理规划大纲的细化，使其具有可操作性。内容包括：

1）项目概况。

2）总体工作计划。

3）组织方案。

4）技术方案。

5）进度计划。

6）质量计划。

7）职业健康安全与环境管理计划。

8）成本计划。

9）资源需求计划。

10）风险管理规划。

11）信息管理计划。

12）项目沟通管理计划。

13）项目收尾管理计划。

14）项目现场平面布置图。

15）项目目标控制措施。

16）技术经济指标。

2. 施工项目质量计划的编制和实施要求

施工项目质量计划，习惯用施工组织设计来替代。

（1）施工组织设计分类

施工组织设计是以施工项目为对象编制的、用以指导施工的技术、经济和管理的控制性文件。施工组织设计可按编制对象进行分类：

1）按编制阶段，施工组织设计可分为投标性施工组织设计和实施性施工组织设计。

投标性施工组织设计是投标阶段以招标文件为依据编制的施工组织设计；实施性施工组织设计是在工程开工前以施工合同和中标施工组织设计为依据编制的施工组织设计。

2）按编制对象，施工组织设计可分为施工组织总设计、单位工程施工组织设计和施工方案。

施工组织总设计是以若干单位工程组成的群体工程或特大型项目为对象编制的施工组织设计，对整个项目的施工过程起统筹规划、重点突出的作用。单位工程施工组织设计是以单位（子单位）工程为对象编制的施工组织设计，对单位（子单位）工程的施工过程起指导和约束作用。施工方案是以分部（分项）工程或专项工程为主要对象编制的施工技术与组织方案，用以具体指导其施工过程。

（2）施工组织设计编制原则

施工组织设计的编制必须遵循工程建设程序，并符合下列原则：

1）符合招标文件或施工合同中有关工程进度、质量、安全、环境保护、造价等方面的要求。

2）积极开发、使用新技术和新工艺，推广应用新材料和新设备。

3）坚持科学的施工程序和合理的施工顺序，采用流水施工和网络计划等方法，科学配置资源，合理布置现场，采取季节性施工措施，实现均衡施工，达到合理的经济技术指标。

4）与质量、环境和职业健康安全三个管理体系有效结合。

5）采取技术和管理措施，推广建筑节能和绿色施工。

（3）施工组织设计编制依据

1）与工程建设有关的国家法律、法规和文件。

2）国家现行有关标准和技术经济指标。

3）工程所在地区行政主管部门的批准文件，建设单位对施工的要求。

4）工程施工合同或招标投标文件。

5）工程设计文件。

6）工程施工范围内的现场条件，工程地质及水文地质、气象等自然条件。

7）与工程有关的资源供应情况。

8）施工企业的生产能力、机具设备状况、技术水平等。

（4）施工组织设计的基本内容

包括编制依据、工程概况、施工部署、施工进度计划、施工准备与资源配备计划、主要施工方法、施工现场平面布置和主要施工管理计划等基本内容。

（5）施工组织设计的编制和审批规定

1）施工组织设计应由项目负责人支持编制，可根据需要分阶段编制和审批。

2）施工组织总设计应由总承包单位技术负责人审批；单位工程施工组织设计应由施工单位技术负责人或技术负责人授权的技术人员审批；施工方案应由项目技术负责人审批，重点、难点分部（分项）工程和专项工程施工方案应由施工单位技术部门组织相关专家评审，由施工单位技术负责人批准。

3）由专业承包单位施工的分部（分项）工程和专项工程的施工方案，应由专业承包单位技术负责人或技术负责人授权的技术人员审批；有总承包单位时，应由总承包单位项目技术负责人核准备案。

4）规模较大的分部（分项）工程和专项工程的施工方案，应按单位工程施工组织设计进行编制和审批。

（6）施工组织设计的动态管理

1）项目施工过程中，有下列情况之一时，施工组织设计应及时进行修改和补充：

① 工程设计有重大修改。

② 有关法律、法规、规范和标准的实施、修订和废止。

③ 主要施工方法有重大调整。

④ 主要施工资源配置有重大调整。

⑤ 施工环境有重大改变。

2）经修改或补充的施工组织设计应重新审批后实施。

3）项目施工前应进行施工组织设计逐级交底；项目施工过程中，应对施工组织设计的执行情况进行检查、分析并适时调整。施工组织设计在工程竣工验收后归档。

（7）单位工程施工组织设计的主要内容

1）工程概况

① 工程主要情况。

② 专业设计简介。

③ 施工条件。

2）施工部署

① 工程目标。工期、质量、安全、环境、成本等目标。

② 进度安排和空间组织。

③ 工程施工的重点和难点分析（技术、组织管理）。

④ 项目管理组织机构。

⑤ "四新"推广。

⑥ 主要分包说明。

3）施工进度计划

横道图或网络图及必要说明。对于工程规模较大或较复杂的工程，宜采用网络图表示。

4）施工准备与资源配置计划

① 施工准备工作（技术、现场、资金）。

② 资源配置计划（劳动力、物资）。

5）主要施工方案

① 主要分部、分项工程施工方案。

② 脚手架、起重吊装、临时用电用水、季节性施工等专项工程施工方案（附有必要的验算和说明）。

6）施工现场平面布置

按不同施工阶段分别绘制施工现场平面布置图。

7）主要施工管理计划

进度、质量、安全、环境、成本和其他管理计划（绿色施工、防火保安、合同、组织协调、生产要素等）。

6.1.2 施工项目质量控制的基本方法

1. 施工项目质量控制基本原理

（1）全过程控制。施工项目质量控制是一个由对投入的资源和条件的质量控制，进而对生产过程及各环节质量进行控制，直到对所完成的工程产出品的质量检验与控制为止的全过程的系统控制过程。

（2）动态控制。进行施工质量的事前、事中和事后控制，采用 PDCA 循环的基本工作方法，持续改进。

（3）主动控制和重点控制。预防为主，控制重心前移至事前和事中控制阶段，设质量控制点实施重点控制。

2. 施工项目质量控制的基本环节

（1）施工准备控制

1）设计交底和图纸会审。

2）施工组织设计（质量计划）、施工方案及作业指导书。

3）现场施工准备（定位、标高基准；平面布置）。

4）材料、半成品、成品及建筑构配件（进场验收等）。

5）施工机械设备。

6）作业队伍及主要岗位人员。

7）新技术、新工艺、新材料及新设备的应用。

（2）施工过程控制

1）技术交底。

2）施工测量。

3）计量控制。

4）工序施工质量。

5）质量控制点。

6）隐蔽工程验收。

7）工序交接（专业工程交接）。

8）成品保护。

9）施工过程工程质量验收（检验批、分项、分部工程）。

（3）竣工验收控制

1）竣工验收准备（工程收尾、竣工资料）。

2）初步验收（预验收）。

3）正式验收。

3. 施工项目质量控制的方法

施工项目质量控制的方法，标准员主要是审查有关技术文件、报告和直接参与进行现场检查或必要的试验等。

（1）审查有关质量文件

具体内容包括：

1）分包单位技术资质证明文件和质量保证体系文件。

2）施工方案、施工组织设计和技术措施。

3）有关材料、半成品及构配件的质量检验报告。

4）反映工序质量动态的统计资料或控制图表。

5）设计变更、修改图纸和技术核定书。

6）有关质量问题的处理方案及实施记录。

7）有关应用新工艺、新材料、新技术的现场试验报告及鉴定书。

8）有关工序交接检查，分项、分部工程质量检查验收记录。

9）相关方现场签署的有关技术签证、文件等。

（2）现场质量检查

1）现场质量检查的内容：

① 开工前检查。目的是检查是否具备开工条件，开工后能否连续正常施工，能否保证工程质量。

② 工序交接检查。对于重要的工序或对工程质量有重大影响的工序，在自检、互检的基础上，还要组织专职人员进行工序交接检查。

③ 隐蔽工程检查。凡是隐蔽工程均应检查认证后方能掩盖。

④ 停工后复工前的检查。因处理质量问题或客观原因停工后需复工时，亦应经检查认可后方能复工。

⑤ 分项、分部工程完工后，应经检查认可，签署验收记录后，才许进行下一工程项

目施工。

⑥ 成品保护检查。检查成品有无保护措施及保护措施是否可靠。

此外，还应经常深入现场，对施工操作质量进行巡视检查；必要时，还应进行跟班或追踪检查。

2）现场质量检查的方法：

现场进行质量检查的方法主要有目测法、实测法和试验法三种。

① 目测法

a. 看。根据质量标准进行外观目测，如检查清水墙面是否洁净，喷涂是否密实和颜色是否均匀，混凝土外观是否符合要求，施工顺序是否合理，工人操作是否正确等。

b. 摸。通过触摸手感检查，如检查水刷石、干粘石粘结牢固程度，油漆的光滑度，浆活是否掉粉等。

c. 敲。运用敲击工具进行音感检查，如对地面工程、装饰工程中的面层等，均应进行敲击检查，通过声音的虚实确定有无空鼓。

d. 照。对于难以看到或光线较暗的部位，则可采用镜子反射或灯光照射的方法进行检查。如管道井、电梯井等内的管线、设备安装质量检查，装饰吊顶内连接及设备安装质量检查等。

② 实测法

a. 靠。用直尺、塞尺检查，如检查墙面、地面、屋面的平整度。

b. 量。用测量工具和计量仪表等检查断面尺寸、轴线、标高、湿度、温度等的偏差。如检查钢筋间距、结构模板断面尺寸、混凝土坍落度等。

c. 吊。用托线板以线锤吊线检查垂直度，如检查砌体、柱模的垂直度等。

d. 套。以方尺套方，辅以塞尺检查。如阴阳角的方正、踢脚线的垂直度、预制构件的方正等项目的检查；对门窗口及构件的对角线检查等。

③ 试验法

a. 理化试验。包括物理力学性能检验和化学成分及其含量的测定，如桩或地基的静载试验；材料的抗拉强度、抗压等试验；材料密度、含水量检测；钢材的磷、硫含量检测；防水层蓄水试验等。

b. 无损检测。利用专门仪器从表面探测对象的内部结构或损伤情况，如超声波检测；回弹仪检测；X、γ 射线探伤等。

6.2 施工项目的安全控制

6.2.1 施工项目安全计划的编制和实施要求

1. 施工项目安全管理基本概念

（1）施工项目安全管理的基本要求

1）应遵照《建设工程安全生产管理条例》（国务院 393 号令）和《职业健康安全管理体系要求》GB/T 28001—2011，坚持安全第一、预防为主和综合治理的方针，建立并持续改进职业健康安全管理体系。项目经理应负责项目职业健康安全的全面管理工作。项目负责人、专职安全生产管理人员应持证上岗。

2）应根据风险预防要求和项目的特点，制定职业健康安全生产技术措施计划，确定职业健康安全生产事故应急救援预案，完善应急准备措施，建立相关组织。发生事故，应按照国家有关规定，向有关部门报告。要处理事故时，应防止二次伤害。

3）在项目设计阶段应注重施工安全操作和防护的需要，采用新结构、新材料、新工艺的建设工程应提出有关安全生产的措施和建议。在施工阶段进行施工平面图设计和安排施工计划时，应充分考虑安全、防火、防爆和职业健康等因素。

4）应按有关规定必须为从事危险作业的人员在现场工作期间办理意外伤害保险。

5）项目职业健康安全管理应遵循下列程序：

① 识别并评价危险源及风险。

② 确定职业健康安全目标。

③ 编制并实施项目职业健康安全技术措施计划。

④ 职业健康安全技术措施计划实施结果验证。

⑤ 持续改进相关措施和绩效。

6）现场应将生产区与生活、办公区分离，配备紧急处理医疗设施，使现场的生活设施符合卫生防疫要求，采取防暑、降温、保暖、消毒、防毒等措施。

（2）施工项目安全管理目标

根据施工企业安全管理总体目标，结合施工项目的实际情况确定具体目标。安全管理目标应包括生产安全事故控制指标、安全生产隐患治理目标，以及安全生产、文明施工管理目标等，安全管理目标应予量化。

1）生产安全事故控制指标。如杜绝死亡和重伤事故，一般负伤频率控制在 6‰ 以下等。

2）安全生产隐患治理目标。如及时消除重大安全隐患，一般隐患整改率不低于 95％等。

3）安全生产、文明施工管理目标。如按安全检查标准施工现场安全达标合格率 100％，优良率 80％以上；扬尘、噪声、职业危害作业点合格率达 100％等。

（3）文明施工

1）进行现场文化建设。

2）规范场容，保持作业环境整洁卫生。

3）创造有序生产的条件。

4）减少对居民和环境的不利影响。

（4）特种作业

特种作业是指容易发生人员伤亡事故，对操作者本人、他人的生命健康及周围设施设备的安全可能造成重大危害的作业。直接从事特种作业的人员称为特种作业人员。建筑施工方面，如架子工、电工、起重司机、起重信号工、司索工、起重机械安装拆卸工、高处作业吊篮安装拆卸工等。

（5）安全事故等级

根据《生产安全事故报告和调查处理条例》（国务院 493 号令）按生产安全事故造成的人员伤亡或者直接经济损失，事故一般分为以下等级：

1）特别重大事故，是指造成 30 人以上死亡，或者 100 人以上重伤（包括急性工业中毒，下同），或者 1 亿元以上直接经济损失的事故。

2）重大事故，是指造成 10 人以上 30 人以下死亡，或者 50 人以上 100 人以下重伤，或者 5000 万元以上 1 亿元以下直接经济损失的事故。

3）较大事故，是指造成 3 人以上 10 人以下死亡，或者 10 人以上 50 人以下重伤，或者 1000 万元以上 5000 万元以下直接经济损失的事故。

4）一般事故，是指造成 3 人以下死亡，或者 10 人以下重伤，或者 1000 万元以下 100 万元以上直接经济损失的事故。

（本等级划分所称的"以上"包括本数，所称的"以下"不包括本数。）

（6）安全隐患和事故处理

1）职业健康安全隐患处理规定：

① 区别不同的职业健康安全隐患类型，制定相应整改措施并在实施前进行风险评价。

② 对检查出的隐患及时发出职业健康安全隐患整改通知单，限期纠正违章指挥和作业行为。

③ 跟踪检查纠正预防措施的实施过程和实施效果，保存验证记录。

2）职业健康安全事故处理

① "四不放过"。即事故原因不清楚不放过，事故责任者和人员没有受到教育不放过，事故责任者没有处理不放过，没有制定纠正和预防措施不放过的原则。

② 职业健康安全事故处理程序：报告安全事故；事故处理；事故调查；处理事故责任者；编写调查报告。

2. 施工项目安全技术措施计划及实施

（1）项目职业健康安全技术措施计划

包括工程概况，控制目标，控制程序，组织结构，职责权限，规章制度，资源配置，安全措施，检查评价和奖惩制度以及对分包的安全管理等内容。

对结构复杂、施工难度大、专业性强的项目，必须制定项目总体、单位工程或分部、分项工程的安全措施。

对高空作业等非常规性的作业，应制定单项职业健康安全技术措施和预防措施，并对管理人员、操作人员的安全作业资格和身体状况进行合格审查。对危险性较大的工程作业，应编制专项施工方案，并进行安全验证。

（2）项目职业健康安全技术措施计划的实施要求

1）组织必须建立分级职业健康安全生产教育制度，实施公司、项目经理部和作业队三级教育，未经教育的人员不得上岗作业。

2）项目经理部应建立职业健康安全生产责任制，并把责任目标分解落实到人。

3）职业健康安全技术交底应符合下列规定：

① 工程开工前，项目经理部的技术负责人必须向有关人员进行安全技术交底。

② 结构复杂的分部分项工程施工前，项目经理部的技术负责人应进行安全技术交底。

③ 项目经理部应保存安全技术交底记录。

4）组织应定期对项目进行职业健康安全管理检查，分析影响职业健康或不安全行为与隐患存在的部位和危险程度。

5）职业健康的安全检查应采取随机抽样、现场观察、实地检测相结合的方法，记录检测结果，及时纠正发现的违章指挥和作业行为。检查人员应在每次检查结束后及时编写安全检查报告。

3. 专项施工方案

（1）专项施工方案的编制对象

按《建设工程安全生产管理条例》（国务院 393 号令）第 26 条规定，专项施工方案的编制对象是达到一定规模的危险性较大的分部分项工程（专项工程）。

（2）专项施工方案编制的主要内容

1）工程概况：危险性较大的分部分项工程概况、施工平面布置、施工要求和技术保证条件。

2）编制依据：相关法律、法规、规范性文件、标准、规范及图纸（国标图集）、施工组织设计等。

3）施工计划：包括施工进度计划、材料与设备计划。

4）施工工艺技术：技术参数、工艺流程、施工方法、检查验收等。

5）施工安全保证措施：组织保障、技术措施、应急预案、监测监控等。

6）安全管理技术力量配备：专职安全生产管理人员、专职设备管理人员、特种作业人员等。

7）计算书及相关图纸。

6.2.2　施工现场安全控制的基本方法

1. 施工现场安全控制的基本措施

（1）落实安全责任、实施责任管理

1）项目经理是工程项目施工现场安全生产第一责任人，负责组织落实安全生产责任，实施考核，实现项目安全管理目标。

2）工程项目施工实行总承包的，应成立由总承包单位、专业承包和劳务分包单位项目经理、技术负责人和专职安全生产管理人员组成的安全管理领导小组。

3）按规定配备项目专职安全生产管理人员，负责施工现场安全生产日常监督管理。

4）工程项目部其他管理人员应承担本岗位管理范围内与安全生产相关的职责。

5）分包单位应服从总包单位管理，落实总包企业的安全生产要求。

6）施工作业班组应在作业过程中实施安全生产要求。

7）作业人员应严格遵守安全操作规程，做到不伤害自己、不伤害他人和不被他人所伤害。

（2）安全教育与培训

安全教育和培训的类型包括岗前教育、日常教育、年度继续教育，以及各类证书的初审、复审培训。

1）企业主要负责人、项目负责人和专职安全生产管理人员必须经安全生产知识和管理能力考核合格，依法取得安全生产考核合格证书。

2）企业的技术和相关管理人员必须具备与岗位相适应的安全管理知识和能力，依法取得必要的岗位资格证书。

3）特种作业人员必须经安全技术理论和操作技能考核合格，依法取得建筑施工特种作业人员操作资格证书。

（3）安全检查和整改

施工安全检查和改进，包括安全检查的内容、形式、类型、标准、方法、频次，检查、整改、复查，安全生产管理评估与持续改进等工作内容。

（4）作业标准化

按科学的作业标准规范人的行为，有利于控制人的不安全行为，减少人失误。

（5）生产技术与安全技术的统一

生产必须安全。生产技术是通过完善生产工艺、完备生产设备、规范工艺操作，发挥技术的作用，保证生产顺利进行的。包含了安全技术在保证生产顺利进行的全部职能和作用。

（6）文明施工

文明施工是施工现场安全生产必不可少的内容。

（7）正确对待事故的调查与处理

生产安全事故发生后，建筑施工企业应按照有关规定及时、如实上报，实行施工总承包的，应由总承包企业负责上报。

标准员应参与事故的处理，重点通过事故的分析和验证，找出相关标准实施的薄弱环节并制定改进措施。

2. 施工现场安全检查的方法

安全检查是发现、消除事故隐患，落实整改措施，防止事故伤害，改善劳动条件的重要方法。安全检查的形式包括普遍检查，专业检查和季节性检查。

（1）建筑施工企业安全检查的内容

1）安全目标的实现程度。

2）安全生产职责的落实情况。

3）各项安全管理制度的执行情况。

4）施工现场安全隐患排查和安全防护情况。

5）生产安全事故、未遂事故和其他违规违法事件的调查、处理情况。

6）安全生产法律法规、标准规范和其他要求的执行情况。

（2）安全检查的类型

包括日常巡查、专项检查、季节性检查、定期检查、不定期抽查等。

1）工程项目部每天应结合施工动态，实行安全巡查；总承包工程项目部应组织各分包单位每周进行安全检查，每月对照《建筑施工安全检查标准》，至少进行一次定量检查。

2）企业每月应对工程项目施工现场安全职责落实情况至少进行一次检查，并针对检查中发现的倾向性问题、安全生产状况较差的工程项目，组织专项检查。

3）企业应针对承建工程所在地区的气候与环境特点，组织季节性的安全检查。

（3）安全检查方法

1）《建筑施工安全检查标准》JGJ 59—2011

《建筑施工安全检查标准》JGJ 59—2011是以检查评分表形式的定量检查方法。检查评分表分为安全管理、文明施工、脚手架、基坑工程、模板支架、高处作业、施工用电、物料提升机与施工升降机、塔式起重机与起重吊装、施工机具分项检查评分表和检查评分汇总表。

分项检查评分表和检查评分汇总表的满分分值均应为 100 分，分项检查评分表包括保证项目和一般项目（其中高处作业、施工机具分表不设保证项目），保证项目应全数检查。

按汇总表的总得分和分项检查评分表的得分，对建筑施工安全检查评定划分为优良、合格、不合格三个等级。

① 优良。分项检查评分表无零分，汇总表得分值应在 80 分及以上。

② 合格。分项检查评分表无零分，汇总表得分值应在 80 分以下，70 分及以上。

③ 不合格。

a. 当汇总表得分值不足 70 分时。

b. 当有一分项检查评分表得零分时。

对安全检查中发现的问题和隐患，应定人、定时间、定措施组织整改，并跟踪复查。当建筑施工安全检查评定的等级为不合格时，必须限期整改达到合格。

2）安全检查的一般方法

① 问。通过询问、提问形式检查，如检查现场管理和作业人员的基本素质、安全意识等。

② 看。通过安全资料的查看和现场巡视方式检查，如检查人员持证上岗情况；安全标志设置；劳动防护用品使用；安全防护及安全设施情况等。

③ 量。通过使用量测工具进行实测实量检查，如检查脚手架各杆件间距；安全防护栏杆的高度；电气开关箱安装高度；外电安全防护安全距离等。

④ 测。通过使用专用仪器、仪表对特定对象的技术参数的测试。如检查漏电保护器的动作电流和时间；接地装置接地电阻；电机绝缘电阻；塔吊、施工电梯安装的垂直度等。

⑤ 运转试验。通过专业人员对机械设备进行实际操作、试验，检验其运转的可靠性或安全限位装置的灵敏性。如物料提升机超高限位、短绳保护等试验；施工电梯制动器、限速器、上下极限限位器、门联锁装置等试验；塔吊力矩限制器、变幅限位器等安全装置试验。

7 施工项目工程建设标准的实施

7.1 施工项目建设标准的实施计划

7.1.1 施工项目建设标准的实施计划的编制

1. 施工项目建设标准的识别和配置

（1）设计文件采用的常用标准图：为了加快设计和施工速度，提高设计与施工质量，把建筑工程中常用的、大量性的构件、配件按统一模数、不同规格设计出系列施工图，供设计部门、施工企业选用，这样的图称为标准图。标准图装订成册后，就称为标准图集或通用图集。标准图（集）的适用范围：经国家部、委批准的，可在全国范围内使用；经各省、市、自治区有关部门批准的，一般可在相应地区范围内使用。

标准图（集）有两种：一种是整幢建筑的标准设计（定型设计）图集；另一种是目前大量使用的建筑构、配件标准图集。

（2）施工相关施工质量和安全技术标准

1）主要施工质量验收规范

①《建筑工程施工质量验收统一标准》GB/T 50300—2013。

本标准适用于建筑工程施工质量的验收，并作为建筑工程各专业工程施工质量验收规范编制的统一准则。

②《建筑地基基础工程施工质量验收规范》GB 50202—2002

本规范适用于建筑工程的地基基础工程施工质量验收。

③《砌体结构工程施工质量验收规范》GB 50203—2011

本规范适用于建筑工程的砖、石、小砌块等砌体结构工程的施工质量验收，不适用于铁路、公路和水工建筑等砌石工程。

④《混凝土结构工程施工质量验收规范》GB 50204—2002（2010 版）

本规范适用于建筑工程混凝土结构施工质量的验收，不适用于特种混凝土结构施工质量的验收。

⑤《钢结构工程施工质量验收规范》GB 50205—2001

本规范适用于建筑工程的单层、多层、高层以及网架、压型金属板等钢结构工程施工质量验收。

⑥《屋面工程质量验收规范》GB 50207—2012

本规范适用于建筑屋面工程质量的验收。

⑦《地下防水工程质量验收规范》GB 50208—2011

本规范适用于房屋建筑、防护工程、市政隧道、地下铁道等地下防水工程质量验收。

⑧《建筑地面工程施工质量验收规范》GB 50209—2010

本规范适用于建筑地面工程（含室外散水、明沟、踏步、台阶和坡道）施工质量的验收，不适用于超净、屏蔽、绝缘、防止放射线以及防腐蚀等特殊要求的建筑地面工程施工质量验收。

⑨《建筑装饰装修工程质量验收规范》GB 50210—2001

本规范适用于新建、扩建、改建和既有建筑的装饰装修工程的质量验收。

⑩《建筑节能工程施工质量验收规范》GB 50411—2007

本规范适用于新建、改建和扩建的民用建筑工程中的墙体、幕墙、门窗、屋面、地面、采暖、通风与空调、空调与采暖系统的冷热源及管网、配电与照明、监测与监控等建筑节能工程施工质量的验收。

2）主要建筑施工安全标准

①《建筑施工安全检查标准》JGJ 59—2011

本标准适用于房屋建筑工程施工现场安全生产的检查评定。

②《建筑施工高处作业安全技术规范》JGJ 80—1991

本规范适用于工业与民用房屋建筑及一般构筑物施工时，高处作业中临边、洞口、攀登、悬空、操作平台及交叉等项作业。

③《施工现场临时用电安全技术规范》JGJ 46—2005

本规范适用于新建、改建和扩建的工业与民用建筑和市政基础设施施工现场临时用电工程中的电源中性点直接接地的 220/380V 三相四线制的低压电力系统的设计、安装、维修和拆除。

④《建筑施工扣件式钢管脚手架安全技术规范》JGJ 130—2011

本规范适用于房屋建筑工程和市政工程等施工用落地式单、双排扣件式钢管脚手架、满堂扣件式钢管脚手架、型钢悬挑扣件式钢管脚手架、满堂扣件式钢管支撑架的设计、施工及验收。

⑤《建筑施工模板安全技术规范》JGJ 162—2008

本规范适用于建筑施工中现浇混凝土工程模板体系的设计、制作、安装及拆除。

⑥《建设工程施工现场消防安全技术规范》GB 50720—2011

本规范适用于新建、改建和扩建等各类建设工程施工现场的防火。

⑦《建筑施工升降机安装、使用、拆卸安全技术规程》JGJ 215—2010

本规程适用于房屋建筑工程、市政工程所用的齿轮齿条式、钢丝绳式人货两用施工升降机。不适用于电梯、矿井提升机、升降平台。

⑧《建筑施工塔式起重机安装、使用、拆卸安全技术规程》JGJ 196—2010

本规程适用于房屋建筑工程、市政工程所用的塔式起重机的安装、使用和拆卸。

⑨《龙门架及井架物料提升机安全技术规范》JGJ 88—2010

本规范适用于房屋建筑工程和市政工程所使用的以卷扬机或曳引机为动力、吊笼沿导轨垂直运行的物料提升机的设计、制作、安装、拆除和使用。不适用于电梯、矿井提升机、升降平台。

2. 施工项目建设标准实施计划的编制

（1）编制形式：施工项目建设标准的实施计划形式，可以结合工程项目的具体情况，可选择作为项目施工组织设计内容的一部分，或单独编制等形式。

（2）编制内容：施工项目建设标准的实施计划，作为施工项目建设标准实施管理的依据，应包括以下内容：

1）工程概况和编制依据

① 主要内容：

a. 工程概况：工程建设概况、工程建设地点特征、建筑结构设计概况和工程施工特点等。

b. 编制依据：相关法律法规、企业标准体系及管理文件、项目设计文件、施工组织设计和有关工程建设标准等。

② 重点：

a. 设计特殊要求。

b. 新结构、新材料、新技术、新工艺。

c. 质量重点及关键部位和安全重大危险源。

2）计划目标及管理组织

① 主要内容：

a. 质量、安全目标。

b. 工程建设标准实施目标。

c. 项目管理组织机构人员及职责。

② 重点：

工程建设标准实施目标，应包括标准的覆盖率和执行效果指标。

3）执行强制性条文表

① 主要内容：

a. 项目执行施工质量方面强制性条文表。

b. 项目执行施工安全方面强制性条文表。

② 重点：

与项目施工有关的强制性条文应逐条列出。

4）执行建设标准项目表

① 主要内容：

a. 项目执行施工质量方面建设标准项目表。

b. 项目执行施工安全方面建设标准项目表。

② 重点：

应具体到每个分部分项工程和每项作业内容，做到全覆盖。

5）项目建设标准落实措施

① 主要内容：

a. 项目建设标准配置及有效性审查。

b. 项目建设标准的宣贯、交底。

c. 项目建设标准落实的基本措施和专门措施（组织管理、技术、经济等）。

② 重点：

措施的可操作性、针对性和有效性。

6）项目建设标准监督检查计划

① 主要内容：

a. 建设标准实施的监督检查组织及工作流程。

b. 建设标准实施的监督检查方法和重点。

c. 建设标准实施不符合的判定和处理。

② 重点：

强制性条文和强制性标准监督检查。

7）项目建设标准实施相关记录

① 主要内容：

a. 建设标准交底记录。

b. 建设标准监督检查记录。

c. 建设标准实施效果的评价（总结）。

② 重点：

强制性条文和强制性标准监督检查记录。

7.1.2 施工项目工程建设标准的实施计划落实

1. 施工项目工程建设标准实施计划落实措施

（1）标准宣贯与学习

主要内容：

1）及时掌握标准信息及准备学习资料。

2）积极参加行业协会、企业等组织的标准宣贯或培训活动。

3）组织项目部相关人员学习标准等。

重点：使项目相关人员掌握标准，并自觉准确应用标准。

（2）组织措施

主要内容：

1）项目部配置专职人员（标准员）。

2）工作任务分工、管理职能分工中体现标准实施的内容。

3）确定标准实施的相关工作流程等。

重点：领导重视、组织保障。

（3）技术措施

主要内容：

1）加强施工组织设计、专项施工方案和技术措施的符合性审核。

2）标准实施的技术细化。如编制作业指导书、标准重大技术问题的专题论证、工艺评价及改进、制定或修订企业技术标准等。

3）加强标准交底等。

重点：措施讲究其针对性、可操作性和有效性。

（4）经济措施

主要内容：

1）保证标准实施的基本经费。

2）标准实施列入相关职能部门及人员绩效考核的内容，奖罚分明。

3）分包方标准实施的奖罚措施。

重点：以激励为主。

（5）管理措施

主要内容：

1）采取合同措施，加强分包管理。

2）调整管理方法及管理手段。

3）注重风险管理。

重点：实施精细化管理。

2. 施工项目建设标准的交底

施工项目建设标准的交底，一般与正常技术交底结合进行的方式，把工程建设标准交底作为技术交底的一个方面内容，标准员参与技术交底工作；也可结合施工项目情况采用建设标准专项交底的形式，标准员组织建设标准的技术交底。

施工项目开工前应由项目技术负责人向承担施工的负责人或分包人进行书面技术交底。每一分部分项工程作业前应进行作业技术交底，技术交底书应由施工项目技术人员编制（标准员参与），并经项目技术负责人批准实施。技术交底资料应办理签字手续并归档保存。

技术交底的主要内容包括：做什么——任务范围；怎么做——施工方案（方法）、工艺、材料、机具等；做成什么样——质量、安全标准；注意事项——施工应注意质量安全问题，基本措施等；做完时限——进度要求等。

技术交底的形式可采用：书面、口头、会议、挂牌、样板、示范操作等。

7.2　施工过程建设标准实施的监督检查

7.2.1　施工过程建设标准实施的监督检查方法和重点

标准员对施工过程建设标准实施的监督检查，主要根据工程建设标准实施计划进行。施工过程建设标准实施的监督检查方法可根据内容选择资料核查、参与现场检查、验证或监督等。施工过程建设标准实施的监督检查的重点应是工程建设强制性标准（条文）。

1. 施工准备的检查

（1）设计交底和图纸会审

工作重点：

1）了解设计意图和设计要求。

2）配置执行工程建设标准及标准图。

（2）施工组织设计、施工方案及作业指导书

工作重点：

1）负责编制工程建设标准实施计划。

2）参与审查工程建设标准贯彻计划情况。

（3）技术交底

工作重点：

1）参与技术交底资料核查。

2）组织工程建设标准的交底。

（4）各生产要素准备（人、料、机、作业面等）

工作重点：

1）材料进场验收。

2）关键岗位人员资格。

3）主要机械设备进场安装及验收。

2. 施工过程质量的检查

（1）工序质量

工作重点：

1）作业规程和工艺标准。

2）关键控制点。

（2）主要技术环节

工作重点：

1）设计变更、技术核定。

2）隐蔽验收、施工记录。

3）施工检查、施工试验。

（3）质量验收（检验批、分项、分部工程）

工作重点：

1）验收程序、组织、方法和标准。

2）验收资料。

3）质量缺陷及事故的处理。

3. 施工过程安全的检查

（1）重大危险源

工作重点：

1）方案审核及论证。

2）交底与培训。

3）监督与验收。

（2）作业人员

工作重点：

1）安全操作规程及交底．

2）作业行为。

（3）安全检查

工作重点：

1）安全检查制度、组织、方法和标准。

2）隐患整改。

（4）事故（已遂与未遂）处理

工作重点：

1）应急处置。

2）事故报告、分析、处理和改进。

7.2.2 施工过程建设标准实施不符合的判定和处理

标准员通过资料审查以及现场检查验证，根据相关判定要求，参与对施工过程工程建设标准的实施情况作出判定，如不符合应确定处置方案，分析原因并提出改进措施。

1. 准确判定执行强制性标准（条文）的情况

执行工程建设标准强制性标准（条文）的情况的判定，一般包括以下四种情形：

（1）符合强制性标准。各项内容满足标准的规定即可判定为符合。

（2）可能违反强制性标准，但是检查时还难以作出结论，需要进一步判定，这时通过经检测单位检测，设计单位核定后，再判定。

（3）违反强制性标准。对于一些资料性的内容，如果个别地方出现笔误，且不直接影响工程质量与安全，经过整改能够达到规范要求的可以判定为符合强制性标准。但是，如果未经过验收或者验收以后不符合规范要求，而继续进行下一道工序过程的施工，应判定为违反强制性标准。

（4）严重违反强制性标准。此时较违反强制性标准更为严重，出现质量安全事故。

2. 违反强制性标准（条文）的处理

根据违反强制性标准的严重程度，处理步骤及内容包括：停止违反行为、应急处置、补救措施（方案）及实施、预防及改进、责任处罚等。

当建筑工程质量不符合要求时，应按下列规定进行处理：

（1）经返工重做或更换器具、设备的检验批，应重新进行验收。

（2）经有资质的检测单位检测鉴定能够达到设计要求的检验批，应予以验收。

（3）经有资质的检测单位检测鉴定达不到设计要求，但经原设计单位核算认可能够满足结构安全和使用功能的检验批，可予以验收。

（4）经返修或加固处理的分项、分部工程，虽然改变外形尺寸但仍能满足安全使用要求，可按技术处理方案和协商文件进行验收。

（5）通过返修或加固处理仍不能满足安全使用要求的分部工程、单位（子单位）工程，严禁验收。

3. 违反强制性标准的处罚

《实施工程建设强制性标准监督规定》（原建设部令 81 号），对参与建设活动各方责任主体违反强制性标准的处罚做出了具体的规定，这些规定与《建设工程质量管理条例》相一致。

7.2.3 施工项目标准实施情况记录

标准员对施工项目工程建设标准实施情况的记录，是反映标准执行的原始资料，是评价标准实施情况及改进的基本依据；也是相关监督方检查验收的依据。因此，标准实施记录应做到真实、全面、及时。

施工项目工程建设标准实施情况的记录形式，根据各地方规定及企业要求确定。记录资料除采用文字表格外，还可采用图片、录像等载体。一般可选择下列几种形式：

（1）工作日记。标准员按时间顺序每日记载施工现场有关标准实施的基本情况，主要问题及处理结果等，作为标准员的日常工作记录。

（2）专题记录。标准员专门对某项工作全过程的有关标准实施方面所做的完整记录。如标准员针对本项目所采用的新材料、新技术或新工艺，从技术论证、准用许可（备案）、工艺验证、交底培训、现场控制和验收、效果评价和改进，最后形成企业标准的全面记录。专题记录也适用于项目的质量与安全的关键部位标准实施的重点控制，或重大质量安全事故分析处理。

（3）分门别类记录。一般可按施工项目施工顺序，分专业及分部分项工程类别，分别进行标准实施的检查记录。该形式也便于相关监督方的检查验收，较为常用。

7.3 施工项目建设标准的实施评价和标准信息管理

7.3.1 施工项目建设标准的实施评价

1. 工程建设标准实施评价基本知识

（1）评价标准类别

根据被评价标准的内容构成及其适用范围，工程建设标准可分为基础类、综合类和单项类。

1）基础类标准：指术语、符号、计量单位或模数等标准。

2）综合类标准：指标准的内容及适用范围涉及工程建设活动中两个或两个以上环节的标准。

3）单项类标准：指标准的内容及适用范围仅涉及工程建设活动中某一环节的标准。

（2）标准评价内容

1）对基础类标准，通常只进行标准的实施状况和适用性评价。

2）综合类及单项类标准评价内容。对综合类及单项类标准，应根据其内容构成及适用范围所涉及的环节，按表 7-1 的规定确定其评价内容。

工程建设标准涉及环节及对应评价内容 表 7-1

内容 环节	状况评价内容			效果评价内容			适用性评价内容	
	推广状况	应用状况	经济效果	社会效果	环境效果	可操作性	协调性	先进性
规划	✓	✓	✓	✓	✓	✓	✓	✓
勘察	✓	✓	✓	✓	✓	✓	✓	✓
设计	✓	✓	✓	✓	✓	✓	✓	✓
施工	✓	✓	✓	✓	✓	✓	✓	✓
质量验收	✓	✓	—	✓	—	✓	✓	✓
管理	✓	✓	✓	✓	✓	✓	✓	✓
检验、鉴定、评价	✓	✓	—	✓	✓	✓	✓	✓
运营维护、维修	✓	✓	✓	✓	—	✓	✓	✓

3）标准实施状况评价：标准的实施状况是指标准批准发布后一段时间内，各级工程

建设管理部门、工程建设规划、勘察、设计、施工图审查机构、施工、安装、监理、检测、评估、安全质量监督以及科研、高等院校等相关单位实施标准的情况。标准的实施状况包括标准推广状况和标准应用状况。

标准推广状况：指标准批准发布后，标准化管理机构及有关部门和单位为保证标准有效实施，开展的标准宣传、培训等活动以及标准出版发行等情况。

标准应用状况：指标准批准发布后，工程建设各方应用标准、标准在工程中应用以及专业技术人员执行标准和专业技术人员对标准的掌握程度等方面的情况。

4）标准实施效果评价：标准的实施效果是指标准批准发布后在工程中应用所发挥作用和取得的效果，包括经济效果、社会效果、环境效果等。

① 经济效果：标准在工程建设中应用所产生的对节约材料消耗、提高生产效率、降低成本等方面的影响效果。

② 社会效果：指标准在工程建设中应用所产生的对工程安全、工程质量、人身健康、公众利益和技术进步等方面的影响效果。

③ 环境效果：指标准在工程建设中应用所产生的对能源资源节约和合理利用、生态环境保护等方面的影响效果。

5）标准的适用性评价：是指标准满足工程建设技术需求的程度，适用性评价的内容应包括标准对国家政策的适合性，标准的可操作性、与相关标准的协调性和技术的先进性。

① 标准的可操作性：指标准中各项规定的合理程度，及在工程建设应用中实施方便、技术措施可行的程度。

② 标准的协调性：指反映标准与国家政策、法律法规、相关标准协调一致的程度。

③ 标准的先进性：指反映标准符合当前社会技术经济发展形势、技术成熟、条文科学、不对新技术发展造成障碍的程度。

（3）标准评价方法

工程建设标准实施评价应遵循客观、公正、实事求是的原则。并应根据被评价工程建设标准的特点，结合工程建设标准化工作需要，选择进行综合评价或单项评价。

1）单项评价

单项评价是对工程建设标准实施的某一方面（或某一指标）进行评价，并得出单项结论。

2）综合评价

综合评价是对工程建设标准实施状况评价结论、实施效果评价结论和适用性评价结论进行综合性总结、分析、评价。属于对标准的整体评价。

2. 施工项目建设标准的实施评价方法及指标

标准员对施工项目建设标准的实施评价方法，一般采用单项评价的方法。主要评价内容包括：标准应用情况（主要指标为标准覆盖率或实施率），标准实施效果（主要反映标准落实的效果）。

（1）标准应用状况评价内容

1）单位应用标准状况

① 是否将所评价的标准纳入到单位的质量管理体系中。

② 所评价的标准在质量管理体系中是否"受控"。

③ 是否开展了相关的宣传、培训工作。

2）标准在工程中应用状况

① 实施率（覆盖率）。

② 在工程中是否能准确、有效应用。

3）技术人员掌握标准状况

① 技术人员是否掌握了所评价标准的内容。

② 技术人员是否能准确应用所评价的标准。

标准员对标准应用情况评价可参照表 7-2 所列的等级标准。

施工项目建设标准应用状况评价等级标准　　　　　　　　　　表 7-2

标准应用状况	评价等级	等 级 标 准
单位应用 标准状况	优	1. 所评价的标准已纳入单位的质量管理体系当中，并处于"受控"状态； 2. 单位采取多种措施积极宣传所评价的标准，并组织全部有关技术人员参加培训
	良	1. 所评价的标准已纳入单位的质量管理体系当中，并处于"受控"状态； 2. 单位组织部分有关技术人员参加培训
	中	1. 所评价的标准已纳入单位的质量管理体系当中； 2. 所评价的标准在质量管理体系中处于"受控"状态
	差	达不到"中"的要求
标准在工程 中应用状况	优	1. 非强制性标准实施率达到 90％以上，强制性标准达到 100％； 2. 在工程中能准确、有效使用
	良	1. 非强制性标准实施率达到 80％以上，强制性标准达到 100％； 2. 在工程中能准确、有效使用
	中	非强制性标准实施率达到 60％以上，强制性标准达到 100％
	差	达不到"中"的要求
技术人员掌 握标准状况	优	相关技术人员熟练掌握了标准的内容；并能够准确应用
	良	相关技术人员掌握了标准的内容
	中	相关技术人员基本掌握了标准的内容
	差	达不到"中"的要求

注：对于有政策要求在工程中必须严格执行的工程建设标准，无论强制性还是非强制性实施率均应达到 100％方能评为"中"及以上等级。对此类标准实施率达到 100％并在工程中能准确、有效使用评为"优"。

（2）标准实施效果评价内容

1）经济效果

① 是否有利于节约材料。

② 是否有利于提高生产效率。

③ 是否有利于降低成本。

2）社会效果

① 是否对工程质量和安全产生影响。

② 是否对施工过程安全生产产生影响。

③ 是否对技术进步产生影响。

④ 是否对人身健康产生影响。

⑤ 是否对公众利益产生影响。

3）环境效果

① 是否有利于能源资源节约。

② 是否有利于能源资源合理利用。

③ 是否有利于生态环境保护。

标准实施效果评价等级标准可参照表 7-3。

标准实施效果评价等级标准

表 7-3

标准实施效果	评价等级	等 级 标 准
经济效果	优	标准实施后对于节约材料、提高生产效率、降低成本至少两项产生有利的影响，其余一项没有影响
	良	标准实施后对于节约材料、提高生产效率、降低成本其中一项产生有利的影响，其他没有不利影响
	中	标准实施后对于节约材料、提高生产效率、降低成本没有影响
	差	标准实施后造成了浪费材料、降低生产效率及提高成本等不利后果
社会效果	优	标准实施后对于工程质量和安全、安全生产、技术进步、人身健康及公众利益等至少三项产生有利的影响，其他项目没有影响；或者对其中二项产生较大的积极影响，其他项目没有影响
	良	标准实施后对于工程质量和安全、安全生产、技术进步、人身健康及公众利益等至少两项产生有利的影响，其他项目没有影响；或者对其中一项产生较大的积极影响，其他项目没有影响
	中	标准实施后对于工程质量和安全、安全生产、技术进步、人身健康及公众利益没有产生影响
	差	标准实施后对于工程质量和安全、安全生产、技术进步、人身健康及公众利益产生负面影响
环境效果	优	标准实施后对于能源资源节约、能源资源合理利用和生态环境保护等其中至少两项产生有利的影响，其他没有影响
	良	标准实施后对于能源资源节约、能源资源合理利用和生态环境保护等其中一项产生有利的影响，其他没有影响
	中	标准实施后对于能源资源节约、能源资源合理利用和生态环境保护没有影响
	差	标准实施后产生了能源资源浪费、破坏生态环境等影响

3. 施工项目建设标准实施存在问题的改进措施

施工项目建设标准实施主要存在问题及基本改进措施如下：

（1）标准覆盖率（实施率）低

主要原因：

1）标准缺乏。

2）标准配置不到位。

3）标准未执行。

基本改进措施：

1）企业应建立及完善自身的标准体系。

2）企业应建立标准资料库并及时更新。

3）标准执行应有具体的措施。

（2）标准执行落实效果差

主要原因：

1）相关人员未能掌握及准确使用标准。

2）标准可操作性差或落实执行困难。

3）组织管理不到位。

基本改进措施：

1）组织项目相关人员学习标准。

2）组织标准交底。

3）修订完善企业标准。

4）完善标准落实措施，提高其可操作性、针对性及有效性。

5）从人员、制度、资金等方面加强项目的标准执行管理力度。

4. 企业工程建设标准化工作的评价

施工企业应每年进行一次工程建设标准化工作的评价，不断改进标准化工作，并根据评价绩效进行奖惩。企业标准属于科技成果的，可根据其效益申报国家或地方的有关科技进步奖项。

7.3.2　施工项目标准实施信息管理

1. 施工项目标准实施信息类型及内容

（1）信息与信息管理

信息是指用口头的方式、书面的方式或电子的方式传输的知识、新闻和情报等。声音、文字、数字和图像等都是信息表达的形式。现场施工除需要人力及物质资源外，信息也是施工必不可少的一项重要资源。信息化是指信息资源的开发和利用，以及信息技术的开发和利用。信息技术包括有关数据处理的软件、硬件技术和网络技术等。

施工项目信息管理的主要工作：项目信息的收集整理、录入和利用等。项目信息包括合同管理、成本管理、分包管理、进度管理、质量管理、安全管理、环境管理、竣工管理、物资管理、设备机械管理、工程资料管理等。施工项目信息管理可根据本企业信息管理手册要求进行。

（2）施工企业工程建设标准化信息内容

1）国家现行有关标准化法律、法规和规范性文件。

2）本企业工程建设标准化组织机构、管理体系和相关制度等。

3）本企业标准化工作任务和目标，以及标准化工作规划及计划。

4）国家标准、行业标准和地方标准现行标准目录、发布信息及相关标准。

5）法律法规、工程建设标准化体系表和相关标准的执行情况。

6）本企业标准的编制和实施情况。

7）企业工程建设标准化工作评价情况。

8）主要经验及存在的问题。

施工项目工程建设标准的实施信息，主要包括：项目采用的工程建设标准、项目工程建设标准实施计划、项目工程建设标准交底记录、项目工程建设标准执行检查记录、项目工程建设标准实施评价及总结等。项目工程建设标准信息，一般在企业信息化管理系统的相关管理子系统中反映，具体可根据企业信息管理手册要求进行分类及编码。

施工项目工程建设标准的实施信息由标准员负责收集和整理，并做到真实（客观）、及时、准确、完整和系统，以及有效利用。信息资料类型主要为纸质和电子文档。有条件的企业应建立企业网站、企业标准资料库。

2. 施工项目标准实施信息系统的使用

对没有建立企业信息化管理系统的企业，施工项目只能建立自身管理信息系统；对已建立企业信息化管理系统的企业，施工项目标准实施信息按企业信息管理手册要求使用。

企业信息管理手册是信息管理的核心指导文件，其内容一般包括：

（1）信息管理任务。

（2）信息管理的任务分工表和管理职能分工表。

信息分类、编码体系和编码。

（3）信息输入输出模型。

（4）信息管理工作、处理流程图。

（5）信息处理的工作平台（局域网或门户网站）及使用规定。

（6）各种报表、报告的格式以及报告周期。

（7）项目进展的月度、季度、年度和总结报告的内容及其编制原则和方法。

（8）信息管理相关制度等。

参 考 文 献

[1] 国家标准. 建筑制图标准 GB/T 50104—2010[S]. 北京：中国计划出版社，2011.
[2] 国家标准. 砌体结构工程施工质量验收规范 GB 50203—2011[S]. 北京：中国建筑工业出版社，2011.
[3] 国家标准. 混凝土结构工程施工质量验收规范 GB 50204—2002[S]. 北京：中国建筑工业出版社，2010.
[4] 国家标准. 建筑地面工程施工质量验收规范 GB 50209—2010[S]. 北京：中国计划出版社，2010.
[5] 国家标准. 地下防水工程质量验收规范 GB 50208—2011[S]. 北京：中国建筑工业出版社，2011.
[6] 国家标准. 建筑节能工程施工质量验收规范 GB 50411—2007[S]. 北京：中国建筑工业出版社，2007.
[7] 国家标准. 施工企业安全生产管理规范 GB 50656—2011[S]. 北京：中国建筑工业出版社，2011.
[8] 国家标准. 建设工程施工现场消防安全技术规范 GB 50720—2011[S]. 北京：中国建筑工业出版社，2011.
[9] 国家标准. 建筑施工组织设计规范 GB/T 50502—2009[S]. 北京：中国建筑工业出版社，2009.
[10] 行业标准. 建筑施工安全检查标准 JGJ 59—2011[S]. 北京：中国建筑工业出版社，2011.
[11] 行业标准. 施工企业工程建设技术标准化管理规范 JGJ/T 198—2010[S]. 北京：中国建筑工业出版社，2010.
[12] 朱缨. 建筑构造[M]. 北京：冶金工业出版社，2010.
[13] 邵元，杨胜敏. 建筑与装饰材料[M]. 北京：人民交通出版社，2011.
[14] 王秀花. 建筑材料[M]. 北京：机械工业出版社，2009.